面向新工科高等院校大数据专业系列教材
信息技术新工科产学研联盟数据科学与大数据技术工作委员会 推荐教材

Big Data Analysis Methods and Applications

大数据分析

方法与应用

耿秀丽 / 编著

机械工业出版社
CHINA MACHINE PRESS

本书将理论与应用结合，介绍了大数据技术、大数据分析方法以及大数据伦理规范等基础知识，可供读者入门学习使用。本书共9章，包括大数据概述、数据分析基础、回归分析、聚类算法、推荐算法、文本挖掘、启发式算法、支持向量机和神经网络。各章都附有对应案例和习题，以帮助读者理解和应用。

本书作为大数据公共通识课程的导论教材，为高校学生选修大数据课程编写，主要面向大数据应用型人才培养，也可供相关技术人员参考。

本书配有授课电子课件，需要的教师可登录 www.cmpedu.com 免费注册，审核通过后下载或联系编辑索取（微信：13146070618；电话：010-88379739）。

图书在版编目（CIP）数据

大数据分析方法与应用 / 耿秀丽编著. -- 北京 : 机械工业出版社, 2024. 9. -- (面向新工科高等院校大数据专业系列教材). --ISBN 978-7-111-76355-0

Ⅰ. TP274

中国国家版本馆 CIP 数据核字第 2024VH1283 号

机械工业出版社（北京市百万庄大街 22 号　邮政编码 100037）

策划编辑：郝建伟　　　　　　责任编辑：郝建伟　赵晓峰

责任校对：曹若菲　张亚楠　　责任印制：李　昂

北京新华印刷有限公司印刷

2024 年 10 月第 1 版第 1 次印刷

184mm×240mm · 13.75 印张 · 304 千字

标准书号：ISBN 978-7-111-76355-0

定价：59.00 元

电话服务

客服电话：010-88361066

010-88379833

010-68326294

网络服务

机　工　官　网：www.cmpbook.com

机　工　官　博：weibo.com/cmp1952

金　　书　　网：www.golden-book.com

机工教育服务网：www.cmpedu.com

前言

大数据是继云计算、物联网之后，现代社会高科技发展的产物，正广泛应用于金融、电商、能源、医疗、娱乐、汽车、零售等行业，对整个社会、经济和科学领域都产生了深远的影响。相对于传统的数据分析，大数据是海量、复杂数据的集合，它以采集、整理、存储、挖掘、分析、应用、清洗为核心。当前，国家各领域战略计划的制定都离不开大数据技术的支持，大数据在引领经济社会发展中发挥的作用更加明显。

本书由浅入深，分别介绍各种大数据分析技术及其在实际中的应用。在第1章大数据概述中，既介绍了大数据基本概念，又结合经济社会发展前沿，介绍大数据应用案例。第2章基于常用数据分析软件介绍数据分析基础及可视化。第3章和第4章分别介绍了回归分析和聚类算法，并介绍不同算法的实现过程。第5章~第8章分别介绍了推荐算法、文本挖掘、启发式算法和支持向量机。第9章介绍了几种典型的神经网络模型并对数字伦理、人工智能立场等社会问题进行探讨。

本书侧重对当前主流算法的讲解，选取的聚类算法、启发式算法、支持向量机、神经网络等均是在实际应用中表现稳定、应用前景广泛的大数据分析技术。本书在各章节算法的原理讲解中融入多个经典案例，以常用的Excel和SPSS软件实现数据分析可视化和回归分析，采用MATLAB和Python工具实现本书所讲的机器学习和深度学习算法。通过软件操作步骤、代码实现和结果可视化为读者提供易学易用的指导。

本书所有章节均附有案例和习题，以帮助读者掌握大数据分析技术并实际应用。本书面向高校计算机、人工智能等相关专业的本科生及研究生，可以作为大数据公共通识课程的导论教材，主要面向大数据应用型人才培养，也可供相关技术人员参考。

本书由上海理工大学管理学院耿秀丽教授编写。管理学院的硕博研究生参与了数据收集、软件操作和文字校对，包括王晨阳、李逸群、余帅举、张红柳、张文欣、张博吾、邹冰音、钱芸、曾鹏等。

由于编者水平有限，书中难免出现疏漏之处，衷心希望广大读者批评指正。

编　者

目录

第1章 大数据概述

大数据顾名思义，是指规模巨大、复杂度高且难以用传统数据管理工具进行捕捉、管理和处理的数据集合。大数据的发展与科技进步、信息技术发展、云计算、物联网等技术的兴起密切相关，它对整个社会、经济和科学领域都产生了深远的影响。本章从介绍大数据的背景起源、概念及其特征、数据类型等相关概念出发，详细论述其对科学研究和经济社会的影响、研究现状及其机遇与挑战；进一步过渡到对大数据分析技术的介绍；最后通过引用大数据的相关应用案例，介绍大数据技术的应用场景和数据架构。

1.1 大数据的相关概念

扫码看视频

1.1.1 大数据的背景与来源

远古时代，结绳记事象征着人类开始用数据记录生活。随着科学技术和社会的发展，出现了各种不同类型的数据，数据的数量成指数级增长，其质量也不断提高。尤其近年来，随着云计算技术、物联网和社交网络等信息技术的不断涌现，数据正以前所未有的速度增长与集聚[1]。大数据概念最早于20世纪80年代被提出，著名未来学家阿尔文·托夫勒将其赞誉为“第三次浪潮的华彩乐章”[2]。作为云计算、物联网之后的IT行业又一颠覆性技术，大数据技术备受关注，它早已融入零售、能源、金融、医疗等社会各行各业，对人类生产和生活带来深刻影响。《华尔街日报》曾将大数据时代、智能化生产和无线网络革命称为引领未来技术革命的三大前沿技术[3]。世界经济论坛的一份报告曾指出大数据的价值堪比石油，发达国家纷纷将大数据作为争夺下一轮科技竞争制高点的重要抓手[4]。对于世界各国来说，能否紧紧抓住大数据发展机遇，在新一轮科技竞争中占领先机，将直接决定他们在科技力量博弈格局中的地位。

国际数据公司（Internet Data Center，IDC）曾指出，互联网上的数据每年增长超过50%，每两年便将翻一番，而且目前世界上90%以上的数据是近几年产生的[5]。网络上的信息仅是数据的一部分，例如，全世界的工业设备、交通工具、监控设备等有着无数的传感器，它们随时测量和传递有关位置、运动、温度等各项指标变化的海量数据[6]。大数据来源归纳为以下三点。

1）科学研究产生大数据。大数据的信息交互比以往任何时候对科学研究的影响都要突出，尤其是各大实验室之间的实验数据交流分享。例如，类似希格斯玻色子的发现就需要36个国家的150多个计算中心之间每年进行约26 PB（26×10^{15} B）的数据共享。

2）庞大网络信息形成大数据。互联网时代，不计其数的机器、企业、个人随时随地都会产生和获取大量数据。互联网巨头企业Google早在2019年每天处理超过5.5亿个搜索查询，其中包括文本、图像、视频和其他形式的数据。截至2021年YouTube用户每分钟上传超过500h的视频内容，这意味着每天大约有720000h（30000天）的视频被上传到YouTube平台。淘宝网在2020年拥有超过7亿注册会员，每天交易量超过1.2万亿元。到2019年，百度的搜索引擎索引超过1000亿个网页，每天的搜索请求量超过10亿次。某医院，一个病人的CT影像数据量达几十GB，而全国每年的门诊人数以数十亿计，并且病人的数据需要长时间保存。

3）物联网（Internet of Things，IoT）产生大数据物联网的概念最早由美国麻省理工学院（MIT）的凯文·艾什顿教授提出，定义为：通过射频识别（RFID）、红外感应器、全球定位系统、激光扫描器等信息传感设备，按约定的协议，把任何物品与互联网相连接，进行信息交换和通信，以实现对物品的智能化识别、定位、跟踪、监控和管理的一种网络。物联网广泛运用于智能城市管理、工业自动化、智能健康护理、智能家居和农业智能化等领域。物联网的关键在于数据的收集、传输和分析。物联网设备和传感器生成大量的数据，这些数据通过云平台进行存储和处理，从中可以提取有价值的信息，支持决策制定、优化资源利用和改善用户体验。

1.1.2　大数据的概念与特征

大数据是比较抽象的概念，与以往的“海量数据”“超大规模数据”等概念之间具有本质区别，它不仅仅指规模庞大的数据对象，更包含对这些数据对象的处理和应用活动。

Gartner咨询公司给出的定义是：大数据是需要新处理模式才能具有更强的决策力、洞察发现力和流程优化能力的海量、高增长率和多样化的信息资产[7]。

麦肯锡全球研究院给出的定义是：一种规模大到在获取、存储、管理、分析方面大大超出了传统数据库软件工具能力范围的数据集合，具有海量的数据规模、快速的数据流转、多样的数据类型和价值密度低四大特征[8]。

维基百科对大数据的定义如下：在信息技术中，“大数据”是指一些使用目前现有数据库管理工具或传统数据处理应用很难处理的大型而复杂的数据集。其挑战包括采集、管理、存储、搜索、共享、分析和可视化[9]。

要保证数据的可用性，就要分析大数据的数据特征。Volume（体量巨大）、Variety（种类繁多）、Velocity（处理速度快）和Value（价值密度低）是大数据的4个主要特征，如图1-1所示[11]。

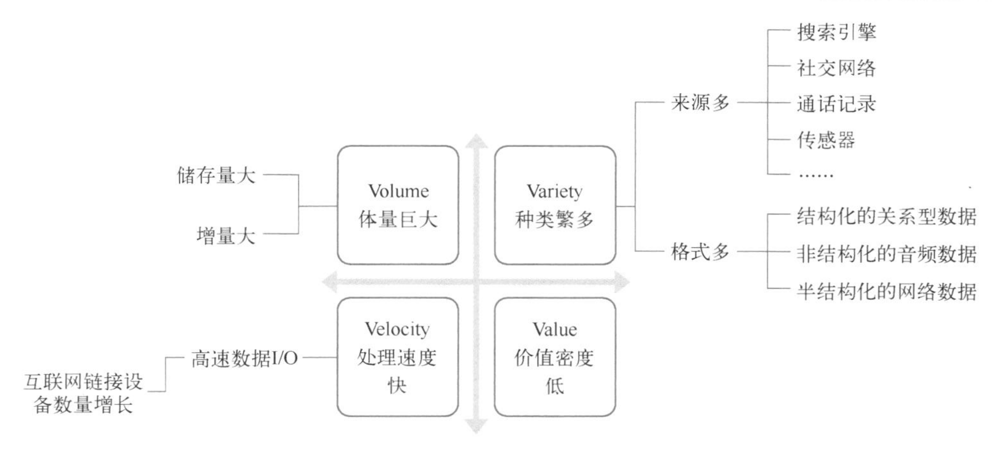

图 1-1　大数据的特征[11]

1）Volume 指大数据体量巨大。大数据的储存单位一般在 GB 到 TB 级别，有的甚至在 PB 级别以上。社交网络、移动网络、各种智能设备等成为数据产生的主要来源，数据的大小决定所考虑的数据的价值和潜在的信息。

2）Variety 指数据种类繁多。形成大数据的数据种类繁多、复杂性高，包括网络日志、音频、视频、图片、地理位置等信息。主要原因有两个：数据来源的多样性和数据格式的多样性。大数据格式大体可分为 3 类：结构化的关系型数据、半结构化的网络数据和非结构化的音频数据。非结构化数据广泛存在于社交网络、物联网、电子商务等领域，其增长速度比结构化数据快得多。

3）Velocity 指数据处理速度快。大数据时代获得数据的速度迅速提高，需要从各种类型的数据中快速获取高价值的数据信息，快速创建和移动数据，快速处理并得到结果。互联网时代，大数据处理要达到立竿见影的效果而非事后起效，企业通过高速的计算机和服务器创建实时数据流已成为趋势。

4）Value 指数据的价值密度低。一般来说，价值密度的高低与数据总量的大小成反比。相比于传统的“小”数据，大数据最大的价值在于：从大量不相关的、各种类型的数据中挖掘出对未来趋势与模式预测分析有价值的数据，并通过数据挖掘、机器学习及深度学习等方法对数据进行深度分析，发现新规律和新知识，将其运用于农业、金融医疗等各个领域。比如，可以实现精准推荐、个性化营销及私人定制等，极大提升企业利润。

IBM（国际商业机器公司）提出了大数据“5V”的概念，即在“4V”的基础上多了一个特征——Veracity（数据质量），表示数据的准确性和可信赖度。大数据的内容是与真实世界息息相关的，真实不一定代表准确，但一定不是虚假数据，这也是数据分析的基础。基于真实的交易与行为产生的数据才有意义，如何识别造假数据，更是值得研究的领域。

1.1.3 大数据的数据类型

大数据包括结构化数据、非结构化数据和半结构化数据。其中非结构化数据和半结构化数据逐渐成为数据的主要部分。互联网数据中心的调查报告显示：半结构化数据和非结构化数据增长迅速，企业中超过80%的数据都是半结构化数据和非结构化数据，每年同比增长超过60%。

（1）结构化数据

结构化数据指通过二维表结构来完成逻辑表达的数据，也称行数据。结构化数据严格遵循数据格式与长度规范，有固定的结构、属性划分以及类型等信息，主要通过关系型数据库进行存储和管理。例如，财务系统数据、信息管理系统数据、医疗系统数据、教育一卡通数据等，都可以使用MySQL、Oracle、DB2、SQL Server等关系型数据库管理。

（2）非结构化数据

与结构化数据相对的，不适合于用二维表来表现的是非结构化数据。非结构化数据没有统一的数据结构属性，包括所有格式的办公文档、各类报表、图片、音频、视频、日志、地形等数据。在数据较小的情况下，可以使用关系数据库将其直接存储在数据库表的多值字段和变长字段中；若数据较大，则将其整体存储在文件系统中，数据库则用来存储相关的数据索引信息。这种存储方式广泛应用于全文检索和各种多媒体信息处理领域。

（3）半结构化数据

半结构化数据既具有一定的结构，又灵活多变，其实也是非结构化数据的一种，如员工简历、电子邮件等。处理这类数据可以通过信息抽取等步骤，采用可扩展标记语言（eXtensible Markup Language，XML）、超文本标记语言（HyperText Markup Language，HTML）等形式表达；或者根据数据的大小和特点，采用非结构化数据存储方式，结合关系型数据库存储。目前，对于半结构化数据的存储多采用非关系型数据库（Not only SQL，NoSQL），主要分为键值存储数据库、列存储数据库、文档型数据库和图形数据库4类。

在大数据处理过程中，常常需要将不同类型的数据进行转换和整合，以便信息分析和挖掘。例如，在分析客户行为时，结构化的销售数据可以与半结构化的社交媒体数据和非结构化的用户评论数据相结合，以了解客户的喜好和情感倾向。

1.1.4 《“十四五”大数据产业发展规划》与“5V”

《“十四五”大数据产业发展规划》与时俱进，顺应时代新特征。党中央和国务院高度重视发展大数据产业和数字经济。从2015年9月国务院发布《促进大数据发展行动纲要》以来，党中央和国务院在大数据相关领域出台了相关的战略和政策，对相关的政策进行梳理总结，发现政策的重心从提升数据认识逐步向深化融合应用转变，再向深化数据价值转变，实现了战略升级。在这个过程当中，在政策的引导、行业的实践和社会力量共同参与的作用下，我国大数据产业发展呈现了高成长性和强带动性的特征。结合大数据的5V特性，可以从四个维度来进行概括总结。

（1）资源维度

数据要素的地位正不断提升，价值正持续凸显。随着经济形态从农业经济演进到工业经济，再到数字经济，数据在人类社会发展史上的地位和作用一直在提升。随着数字技术的快速发展，网络全面普及，计算无处不在，数据的资源和数据的规模呈现爆发式的增长。根据国际数据公司（IDC）的预测，中国的数据量将以 30%的年均增长速度领先全球，到 2025 年将成为全球最大的数据圈。在这个过程当中，数据的采集传输及应用技术将快速发展，而且更加高效便捷，同时数据的应用模式也将不断创新，数据与各行业领域的融合不断深化，培育出了新的增长点。例如，现在当每个人打开自己手机的时候，能随时看到自己关心的新闻；每个人一键呼叫出行服务也能及时收到应答，这都是大数据在背后发挥重要作用和价值的案例。随着数字经济的蓬勃发展，数据作为驱动经济增长的最重要生产要素的地位也日益凸显，正成为新时代的新能源。

（2）技术维度

从技术维度看，大数据技术加快创新变革，“5V”特性优势持续释放。大数据技术具有多方面的特性优势，在之前的发展行动纲要当中，将大数据的特性优势总结为 4 个方面——容量大、类型多、存取速度快和应用价值高，我们简单地称之为“4V”。随着大数据技术的加快变革，一方面，高容量采集、高容量存储、高性能采集以及异构融合等相关技术快速演进，使得原有的思维特性不断强化，价值不断释放。另一方面，随着隐私计算、分布式账本等新兴大数据技术的发展，大数据的精准度高和可信赖度高的第五大特征优势也在不断呈现。现在大数据的“5V”特性优势在技术创新变革的作用之下日益呈现和释放出更多的价值。通过技术工具，将数据模型化、算法代码化、代码软件化，从而在数据中发现新的知识、创造新的价值、提升相应的能力，这是大数据的特性优势的一个重要方面。

（3）大数据产业维度

从第三个维度来看，我国大数据产业的基础优势基本形成，对经济社会发展的服务支撑能力不断增强。下面从三个方面对我国大数据产业进行发展总结。第一个方面，经过“十三五”时期的努力，我国大数据产业在数据基础能力方面呈现出数据资源集聚、基础技术创新等特征，数据基础设施建设等部分领域呈现出了先发优势，大数据的标准体系初步建立。第二个方面，在大数据产品和服务体系方面，数据资源、基础硬件、通用软件、行业应用、安全保障等方面的产品和服务不断丰富。第三个方面，我国的大数据产业生态持续优化，形成了以大企业为引领、中小企业协同创新、新兴企业不断涌现的发展格局，大数据集聚发展的效应日益凸显。其中值得关注的是，八个国家大数据综合实验区引领发展的优势日益突出。

（4）赋能维度

从赋能维度看，大数据产业不断融入实体经济，成为数字经济发展的核心驱动力之一。一方面，大数据产业为数字经济提供高质量的数据要素，以数据流为牵引，打通生产、分配、流通、消费各个环节，促进各类数据资源快速流动，各类主体相互融通，提升了经济的运行效率。另一方面，大数据产业深度融入产业数字化转型进程，推动传统要素数据化。通过网络化共享、集约化整合、协作化开发和高效化利用，改变了传统的生产方式，持续激发新业态和新模式。

1.2 对科学研究和经济社会的影响

1.2.1 对科学研究的影响

大数据的产生和信息技术领域提出的面向数据的概念同时改变了科学研究的模式。著名数据库专家、图灵奖获得者 Jim Gray 博士提出了数据密集型科研“第四范式（The Fourth Paradigm）[12]”。他认为利用海量的数据可以为科学研究和知识发现提供除实验、理论研究、计算之外的第四种重要方法，即将数据研究从第三范式中分离出来单独作为一种科研范式。科学研究的 4 种范式如图 1-2 所示。

图 1-2　科学研究的 4 种范式[11]

第四范式——数据研究，是通过数据研究发现知识。利用海量数据加上高速计算发现新的知识是数据密集型的科学发现。PB 级数据使人们在没有模型和假设的前提下也能分析数据，只要将有相互关系的数据丢进巨大的计算机集群中，统计分析算法就可能发现过去的科学方法很难发现的新模式、新知识，甚至新规律。Google 广告优化配置及 2016 年李世石在围棋挑战中输给 AlphaGo 都是依据第四范式实现的。

1.2.2 对经济社会的影响

目前，全球形势正在经历重大而复杂的转变，世界经济正迅速转型，新旧动能的转换加速进行，竞争格局也在快速演变，治理体系正在经历深刻而彻底的重塑[13]。

党中央明确提出坚定不移地推进“数字中国”建设，表明对数字化发展的坚定决心。企业数字化转型是一个动态的概念，涵盖了数字经济内外的各个方面，涉及企业的研发、生产、供应、营销、核算等在线场景，并贯穿着大数据分析和应用[14]。它改变了企业的决策方式、产品创新过程、供应链管理、市场营销策略等方面，帮助企业提高效率、降低成本、增强竞争力，并推动数字经济的发展和创新。

大数据提供了大量的实时和历史数据，使得企业能够基于数据进行决策。通过分析大数据，企业可以获得关于市场趋势、消费者行为、产品性能等方面的深入见解，从而更准确地制定战略和决策。企业能够更好地理解客户需求和偏好，通过分析用户的行为数据和消费习惯，企业可以提供个性化的产品和服务，满足客户的特定需求，提高用户体验和忠诚度。

大数据分析可以揭示产品的使用情况和性能，帮助企业进行产品创新和优化。通过对大数据的分析，企业可以发现产品的潜在问题、改进空间和新的创新机会。企业可以更准确地识别目标市场和受众，并制定更有针对性的市场营销策略。通过分析大数据，企业可以更好地了解广告效果，优化广告投放和定位，提高广告的点击率和转化率。

大数据可以帮助企业优化供应链管理。通过监测和分析供应链中的数据，企业可以更好地预测需求、优化库存管理、提高交付效率，并降低成本和风险。大数据可以帮助企业发现业务流程中的瓶颈和改进点；企业可以识别业务流程中的低效环节，优化流程设计，提高效率和生产力。通过分析大数据，企业可以训练机器学习模型，实现自动化和智能化的决策与服务，提高生产效率和质量。

1.2.3　大数据技术发展趋势

大数据技术不仅是一门独立的学科，也会与其他学科交叉融合，互相影响。大数据技术发展迅速，影响或改变着国家的国防建设、经济生产和人民生活，其中可能会涉及国家秘密、企业利益和个人隐私等信息的处理，这就要求专业人才除精通业务技能外，还需要有过硬的政治素养和高尚的道德情操。大数据极大地影响着人们的生活方式、思维方式和工作习惯，从大数据的特点和发展趋势来看可以归纳为以下几点。

（1）主体大众化

得益于以信息技术为手段、以互联网为载体的一系列现代通信技术的普及，几乎每个个体都在用自己的设备自主产出数据，同时用户也可以通过不同的搜索引擎和应用程序使用或浏览其他用户制造的数据。在大数据视域下，数据的使用者不再是一个具有一定特征的、单一的小群体或个人，而是数量庞大、结构复杂的大众群体。在大数据时代，只需要通过一部智能手机，或者任何可以连接网络的设备，就可以在网络空间留下自己的足迹，这些数据又会被某些机构或个人收集、分析、处理，变为己用。这便是大数据的使用主体变得大众化的现实基础。主体大众化的大数据对个人信息隐私安全带来的影响是不可忽视的。

总体来说，大数据由于具有主体大众化的特点，其数据内容可以做到极端的生活化和细节化，甚至能够描画出一个人的生活习惯和行为偏好。只有保证大数据不存在泄露和被盗用的风险，才能说数据海中的个人信息隐私是安全的，但大数据的普及意味着，数据海中的数据首先是范围广泛、内容详密的，这极大地提高了个人信息隐私安全保护的要求。如果这些巨量数据出了问题，后果将不堪设想。

（2）治理多元化

在传统社会中，个人信息隐私安全的保护往往是由行政机关和其他公共机构执行的，当时的网络和大数据技术发展刚刚起步，个人信息隐私的安全在完备的法律法规的保护下并未进入人们的视野。而在现代社会中，发生了截然不同的改变。

在大数据视域下，仅靠政府和公共组织已无法确保个人信息隐私的安全。与此同时，一些新的“支流”也汇入了保护个人信息隐私安全的“江流”中来。治理多元化的主要目标是保护个人信息隐私的安全。除了政府和各种团体机构外，各类网络企业、自媒体、软件开发者以及众多网络用户都有责任为保护个人信息隐私做出贡献。他们可以就隐私泄露事件发表自己的看法，并就如何保障个人信息隐私安全提出不同意见。这既是主体的义务，也可以理解为主体的权利。在大数据视域下，不同治理主体在数据处理上存在着显著差异，不同的价值观最后会产生完全不同的结果，这势必会加大个人信息隐私保护的难度。

（3）数据海量化

“AI 寻人”便是数据海量化的实例之一。“AI 寻人”能准确地识别人脸和其他信息，主要是政府和企业都掌握了海量的人脸信息和其他基础信息，这便是数据海量化的具体表现。在确定了这一基本特性后，个人信息隐私安全问题也随之产生。一方面，大数据的采集必然会涉及大量的个人信息，成千上万的个人信息汇集在一起形成海量数据，为大数据的运行奠定了基础；另一方面，信息收集的多寡、深浅以及保密程度很难把控。只有最大限度地搜集到足够多的个人信息，大数据的使用效率才能大幅提高，但同时海量的数据也会对个人信息隐私安全构成威胁。

（4）手段多维化

大数据思维从多个角度对数据之间的关联性进行了分析，这就意味着若要利用大数据进行一项任务，就需要采用多维的方法去收集多个维度的数据。数据收集希望通过各种各样的途径来搜集更多的信息，即便是那些与自己工作无关的信息也是如此。手段多维化是指数据采集者要从多方面、多途径来搜集有关信息，大数据能够反映一个人的生活细节及行为偏好，主要原因就是大数据具有手段多维化的特征。大数据并非孤立存在，不同维度的信息错综复杂地交织在一起，形成了数据海洋。数据收集者热衷于用各种手段去收集多个领域中他们所需要的信息，这一特征对个人信息隐私安全的保护非常不利。

1.3 大数据的研究现状

2008 年，国际顶级科技期刊 *Nature* 出版“Big Data[15]”专题以及 *Science* 推出“Dealing with Data[16]”专刊，从互联网技术、互联网经济学、环境科学、生物医学和超级计算机等方面论述大数据带来的机遇与挑战。同年，计算机社区联盟（Computing Community Consortium，CCC）发布专题报告《大数据计算：在商业、科技与社会领域有着革命性进展》，阐述了大数据应用过程中面临的困境与解决方案[17]。2011 年，麦肯锡发布的报告《大数据：下一代创新、竞争及生产力开拓者》提出大数据的概念，并在报告中指出：数据已经渗透到每一个行业和业务职能领域，逐渐成为与物质资产和人力资本相提并论的重要生产因素，而人们对于大数据的运用，预示着新一波生产率增长和消费者盈余浪潮的到来[8]。2012 年，联合国发布报告“Big data for development：Challenges & Opportunities”，对大数据的运用进行了初步解读并分析了可能面临的挑战[18]。同年世界经济论坛（World Economic Forum，WEF）发布报告《大数据，大影响：国际发展新的可能性》指出了大数据为世界发展带来的挑战[19]。

大数据发展在全球范围内得到越来越多国家的重视。美国在 2012 年发布了《大数据的挑战与机遇》白皮书，并启动了“大数据发展计划”，投资 2 亿美元用于大数据研究，培养更多专业人才。2019 年，美国进入大数据的“第三步战略阶段”，建立了涵盖基础设施、数据可信度、数据开放与共享等七个维度的系统顶层设计，打造了面向未来的大数据创新生态。还建立了统一的门户开放网站——Data. Gov，鼓励社会各界对公共数据进行自由研究，促进大数据的利用效率。同样，英国、欧盟、韩国和日本等也相继发布了相关政府文件和战略，以积极发展大数据应用领域，助力经济增长，并应对各自面临的挑战。

为推动大数据在国内的应用与研究，2012 年，中国科学院启动“面向感知中国的新一代信息技术研究”战略性先导科技专项，大数据的采集、存储、处理、分析等是其重要研究内容。2013 年，科技部正式启动 863 项目“面向大数据的先进存储结构与关键技术”，启动 5 个大数据课题。2014 年，大数据首次写入政府工作报告。党的十八届五中全会将大数据上升到国家战略，强调推动大数据与实体经济的深度融合。2021 年 11 月，《“十四五”大数据产业发展规划》发布，立足我国大数据发展现实基础，顺应数据经济时代的到来，推动大数据产业高质量发展，是我国未来五年大数据产业发展的重要引擎。《中华人民共和国国民经济和社会发展第十四个五年规划和 2035 年远景目标纲要》把大数据产业列为与云计算、人工智能、区块链等同等重要的新兴数字产业，这既是对大数据产业的前沿性、引领发展性、高回报性等特点的精准定位，也是把大数据产业作为数字经济时代重要引擎，为未来发展开辟新方向。

数字经济时代，数据的主权属性和政治属性日益凸显，数据掌握的多寡、数据流动的活跃程度以及对数据开发利用的能力，在一定程度上成为国家软实力和竞争力的重要标志。

1.4　大数据发展的机遇与挑战

1.4.1　机遇

1. 大数据分析成为大数据技术的核心

大数据分析能够开发数据的价值、处理大规模的数据集、支持决策制定，并提供深入洞察力和创新思维。通过大数据分析，可以深入理解数据，发现新的机遇和挑战，并为个人、企业和社会带来更多的价值和发展机会，它已成为大数据技术的核心。

大数据分析可以应用于各个领域，包括商业、科学、医疗、金融等。例如，医疗行业可以利用大数据分析来改善疾病诊断和预防，提高医疗服务质量；政府可以利用大数据分析来改善公共安全、城市规划和社会管理。

2. 大数据与云技术的深度融合

大数据与云技术的深度融合是当前信息技术发展的重要趋势，它们相互促进并相互依存。

云技术提供了弹性的计算和存储资源，可以满足大数据处理的需求。大数据需要从各种来源收集大量的数据，包括传感器数据、日志数据、社交媒体数据等。

云技术可以提供可扩展的数据存储解决方案，如对象存储和分布式文件系统，以容纳和管理大规模的数据。大数据处理通常需要高度并行的计算能力。

云技术提供了弹性扩展的计算环境，可以自动调整计算资源的数量和规模，以适应大数据处理的需求。云平台还提供分布式计算框架和工具，如 Apache、Hadoop 和 Spark，以支持大规模数据处理和分析。

通过云技术的支持，大数据可以更加高效、弹性和安全地进行处理和分析，同时还促进了数据的协作和共享，加速了创新和合作的步伐。随着大数据和云技术的不断发展，它们的融合将进一步推动数字化转型和创新的进程。

3. 大数据技术与各领域深度融合

大数据技术已经在许多领域都有广泛的应用，如零售、金融、医疗和制造业等领域。随着大数据技术的不断发展与创新，其实际应用领域范围将不断扩大，与各领域的融合也将不断加深。

在零售领域，大数据技术可以帮助零售商了解消费者的购物行为和偏好，从而进行精准的个性化营销。例如，亚马逊通过分析顾客的购买历史和浏览数据，利用推荐系统向顾客推荐相关产品。同时，通过分析销售数据和市场趋势，帮助其优化供应链、库存管理和定价策略。

在金融领域，大数据技术可以帮助金融机构进行风险评估和反欺诈措施。例如，通过分析大量的交易数据和用户行为模式，银行可以检测出可疑的交易活动，并及时采取相应的安全措施。

在医疗领域，医院利用大数据分析患者的医疗记录、基因组数据和生活习惯等信息，以提供更加个性化的医疗诊断和治疗方案。大数据还可以用于疾病预测、药物研发和医疗资源管理等方面，提升医疗服务的效率和质量。

在制造业领域，比亚迪等企业利用大数据技术来改进产品设计、优化生产过程和提供个性化的汽车服务。它们通过车辆传感器和互联网连接，收集和分析车辆数据，以实现智能驾驶和车辆运营的优化。

这些只是大数据技术在各行各业应用的一些例子，实际上，大数据技术在更多领域都有广泛的应用，如能源、教育、交通、农业等。随着大数据技术的不断发展和创新，它将继续推动各行各业的数字化转型和创新发展。

4. 开源软件将成为助推大数据发展的新动力

开源软件可以根据具体的业务需求进行定制和扩展，满足不同行业和组织的特定要求。这种灵活性使得开源软件成为适应不断变化的大数据环境的理想选择。

开源软件通常以较低的成本提供，并且在大数据处理方面具有出色的性能。大数据处理通常需要大量的计算和存储资源，而开源软件提供了经过优化和高效的算法与工具，可以实现高速处理和分析大规模的数据集。

开源软件的共享和合作精神有助于推动大数据领域的技术进步和发展。大数据应用中的数据安全和隐私保护是关键问题。开源软件的源代码公开，可以由安全专家和社区进行审查和改进，增强软件的安全性和可靠性。此外，开源软件的灵活性还使得组织可以自主控制和管理数据，加强对数据的安全和隐私的保护。

开源软件的开放性和可扩展性鼓励了创新者和企业参与到大数据领域的创新中，推动了新的应用和技术的涌现。

开源软件的生态系统还可以促进不同组织和开发者之间的合作，加速大数据应用的发展和成熟。

综上所述，开源软件的应用可以促进大数据技术的普及和发展，推动各行各业更好地应用大数据，实现更多的创新和增长机会。

1.4.2　挑战

大数据时代为各行各业带来巨大机遇的同时，也需要认识到大数据时代面临的挑战。只有充分应对这些挑战，才能更好地利用大数据的潜力，并确保其在社会中发挥积极的作用。

1. 数据隐私和安全

大数据时代涉及大量的个人和机密数据，数据隐私和安全成为重要的挑战。未经充分保护的数据可能导致个人隐私泄露、身份盗窃和恶意攻击。

2. 数据质量和可靠性

大数据通常来自多个来源，可能存在数据质量不一致、错误和缺失等问题。这可能导致分析结果不准确或误导性。

3. 技术和人才需求

大数据时代需要大量的技术和人才来处理与分析庞大的数据集。然而，目前全球对于大数据的分析和应用人才供应不足。此外，大数据技术和工具的快速发展也要求从业人员不断更新知识和技能，以适应不断变化的环境。

4. 伦理和法律问题

大数据的应用涉及伦理和法律问题。例如，数据收集和使用的透明度、数据使用的合规性、算法的公平性等都是需要解决的问题。同时，大数据的应用可能对个人和社会产生不平等的影响，引发公平和道德的争议。

1.5　大数据分析的相关概念

互联网时代，大数据已渗透到当今每一个行业和业务职能领域，对分析技术和计算能力有了更高的要求。目前，数据科学、机器学习及高速计算机的发展为大数据分析提供了扎实的技术基础。同时，科学研究、商业变革和政府治理等领域都面临对海量数据挖掘和运用的挑战。大数据分析已经成为各个领域中实现数据驱动决策、创新和效率提升的重要工具。随着数据量的不断增加和技术的进一步发展，大数据分析将继续在商业、科研、社会等领域发挥重要作用。

1.5.1 大数据分析的概念

大数据分析是指通过数据科学和机器学习等方法，对大体量、多种类的数据进行收集、处理、储存、分析和可视化的过程，以揭示数据集中的趋势和关联性，并为决策者提供相关业务信息。一方面大数据分析需要采集、加工和整理数据，另一方面它也需要分析数据，从中提取有价值的信息。

大数据分析的基础就是大数据，下面是从理论、技术和实践三个层面对大数据细分和展开，如图 1-3 所示。

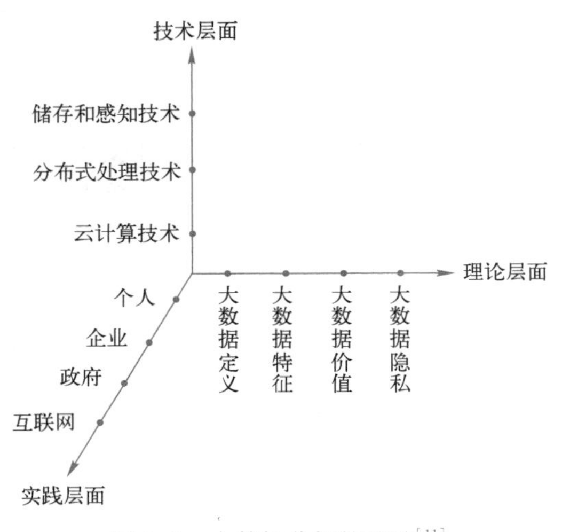

图 1-3 大数据分析的基础[11]

1）在理论层面，理论是对大数据认知的必经之路，也是大数据广泛传播与认同的基线。从大数据的定义和特征洞悉行业对大数据的整体描述和定性；从对大数据的价值进行探讨，深入分析大数据的意义所在；探讨大数据的现在和未来去解开大数据的发展之谜；从大数据隐私这个特殊视角探讨人与数据之间的伦理。

2）在技术层面，技术是大数据价值体现的基础与前进的法宝。从云计算技术、分布式处理技术、储存和感知技术的发展，可以说明大数据从采集、预处理、储存、分析和成果的整个过程。

3）在实践层面，实践是大数据价值最终体现的环节。从个人、企业、政府和互联网的大数据四个方面阐述大数据已经带来的价值以及未来可能实现的价值蓝图。

1.5.2 大数据分析与传统数据分析的比较

大数据分析由传统数据分析发展而来，既保存了传统数据分析的特征，又根据其特征创新出多种分析方法。从以下角度比较大数据分析和传统数据分析在几个关键方面的区别。

1. 数据规模和复杂性

传统数据分析大多对数据库储存数据进行分析，规模相对较小、数据类型单一，以结构化数据为主。这些数据通常由企业内部系统生成，如销售记录、客户数据、财务数据等。

大数据分析旨在应对体量巨大、种类繁多、产生速度快和价值密度低的数据，涉及数据的收集、存储、清洗和处理等方面的挑战，并从中提取有效信息。大数据分析处理的数据类型繁多，包含结构化数据、非结构化数据和半结构化数据。大数据分析过程无法保证数据的完整性，也无法保证清洗后数据没有错误，同样不能保证固定的模式可以用于所有的数据。

2. 数据处理速度和实时性

传统数据分析通常是离线处理或批处理，即对已经收集的数据进行分析。大数据分析需要在实时或接近实时的情况下，收集并处理高速生成的数据，以便及时发现和响应潜在的机会或风险。

3. 数据处理架构

传统数据分析主要以纵向扩展为主，采用集中式处理方法。主要包括集中式计算、集中式储存、集中式数据库等。集中式计算中，数据计算几乎完全依赖于一台中、大型的中心计算机。常用的数据处理方式为 Excel 和数据库。

大数据分析主要以横向扩展为主，更倾向于分布式处理方法。分布式计算机系统是指由多台分散的、硬件自治的计算机，经过互联的网络连接而形成的系统，系统的处理和控制功能分布在各个计算机上。常见的分布式计算系统有 MIP、OpenMP、Spark 等。常见的分布式储存系统有 Google 文件系统（Google File System，GFS）、Hadoop 等。常见的 NoSQL 数据库有 HBase、MongoDB 等。

4. 数据处理方法

传统数据分析采用以处理器为中心的数据处理方式，主要是用数据库和数据仓库进行存储、管理和分析。在大多数情况下，传统数据分析仅将机器学习模型当作黑盒工具辅助分析数据。

大数据分析采用以数据为中心的数据处理方法，减少数据移动开销。一般而言，大数据处理流程分为 4 步，即数据采集、数据清洗与预处理、数据统计分析与挖掘、结果可视化。大数据分析不仅产出分析结果，甚至产出模型的原型和效果测试，用来后续升级产品。

1.5.3　大数据分析的流程

大数据分析是一个目的明确的过程，其过程概括起来主要包括：目标确定、数据收集、数据预处理、数据挖掘、数据建模与分析、数据可视化、结果分析和报告，如图 1-4 所示。

1）目标确定。明确分析的目标和问题，如市场调研、客户洞察、业务优化等。一个分析项目需要明确数据分析的商业目标以及要解决的业务问题。

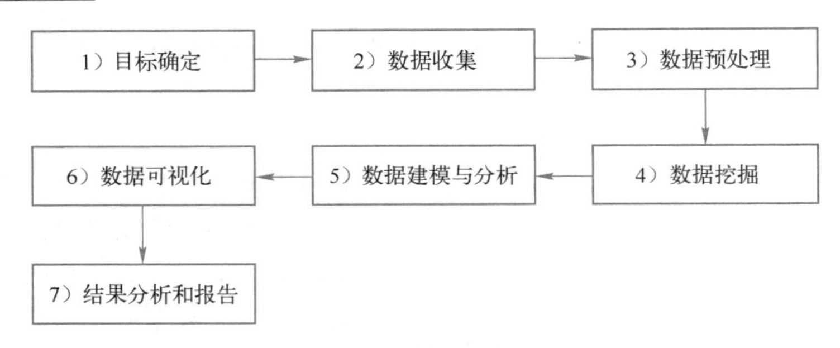

图 1-4　大数据分析流程

2）数据收集。收集与目标相关的数据，这可能涉及从内部系统、外部数据源、传感器或社交媒体等收集数据。它是数据分析的重要基础环节。

3）数据预处理。对收集到的数据进行去重、去噪、清洗和转换等操作，确保数据的准确性和一致性。这是数据分析前必不可少的一个环节，需要花费大量时间，也在一定程度上保证了数据的质量。

大数据清洗主要处理的是“脏数据”，而脏数据直接对数据质量产生影响，其主要目标是监测和修复脏数据，以解决数据质量问题。只有通过清洗过程，将这些海量数据转化为结构化、规则化的数据，我们才能充分发掘其潜在价值。因此，当前的数据清洗主要围绕着将数据划分为结构化数据和非结构化数据，并建立了如图 1-5 所示的大数据清洗总体框架。

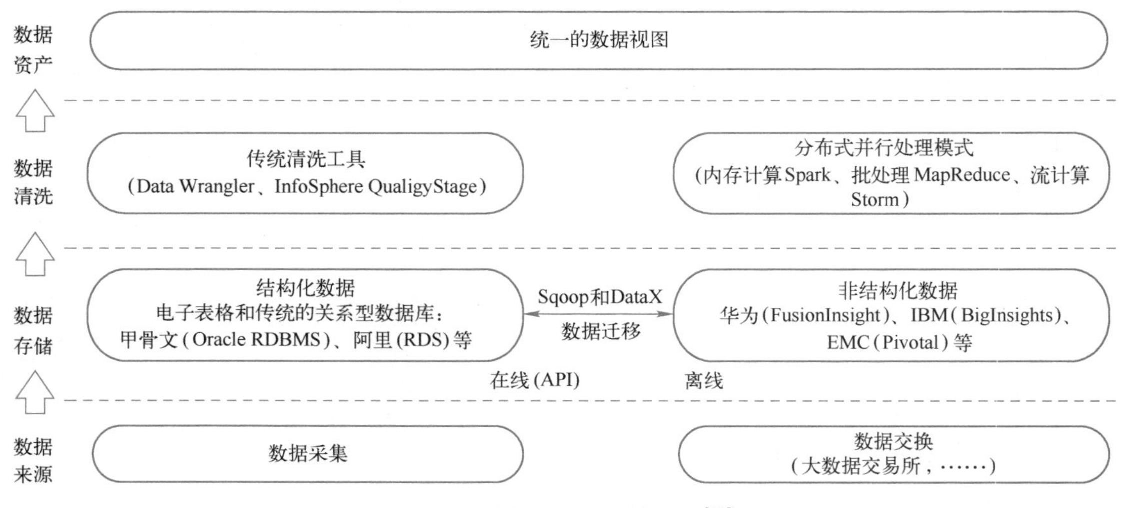

图 1-5　大数据清洗总体框架[20]

4）数据挖掘。指在大规模数据集中发现隐藏模式、趋势、关联和知识的过程。它有助于从海量数据中提取有意义的信息和知识，为决策制定者提供准确、有洞察力的分析结果。大数据挖掘对于发现商业机会、改进运营效率、提升决策质量等方面具有重要作用。

常见的大数据挖掘任务包括分类、聚类、关联分析、预估和预测等。大数据挖掘的流程如图 1-6 所示。

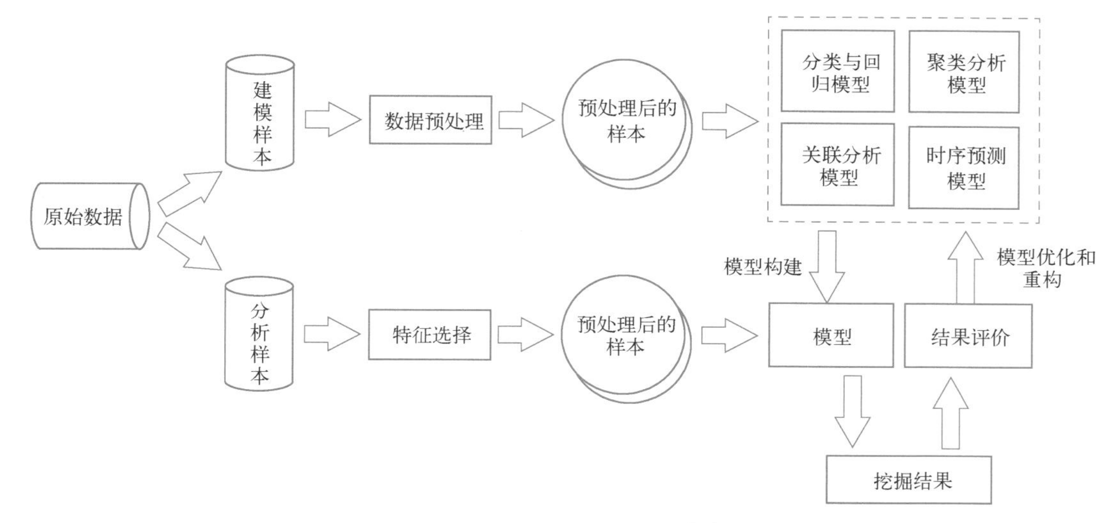

图 1-6　大数据挖掘的流程[20]

5）数据建模与分析。应用统计分析、机器学习、数据挖掘等技术，构建模型并对数据进行分析，以揭示隐藏的模式和趋势。这个阶段要能驾驭数据、展开数据分析；首先要熟悉常规数据分析方法，如方差、回归、因子、聚类、分类、时间序列等多元数据分析方法的原理、使用范围、优缺点和结果的解释；其次需要熟悉数据分析工具，Excel 是最常见的；最后需要熟悉一个专业的分析软件，如 Hadoop、Spark 和 SAS 等。

6）数据可视化。通过可视化工具和统计方法对数据进行探索，寻找数据之间的关联、趋势和异常。借助数据展现与可视化手段能更加直观展现分析结果。常见的大数据可视化工具包括：Tableau、Power BI、Google Data Studio 等。常见的图表包括饼图、折线图、柱状图/条形图、散点图、雷达图、金字塔图、矩阵图、漏斗图和帕累托图等。

7）结果分析和报告。解释分析结果，并将其以易于理解的报告形式呈现给相关的利益相关者。一份好的大数据分析报告应具备清晰的目标和背景介绍、规范的结构、适当的数据可视化、准确和可信的分析结果、洞察和解释、具体的建议和行动计划、适合的语言和表达，以及明确的结论和总结。这样的报告能够为决策者提供有价值的信息和洞察，支持他们做出明智的决策。

1.5.4　大数据分析的基础模型

1. AARRR 模型

AARRR 模型（见图 1-7）是一种用于衡量和优化用户参与度的模型，它常被应用于大数据分析中。它包括：Acquisition（获取）、Activation（激活）、Retention（留存）、Revenue（收入）和Refer（传播）。

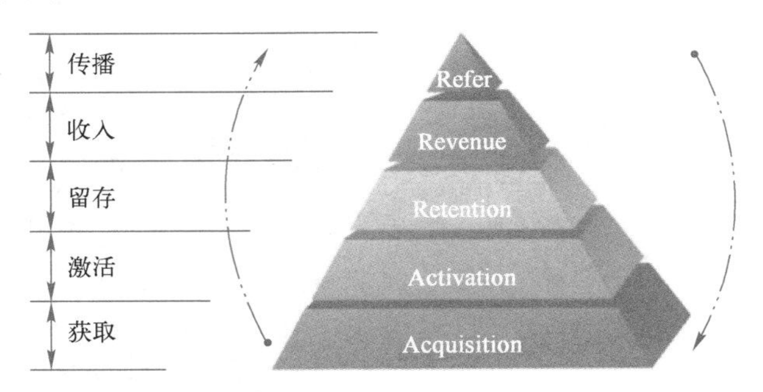

图1-7　AARRR模型

1）获取（Acquisition）。这一步骤关注的是吸引和获取用户的注意力，使其访问和使用产品或服务。在大数据分析中，可以利用数据分析来了解用户获取渠道的效果和效率。通过分析用户来源、营销活动和广告投放效果等数据，可以评估不同渠道的效果，并确定哪些渠道对用户获取产生了最大影响。

2）激活（Activation）。激活阶段的目标是让用户体验到产品或服务的价值，并使其成为活跃用户。在大数据分析中，可以分析用户的行为和使用模式，了解用户在产品或服务中的参与程度。通过分析用户行为、转化率和使用情况等数据，可以识别用户激活的关键因素，并优化用户体验以提高激活率。

3）留存（Retention）。用户留存是指让用户保持长期的使用和参与。在大数据分析中，可以利用数据来识别用户的留存率和忠诚度。通过分析用户活动、重复购买率、使用时长等数据，可以了解用户的留存情况，并针对不同用户群体实施个性化策略，提高用户的留存率。

4）收入（Revenue）。这一步骤关注的是从用户行为中获取收入。在大数据分析中，可以通过分析用户的消费行为和购买模式，了解用户的付费习惯和价值。通过分析收入数据、转化率、购买决策路径等，可以识别用户的付费能力和购买意愿，并针对不同用户群体实施个性化的收入增长策略。

5）传播（Refer）。传播是通过现有用户向其他潜在用户传播产品或服务。在大数据分析中，可以通过分析用户的分享行为、社交媒体活动等数据，了解用户的推荐效果和影响力。通过分析传播渠道、分享率和转化率等数据，可以优化传播策略，鼓励用户进行口碑传播和推荐。

2. 漏斗模型

漏斗模型是一种用于追踪和分析用户在某个过程或转化路径中的流动情况的分析方法。漏斗模型常用于评估用户在完成特定目标的转化过程中的转化率，并识别在转化路径的不同阶段存在的瓶颈或问题。

漏斗模型通常包含以下几个阶段。

1）流量来源。漏斗的顶部是指向网站或应用程序的流量来源，如广告、搜索引擎、社交媒体等。在这个阶段，分析人员可以追踪每个流量来源的访问量和用户行为，了解哪些渠道吸引了更多的访问者。

2）用户访问。在流量来源阶段之后，用户会访问网站或应用程序的特定页面。在这个阶段，可以追踪访问量、页面停留时间以及用户在网站或应用程序上的浏览行为。这有助于了解用户对不同页面的兴趣和参与度。

3）转化行为。在访问阶段之后，用户可能会执行某些转化行为，如添加产品到购物车、提交表单、完成购买等。在这个阶段，分析人员可以跟踪转化率和转化行为的特征，以确定用户在特定转化目标上的表现。

4）转化结果。漏斗的最底部是转化结果阶段，即用户成功完成转化目标的阶段。在这个阶段，可以计算最终的转化率，并分析成功转化的用户的特征和行为，以获得关于用户转化过程的深入洞察。

通过分析漏斗模型的各个阶段，可以确定转化路径中的问题和瓶颈，并采取相应的优化措施，以提高转化率和用户体验。大数据分析技术可以帮助分析人员有效地跟踪和分析大量的用户行为数据，从而优化整个转化过程。

1.6　大数据的应用

扫码看视频

大数据目前已经广泛应用于各行各业中，包括金融大数据、医疗大数据、零售大数据、交通大数据、电商大数据、智慧城市大数据等应用场景。下面具体介绍一些我们平时接触比较多且比较典型的大数据应用场景。

1. 医疗大数据

除了较早前就开始利用大数据的互联网公司，医疗行业是让大数据分析最先发扬光大的传统行业之一。医疗行业拥有大量的病例、病理报告、治愈方案、药物报告等。

在未来，借助于大数据平台我们可以收集不同病例和治疗方案，以及病人的基本特征，可以建立针对疾病特点的数据库。如果未来基因技术发展成熟，可以根据病人的基因序列特点进行分类，建立医疗行业的病人分类数据库。在医生诊断病人时可以参考病人的疾病特征、化验报告和检测报告，参考疾病数据库来快速帮助病人确诊，明确定位疾病。在制定治疗方案时，医生可以依据病人的基因特点，调取相似基因、年龄、人种、身体情况相同的有效治疗方案，制定出适合病人的治疗方案，帮助更多人及时得到治疗。同时这些数据也有利于医药行业开发出更加有效的药物和医疗器械。

（1）电子病历

到目前为止，大数据强大的应用就是电子医疗记录的收集。每个病人都有自己的电子记录，包括个人病史、家族病史、过敏症以及所有医疗检测结果等。这些记录通过安全的信息系统在不同的医疗机构之间共享。每名医生都能够在系统中添加或变更记录，而无须再通过耗时的纸质工作来完成。这些记录同时也能帮助病人掌握自己的用药情况，同时也是医学研究的重要数据参考。

（2）实时的健康状况告警

医疗业的另一个创新是可穿戴设备的应用，这些设备能够实时汇报病人的健康状况。和医院内部分析医疗数据的软件类似，这些新的分析设备具备同样的功能，但能在医疗机构之外的场所使用，降低了医疗成本，病人在家就能获知自己的健康状况，同时获得智能设备所提供的治疗建议。这些可穿戴设备持续不断地收集健康数据并存储在云端。除了为个体患者提供实时信息以外，这些信息的收集也能被用于分析某个群体的健康状况，并根据地理位置、人口或社会经济水平的不同以用于医疗研究。然后在这些前期研究的基础上制定并调整疾病的预防与治疗方案。装有 GPS 定位的哮喘吸入器就是一个典型的例子，它观察的不仅是单个患者的哮喘，还能从同一区域、多名患者的哮喘规律中找到更好的适合该地区的治疗方案。另一个例子是血压跟踪器，一旦发现血压达到警戒值，血压仪就会向医生发出告警，医生收到告警后立即提醒患者及时治疗。

可穿戴设备在我们的日常生活中随处可见，计步器、体重跟踪器、睡眠监测仪、家用血压计等都为医疗数据库提供着关键数据。

（3）根据患者需求预测，安排医护人员“阵容”

医疗资源的按需调配能够极大地降低医疗成本，因此这项工作对医疗行业意义非凡。看似是不可能完成的任务，但大数据可以帮助一些“试点”单位实现了这一构想。在法国巴黎，有四家医院通过多个来源的数据预测每家医院每天和每小时的患者数量。他们采用一种被称为“时间序列分析”的技术，分析过去 10 年的患者入院记录。这项研究能够帮助研究人员发现患者入院的规律并利用机器学习，找到能够预测未来入院规律的算法。这项数据最终会提供给医院的管理人员，帮助他们预测接下来 15 天中所需要的医护人员“阵容”，为患者提供更加“对口”的服务，缩短他们的等待时间，同时也有利于为医护人员尽可能合理地安排工作量。

（4）大数据与人工智能（Artificial Intelligence，AI）

另一个大数据在医疗业中的应用归功于 AI 的崛起。简单来说，人工智能技术通过算法和软件，分析复杂的医疗数据，达到近似人类认知的目的。因此 AI 使得计算机算法能够在没有直接人为输入的情况下预估结论成为可能。

例如，由 AI 支持的脑机接口可以帮助恢复基本的人类体验，如因神经系统疾病和神经系统创伤而丧失的说话和沟通功能。在不使用键盘、显示器或鼠标的情况下，在人类大脑和计算机之间创建直接接口，将大幅提高肌萎缩侧索硬化或中风损伤患者的生活质量。AI 也是新一代放射工具的重要组成部分，通过“虚拟活检”帮助分析整个肿瘤情况，而不再通过一个小小的侵入性活检样本去分析。AI 在放射医疗领域的应用能够利用基于图像的算法来表现肿瘤的特性。尤其是在发展中国家，精通放射学、超声波等领域的医护人员非常匮乏。AI 能够在一定程度上完成原本需要人类参与的诊断行为。例如，AI 成像工具可以筛选

X 射线，降低实际操作中对一个专业放射科医师的需求。AI 还能够提高电子病历的录入效率。患者信息的电子录入需要耗费不少的时间与精力，目前已具有一定可行性的做法是将病人的每一次看病记录都通过视频的形式记录下来，AI 与机器学习通过检索视频中的信息获取更有价值的信息。此外，类似亚马逊 Alexa 这样的虚拟助手可以在患者的病床边输入实时信息或帮助医护人员处理患者的常规请求，如药物添加或通知检测结果。总之，AI 能够大幅减轻医护工作者在管理方面的工作量。

2. 生物大数据

自人类基因组计划完成以来，以美国为代表，世界主要发达国家纷纷启动了生命科学基础研究计划，如国际千人基因组计划、DNA 百科全书计划、英国十万人基因组计划等。这些计划使生物数据呈爆炸式增长，目前每年全球产生的生物数据总量已达 EB 级，生命科学领域正在爆发一次数据革命，生命科学在某种程度上已经成为大数据科学。

当下，我们所说的生物大数据技术主要是指大数据技术在基因分析上的应用，通过大数据平台人类可以将自身和生物体基因分析的结果进行记录和存储，建立基于大数据技术的基因数据库。大数据技术将会加速基因技术的研究，帮助科学家快速进行模型的建立和基因组合模拟计算。基因技术是人类未来战胜疾病的重要武器，借助于大数据技术的应用，人们将会加快自身基因和其他生物的基因的研究进程。未来利用生物基因技术来改良农作物、利用基因技术来培养人类器官、利用基因技术来消灭害虫都即将实现。

与全球蒸蒸日上的生物大数据创新发展热潮相比，中国的研发及应用才拉开帷幕。我国有四大方面非常欠缺：其一，国内现有的生物大数据分析能力虽然与欧美相差不大，但是在数据分析架构、软件系统与先进的 IT 技术接轨上有待提升；其二，国外在生物大数据领域的领先人才多，尽管我们也有国际顶级刊物上发表的论文和成果，但总体而言，国内高水准团队相对较少；其三，欧美讲求成果应用，层出不穷的分析软件可被实验室、临床、产业多方应用；其四，在生物大数据理论研究、标准制定和广泛应用上，中国都亟待全面跟进。

3. 农牧大数据

大数据在农牧业的应用主要是指依据未来商业需求的预测来进行农牧产品生产，降低菜贱伤农的概率。同时大数据的分析将会更加精确预测未来的天气气候，帮助农牧民做好自然灾害的预防工作。大数据同时也会帮助农民依据消费者的消费习惯决定来增加哪些品种的种植，减少哪些品种农作物的生产，提高单位种植面积的产值，同时有助于快速销售农产品，完成资金回流。牧民可以通过大数据分析来安排放牧范围，有效利用牧场。渔民可以利用大数据安排休渔期、定位捕鱼范围等。

由于农产品不容易保存，因此合理种植和养殖农产品十分重要。如果没有规划好，容易产生菜贱伤农的悲剧。过去出现的猪肉过剩、卷心菜过剩、香蕉过剩的原因就是没有规划好。借助于大数据提供的消费趋势报告和消费习惯报告，政府将为农牧业生产提供合理引导，建议依据需求进行生产，避免产能过剩，造成不必要的资源和社会财富浪费。农牧业关乎国计民生，科学的规划将有助于社会整体效率提升。大数据技术可以帮助政府实现农牧业的精细化管理，实现科学决策。例如，在数据驱动下，结合无人机技术，农民可以采集农产品生长信息、病虫害信息，相对于过去的雇佣飞机成本将大大降低，同时精度也将大大提高。

4. 交通大数据

交通作为人类行为的重要组成和重要条件之一，对于大数据的感知也是最急迫的。近年来，我国的智能交通已实现了快速发展，许多技术手段都达到了国际领先水平。但是，交通问题和困境也非常突出，从各个城市的发展状况来看，智能交通的潜在价值还没有得到有效挖掘：对交通信息的感知和收集有限，对存在于各个管理系统中的海量数据无法共享运用、有效分析，对交通态势的研判预测乏力，对公众的交通信息服务很难满足需求。这虽然有各地在建设理念、投入上的差异，但是整体上智能交通的现状是效率不高、智能化程度不够，使得很多先进技术设备发挥不了应有的作用，也造成了大量投入上的资金浪费。这其中很重要的问题是小数据时代带来的硬伤：从模拟时代带来的管理思想和技术设备只能进行一定范围的分析，而管理系统的那些关系型数据库只能刻板地分析特定的关系，对于海量数据尤其是半结构数据、非结构数据无能为力。

尽管现在已经基本实现了交通数字化，但是数字化和数据化还不是一回事，只是局部地提高了采集、存储和应用的效率，本质上并没有太大的改变。而大数据时代的到来必然带来破解难题的重大机遇。大数据必然要求我们改变小数据条件下一味地精确计算，而是更好地面对混杂，把握宏观态势；大数据必然要求我们不再热衷因果关系而是相关关系，使得处理海量非结构化数据成为可能，也必然促使我们努力把一切事物数据化，最终实现管理的便捷高效。

目前，交通的大数据应用主要在两个方面，一方面可以利用大数据传感器数据来了解车辆通行密度，合理进行道路规划（包括单行线路规划）；另一方面可以利用大数据来实现即时信号灯调度，提高已有线路运行能力。科学安排信号灯是一个复杂的系统工程，必须利用大数据计算平台才能计算出一个较为合理的方案。科学的信号灯安排将会提高 30% 左右已有道路的通行能力。机场的航班起降依靠大数据将会提高航班管理的效率，航空公司利用大数据可以提高上座率，降低运行成本。铁路利用大数据可以有效安排客运和货运列车，提高效率、降低成本。

图 1-8 是某停车场大数据可视化分析平台。它可以在线统计实时的停车压力，通过实时监控各个停车场的停车情况实现智能停车，不至于让车主跑了很多停车场发现没有停车位了。在后期政府规划停车位时，可以根据一段时间内该区域的停车压力进行分析，以决定有没有必要新增车位，增加多少车位合适。

5. 环保大数据

2012 年 7 月 21 日北京遭遇特大暴雨，在一天之内，平均降雨量达 164 mm，也是北京市 61 年以来最大规模暴雨。此次暴雨因来势凶猛而给广大市民生活带来巨大影响。这类事件最主要还是需要气象部门及时、准确地做出预警，并协同其他运营商部门，将这种预警信息第一时间下发到北京市民（包括在京旅行的人士）。也正是如此，2012 年的那场暴雨不仅暴

图 1-8　某停车场大数据可视化分析平台

露了管理工作上的漏洞，也引起了业内人士一场关于“大数据”的探讨。

气象对社会的影响涉及方方面面。传统上依赖气象的主要是农业、林业和水运等行业部门，而如今，气象俨然成为 21 世纪社会发展的资源，并支持定制化服务，满足各行各业用户需要。借助于大数据技术，天气预报的准确性和实效性将会大大提高，预报的及时性将会大大提升，同时对于重大自然灾害（如龙卷风），通过大数据计算平台，人们将会更加精确地了解其运动轨迹和危害的等级，有利于帮助人们提高应对自然灾害的能力。天气预报准确度的提升和预测周期的延长将会有利于农业生产的安排。

2024 年中国气象局在第七届数字中国建设峰会数字气象分论坛上首次发布第五批开放共享气象数据暨人工智能气象大模型训练专题数据目录，共包含 6 大类 12 种气象数据和产品，这些数据和产品依托国家气象科学数据中心门户网站中国气象数据网，为社会公众提供数据下载服务。国家气象科学数据中心不断探索新的数据服务方式，打通“气象数据服务最后一公里”，为气象数据要素价值发挥保驾护航。

6. 卫星大数据

北斗卫星导航系统（以下简称北斗系统）是中国着眼于国家安全和经济社会发展需要，自主建设运行的全球卫星导航系统，是为全球用户提供全天候、全天时、高精度的定位、导航和授时服务的国家重要时空基础设施。北斗系统提供服务以来，已在交通运输、农林渔业、水文监测、气象测报、通信授时、电力调度、救灾减灾、公共安全等领域得到广泛应用，服务国家重要基础设施，产生了显著的经济效益和社会效益。基于北斗系统的导航服务已被电子商务、移动智能终端制造、位置服务等厂商采用，广泛进入中国大众消费、共享经济和民生领域，应用的新模式、新业态、新经济不断涌现，深刻改变着人们的生产生活方式。

北斗大数据辅助收费稽核利用“全国道路货运车辆公共监管与服务平台”和“全国重点营运车辆联网联控系统”的700万辆北斗车辆位置数据，还原北斗车辆经过收费站、ETC门架信息，增加新的路径拟合维度，提供北斗行程大数据智能分析、北斗辅助收费稽核、辅助对账、北斗辅助道路安全服务、基础数据支撑等功能。通过接口服务、Web页面服务、微信小程序/APP服务三种方式，与收费稽核系统直接对接或作为收费稽核的外置服务系统，为收费系统提供针对北斗车辆的开放服务，使北斗大数据成为现有收费系统的有益补充。

7. 电商大数据

“双十一”大屏，如图1-9所示。大屏中的数据是实时统计的，如果等到第2天再统计出来就没有意义了，所以需要利用大数据技术实现海量数据的实时采集和计算。

图1-9 “双十一”大屏

习题

1. 大数据的4V特征是什么？
2. 请简述大数据处理流程。
3. 分布式计算在大数据分析中有哪些作用？
4. 你认为在5G时代下大数据还有哪些新应用？
5. 请举例说明生活中大数据的应用。

参考文献

[1] 李建中，刘显敏．大数据的一个重要方面：数据可用性 [J]．计算机研究与发展，2013，50（6）：1147-1162.

[2] 托夫勒．第三次浪潮 [M]．朱志焱，潘琪，张焱，译．北京：中信出版社，2006.

[3] 邬贺铨．大数据时代的机遇与挑战 [J]．求是，2013（4）：47-49.

[4] FORUM W E. Big Data，big impact：New possibilities for international development [EB/OL]．[2024-05-15]．http://www weforum org/reports.

[5] 张意轩，于洋．大数据时代的大媒体 [J]．科技智囊，2013（3）：43-44.

[6] 刘智慧，张泉灵．大数据技术研究综述 [J]．浙江大学学报（工学版），2014，48（6）：957-972.

[7] GARTNER. Big Data [Z/OL]．[2024-05-15]．https://www. gartner. com/en/information-technology/glossary/big-data.

[8] MANYIKA J，CHUI M，BROWN B，et al. Big data：The next frontier for innovation，competition，and productivity [Z]．McKinsey Global Institute，2011.

[9] WIKIPEDIA. Big Data [Z/OL]．[2024-05-15]．https://en. wikipedia. org/wiki/Big_data.

[10] 陈如明．大数据时代的挑战、价值与应对策略 [J]．移动通信，2012，36（17）：14-15.

[11] 安俊秀，靳宇倡．大数据导论 [M]．北京：人民邮电出版社，2020.

[12] TOLLE K M，TANSLEY D S W，HEY A J. point of view：The fourth paradigm：Data-intensive scientific discovery [J]．Proceedings of the IEEE，2011，99（8）：1334-1337.

[13] 崔晓君．大数据产业，城市数字化转型的重要领域 [J]．张江科技评论，2021（3）：19-21.

[14] 何大安．企业数字化转型的阶段性及条件配置：基于“大数据构成”的理论分析 [J]．学术月刊，2022，54（4）：38-49.

[15] NATURE. Big Data [Z/OL]．[2024-05-15]．http://www. nature. com/news/specials/bigdata/index. html.

[16] SCIENCE. Special Online Collection：Dealing with Data [Z/OL]．[2024-05-15]．http://www. sciencemag. org/site/special/data/.

[17] BRYANT R，KATZ R H，LAZOWSKA E D. Big-data computing：creating revolutionary breakthroughs in commerce，science and society [Z]．2008.

[18] GLOBAL P. Big Data for Development：Challenges and Opportunities [Z]．2012.

[19] SCHWAB K. Big Data，Big Impact：New Possibilities for International Development [R]．World Economic Forum，2012.

[20] 朱晓峰．大数据分析概论 [M]．南京：南京大学出版社，2018.

[21] 徐葳．大数据技术及架构图解实战派 [M]．北京：电子工业出版社，2022.

第 2 章 数据分析基础

数据是信息的重要组成部分，是现代社会生活不可或缺的重要因素。数据分析的基本目的是从大量的、杂乱无章的、难以理解的数据中抽取并推导出对于某些特定的人们来说是有价值、有意义的数据。本章将系统地介绍数据类型与分布、变量之间的关系、数据的可视化和数据的输入等内容。

2.1 数据的类型与分布

2.1.1 总体和样本

总体（Population）：具有特定属性的对象的全体。例如，2023 年杭州市年收入在 15 万元以上的个人；收看杭州亚运会开幕式的所有电视观众。

样本（Sample）：某个总体的一部分。例如，10000 个杭州市年收入在 15 万元以上的个人；1000 位收看杭州亚运会开幕式的电视观众。

由于总体的数量往往很大，获取全部信息不可能或代价太高。通过样本来推断总体的性质是统计学的主要方法之一。

2.1.2 定性数据和定量数据

定性数据（也称为名义数据）是一种用于描述各种类别或属性的数据。它们表示不同的类型，但没有排序或量化关系。定性数据仅提供了有关事物所属类别的信息，而不提供数量或程度的度量。

定量数据是以数字表现的数据，它可以被测量、计算和比较。在研究中，定量数据常用于收集、分析、解释现象和事实，如年龄、收入、身高、体重等。定量数据可以通过量表、调查表、实验数据等方式收集。

定性数据和定量数据在数据分析和处理中都有其重要性和应用场景。在数据分析中，通常需要将定性数据转化为定量数据，以便进行统计分析。同时，定性数据也可以用于描述和分类，从而更好地理解数据的含义和特征。

2.1.3 截面数据和时间序列数据

截面数据（Cross-Sectional Data）是指在同一时间点上对某个总体进行测量所得到的数据。例如，在研究某个地区的人口特征时，可能会对该地区的所有人口进行一次调查，以收集他们的年龄、性别、教育程度等基本信息。这种数据收集方法通常是在同一时间点上进行的，因此被称为截面数据。

时间序列数据（Time Series Data）是一种按时间顺序排列的观测值的集合，这些观测值通常按照固定的时间间隔采集。在时间序列分析中，我们将关注与时间相关的模式、趋势和周期性，以及预测未来的数据点。

2.2 变量之间的关系

2.2.1 协方差

协方差（Covariance）是描述两个随机变量之间关系的统计量。它用于衡量两个变量在同一时间段内的变动趋势是否同向或相反。协方差可通过式（2-1）来计算。

$$\mathrm{cov}(X,Y)=\frac{\sum_{i=1}^{n}(x_i-\mu_x)(y_i-\mu_y)}{N} \tag{2-1}$$

式中，μ_x，μ_y分别是变量 X 和 Y 的平均值。

协方差有以下几种情况：

- 当协方差为正值时，表示两个变量呈正相关关系，即当一个变量增大时，另一个变量也可能会增大。
- 当协方差为负值时，表示两个变量呈负相关关系，即当一个变量增大时，另一个变量可能会减小。
- 当协方差接近于零时，表示两个变量之间没有线性关系。

需要注意的是，协方差只能描述变量之间的线性关系，并不能确定其因果关系。为了更好地评估两个变量之间的关系强度，还需要考虑它们的相关系数。

2.2.2 相关系数

相关系数是一种用于衡量两个变量之间线性关系强度和方向的统计量。它是一种非参数统计量，不受变量分布形状的影响，适用于各种分布。相关系数用希腊字母 ρ 表示，取值范围为$[-1,1]$，其公式为

$$\rho_{x,y}=\frac{\mathrm{cov}(X,Y)}{\sigma_x\sigma_y} \tag{2-2}$$

式中，

$$\sigma = \sqrt{\frac{\sum_{i=1}^{n} (x-\mu)^2}{N}} \tag{2-3}$$

σ 称为标准差，σ_x 和 σ_y 分别是变量 X 和 Y 的标准差。

相关系数定量地刻画了 X 和 Y 的相关程度，即 $|\rho_{x,y}|$ 越大，相关程度越高；$|\rho_{x,y}|=0$，相关程度最低。

2.3　数据的可视化——基于 Excel 的应用

扫码看视频

2.3.1　散点图

散点图是在坐标系中，用 X 轴表示自变量 x，用 Y 轴表示因变量 y，而变量组（x，y）则用坐标系中的点表示，不同的变量组在坐标系中形成不同的散点，用坐标系及坐标系中的散点形成的二维图就是散点图。

散点图是描述变量关系的一种直观方法，可以从散点图中直观地看出两个变量之间是否存在相关关系、是正线性相关还是负线性相关，也可以大致看出变量之间的关系强度如何，但是对于具体关系强度则需要相关系数来判断。

基于 Excel 制作散点图的步骤如下：

1）打开 Excel 表格，选中需要制作散点图的数据单元格，单击“插入”菜单下的散点图。

2）选中“XY 散点图”，然后界面右侧会显示很多的散点图，选择一个自己喜欢的，单击确定。

3）单击“图表标题”，输入标题名称。

4）在图表空白处单击选中的图表，然后单击右上角的“+”号，勾选“数据标签”，这样每个散点图数据点上都会显示数值，单击“趋势线”可以添加趋势线。

【例 2-1】广告业尤其在产品推广中发挥了巨大作用，也影响着产品的销售收入，因此了解广告费用对销售收入的影响至关重要。某公司销售额和广告费用的数据见表 2-1。

表 2-1　某公司销售额和广告费用

广告费用（万元）	销售额（万元）
10	52
12	60
15	70
18	77
20	82
23	94

散点图可以直观地看出广告费用对销售额的影响情况，以下是基于 Excel 制作散点图的过程：

1）打开 Excel 表格，选中需要制作散点图的数据单元格，单击“插入”菜单下的散点图，如图 2-1 所示。

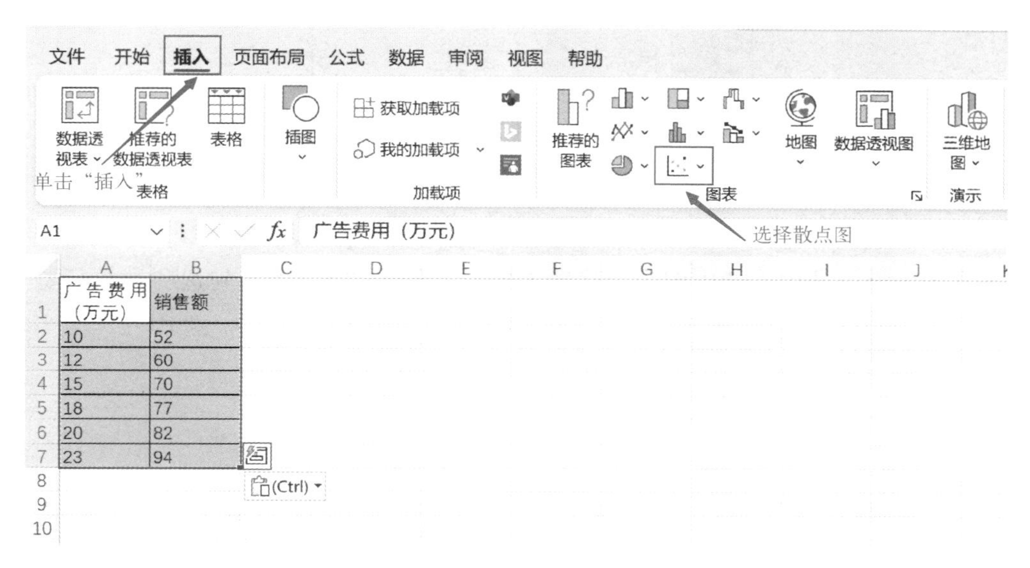

图 2-1　插入散点图

2）选中“XY 散点图”，然后界面右侧会显示很多的散点图，选择一种合适的形式，单击确定，如图 2-2 所示。

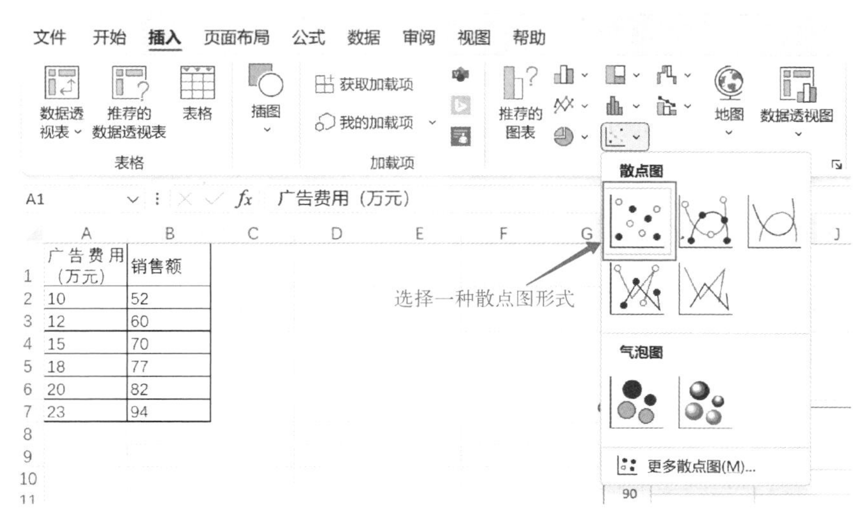

图 2-2　选择散点图形式

3）单击“图表标题”，输入标题名称，如图 2-3 所示。

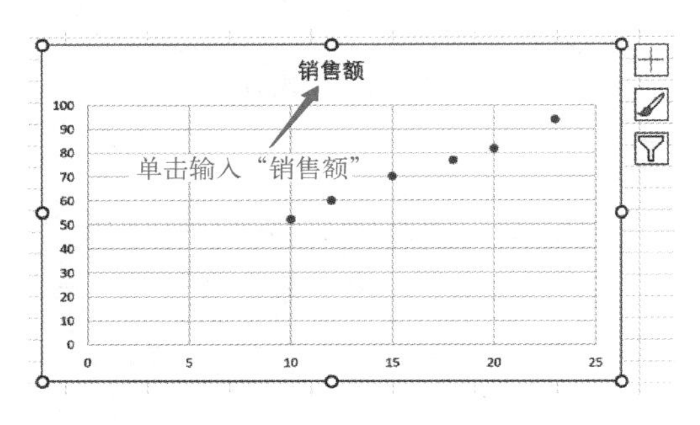

图 2-3　修改散点图标题

4）在图表空白处单击选中图表，然后单击右上角的“+”号，勾选“数据标签”，这样每个散点图数据点上都会显示数值，单击“趋势线”以添加趋势线，如图 2-4 所示。

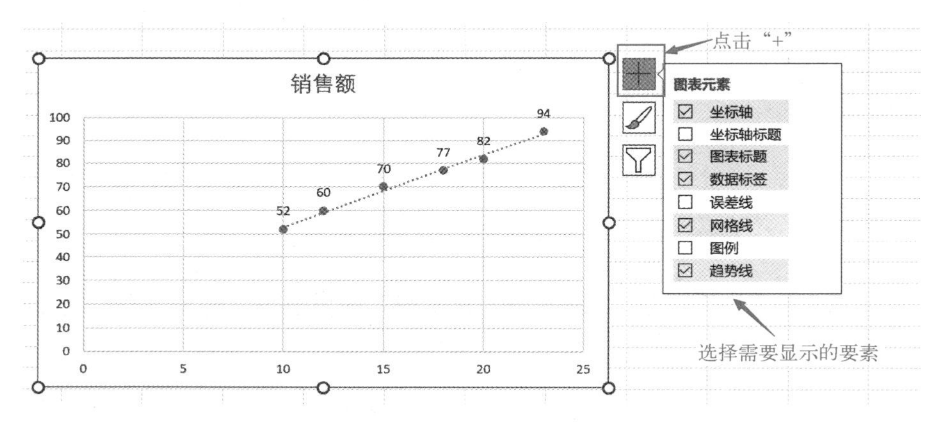

图 2-4　选择散点图要素

通过对散点图的观察，可以发现销售额和广告费用之间呈现一种线性关系，即随着广告费用的增加，销售额也会增加。

2.3.2　柱形图和折线图

柱形图是一种以长方形的长度为变量的统计图表。通过比较不同柱子的长度，可以快速看出哪个类别或时间段的数据更大或更小。折线图是一种用于显示数据变化趋势的图表类型，它通常由一系列数据点连接而成，表示数据随时间或某一变量的变化而变化的趋势。

【例 2-2】三大产业的发展对我国经济发展有着举足轻重的作用，通过柱形图和折线图表示三大产业在 2019—2022 年的增加值，可以直观看出这四年的变化情况。我国 2019—2022 年第一、第二和第三产业增加值见表 2-2。

表 2-2　我国 2019—2022 年第一、第二和第三产业增加值

年　份	第一产业增加值	第二产业增加值	第三产业增加值
2019	70467	386165	534233
2020	77754	384255	553977
2021	83086	450904	609680
2022	88345	483164	638698

1. 绘制我国 2019—2022 年第一、第二和第三产业增加值变化的柱形图

1）打开 Excel，选择相关数据，单击“插入”，再单击“柱形图”，如图 2-5 所示。

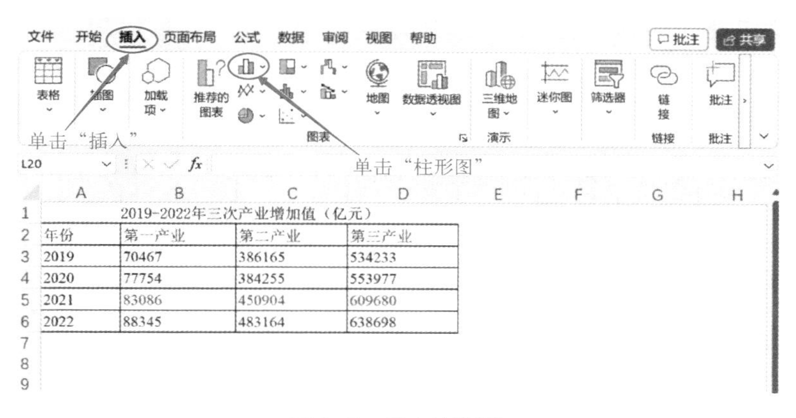

图 2-5　插入柱形图

2）选择一种柱形图，单击“确定”，如图 2-6 所示。

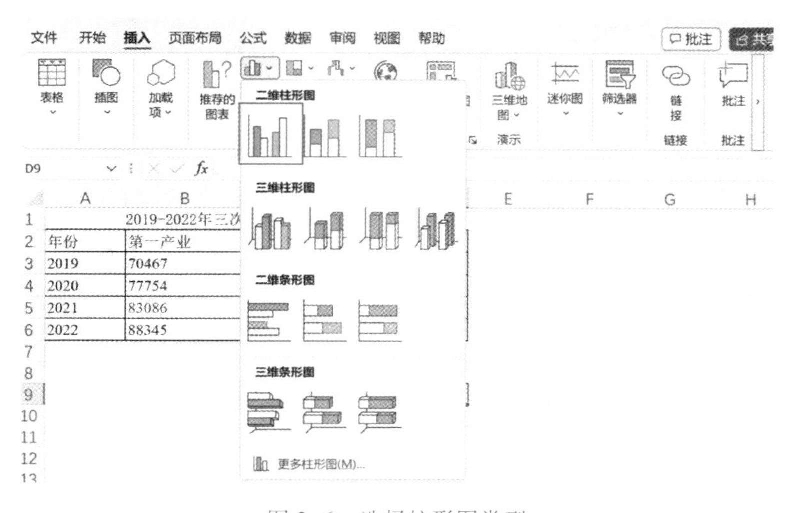

图 2-6　选择柱形图类型

3）单击“图表设计”菜单项，在“图表布局”和“图表样式”中选择需要的布局和样式，如图 2-7 所示。

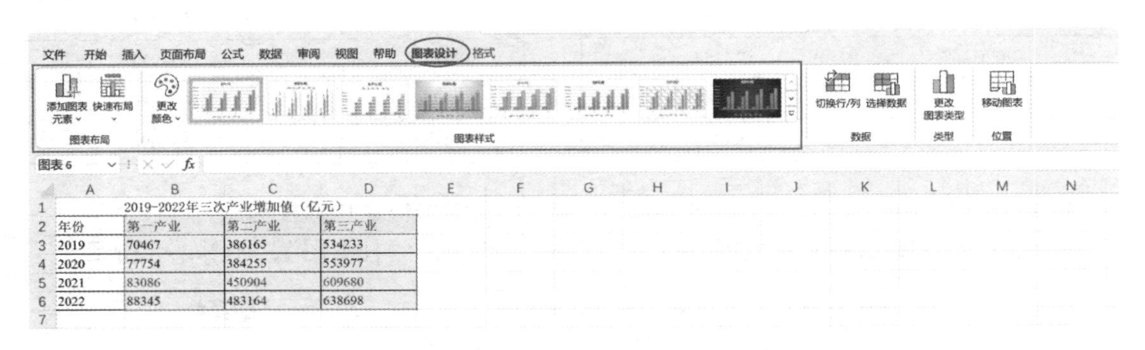

年份	第一产业	第二产业	第三产业
2019	70467	386165	534233
2020	77754	384255	553977
2021	83086	450904	609680
2022	88345	483164	638698

图 2-7 选择柱形图布局和样式

4）如果选择有图表标题和坐标轴标题的布局，则得到图 2-8 所示的图表。单击标题可以修改标题文本，如图 2-8 所示。

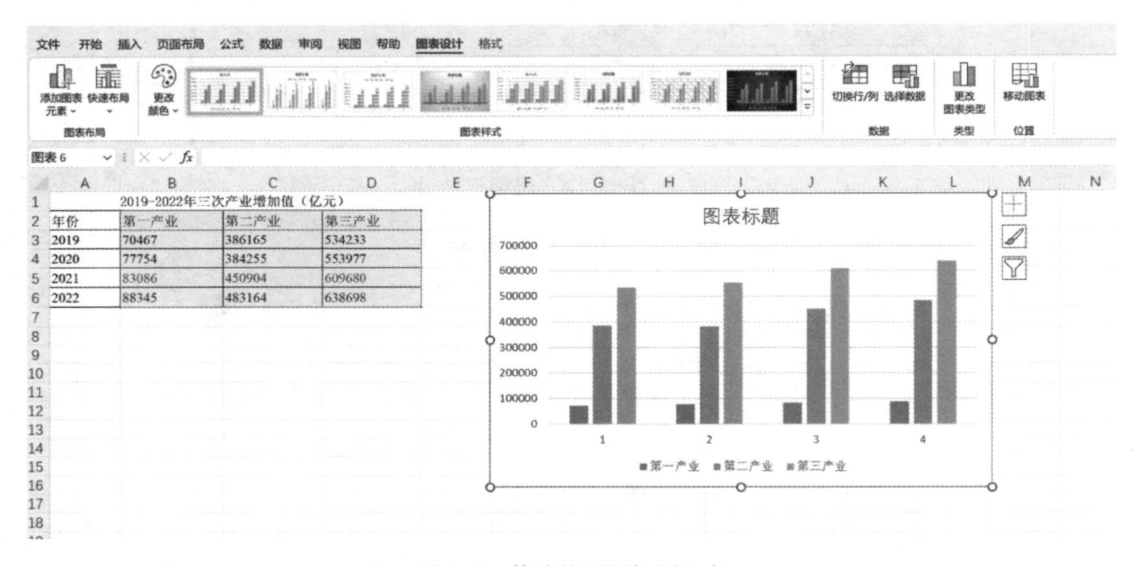

年份	第一产业	第二产业	第三产业
2019	70467	386165	534233
2020	77754	384255	553977
2021	83086	450904	609680
2022	88345	483164	638698

图 2-8 修改柱形图标题文本

5）修改横坐标轴。右键单击横坐标，单击“选择数据”，在水平（分类）轴标签下单击“编辑”，选择需要显示的横坐标数据，单击“确定”，得到数据最终的柱形图，如图 2-9~图 2-11 所示。

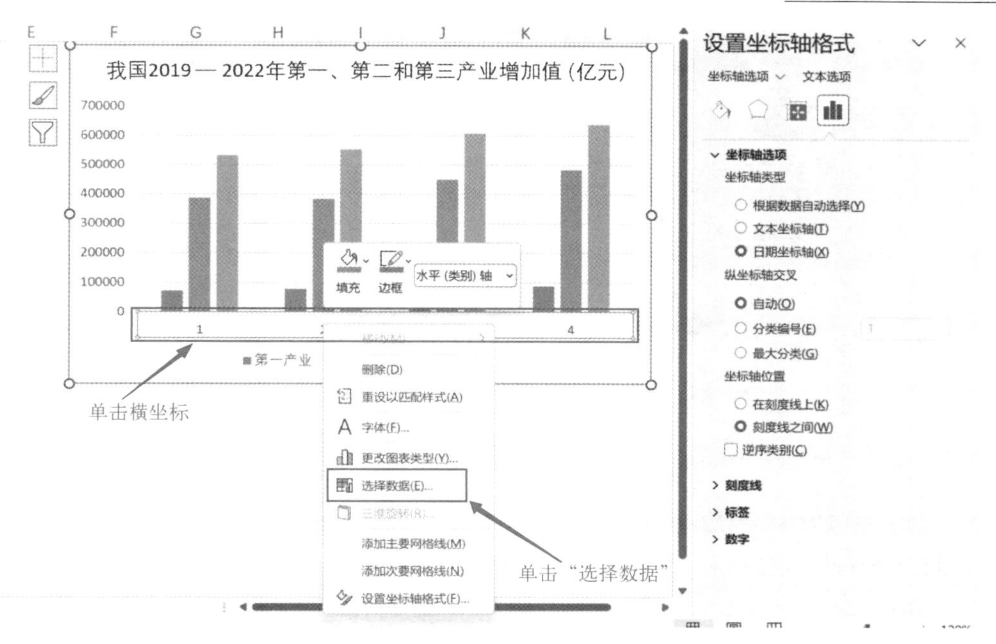

图 2-9　编辑柱形图横坐标

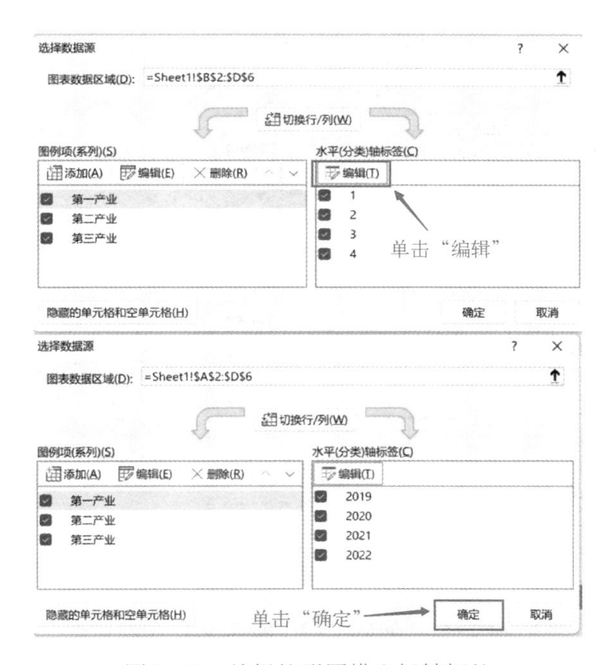

图 2-10　编辑柱形图横坐标轴标签

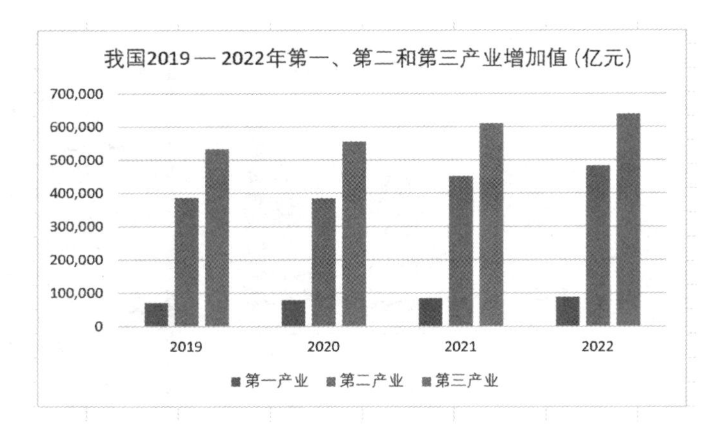

图 2-11　我国 2019—2022 年第一、第二和第三产业增加值柱形图

2. 绘制我国 2019—2022 年第一、第二和第三产业增加值变化的折线图

1）打开 Excel，选择相关数据，单击“插入”，再单击“折线图”，如图 2-12 所示。

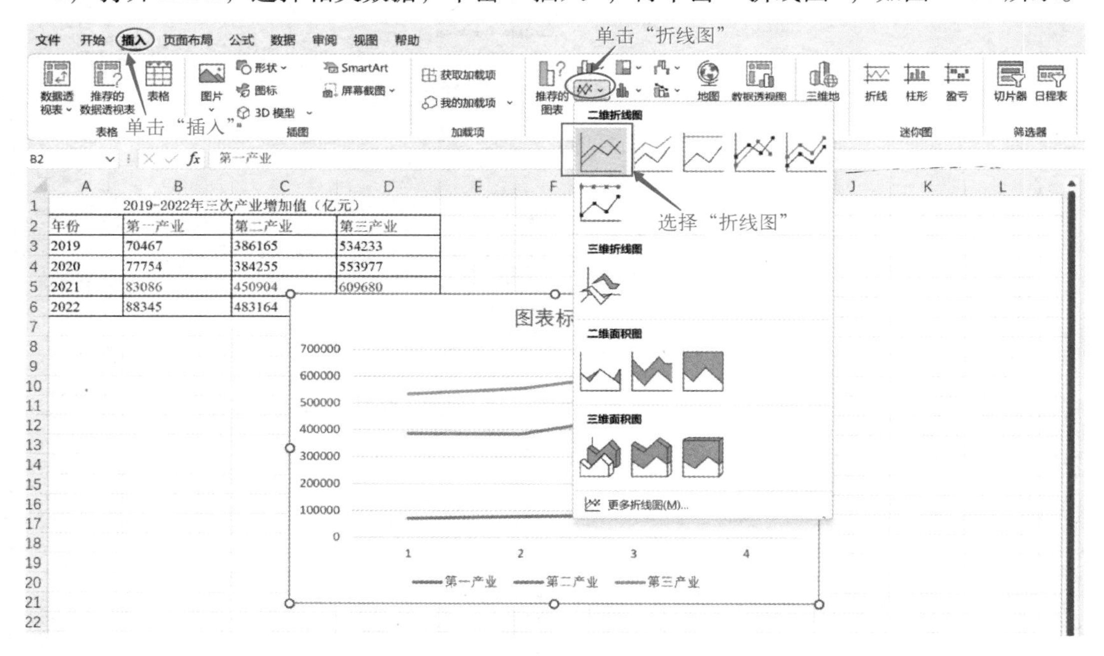

图 2-12　插入折线图并选择折线图类型

2）单击标题可以修改标题文本，如图 2-13 所示。

3）修改横坐标轴。右键单击横坐标，单击“选择数据”，在水平（分类）轴标签下单击“编辑”，选择需要显示的横坐标数据，单击“确定”，得到数据最终的折线图，如图 2-14～图 2-16 所示。

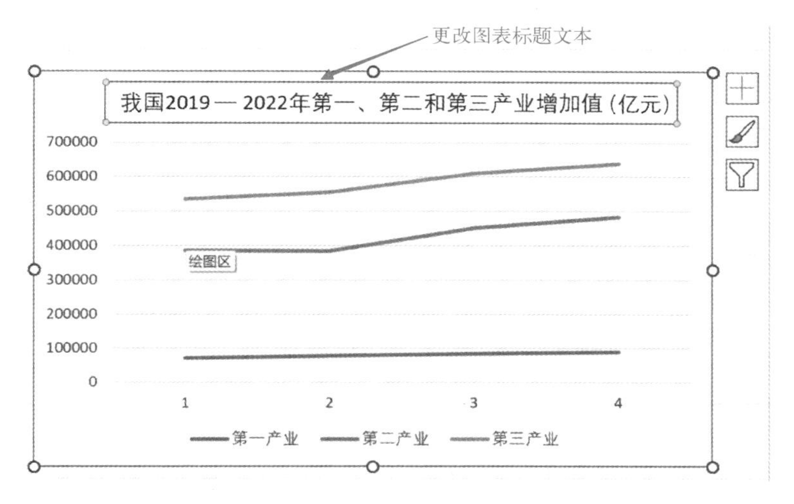

图 2-13　修改折线图标题文本

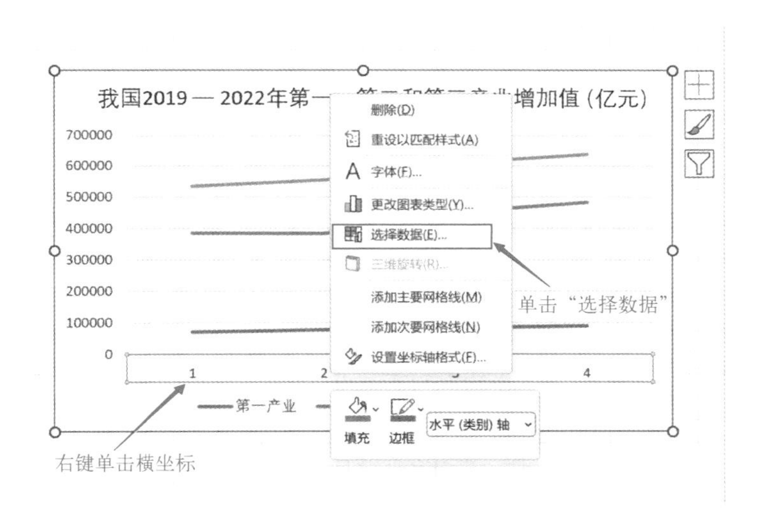

图 2-14　编辑折线图横坐标

2.3.3　数据透视表

数据透视表是一种数据分析工具，用于对大量数据进行汇总、整理和分析。它以电子表格的形式展示数据，通过行和列的组合来提供多维度的统计信息。

数据透视表有以下几个主要功能：

1）汇总数据。通过将数据按照不同的维度进行分组，数据透视表可以将大量数据汇总

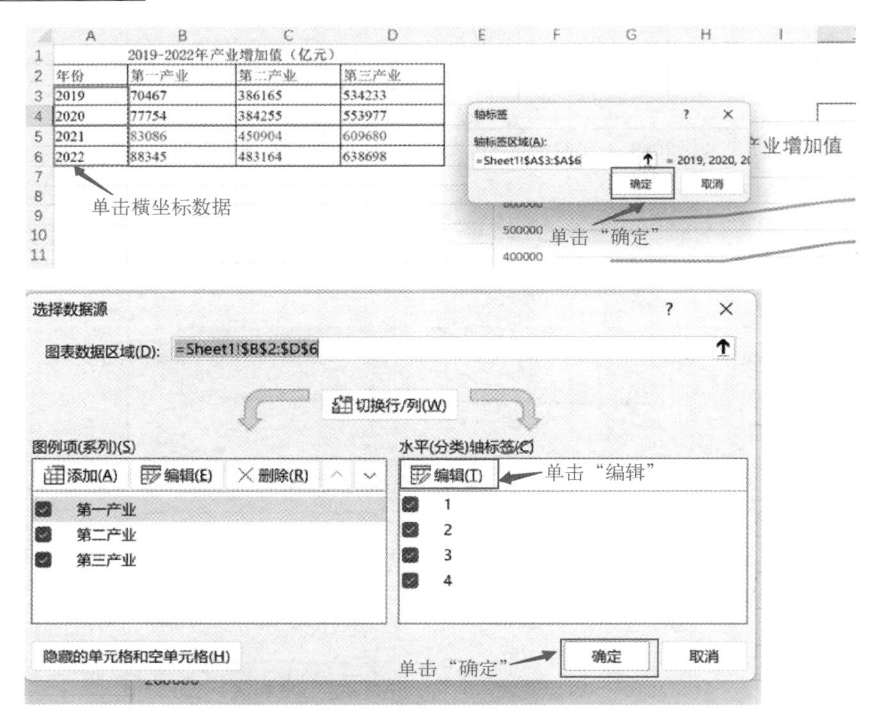

图 2-15 编辑折线图横坐标轴标签

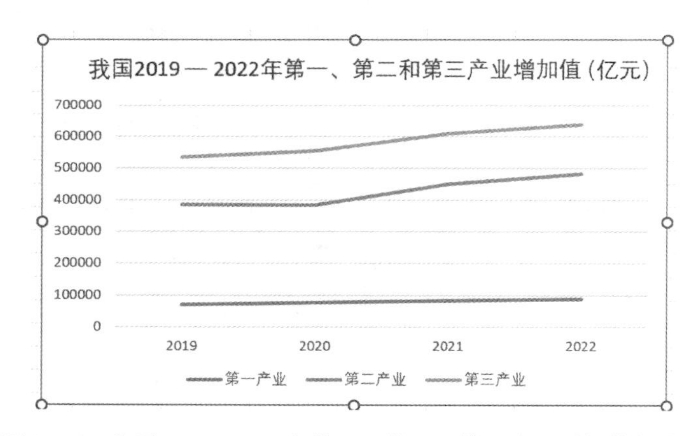

图 2-16 我国 2019—2022 年第一、第二和第三产业增加值折线图

并显示总计、平均值、最大值、最小值等统计指标。

2）过滤数据。数据透视表可以根据特定的条件筛选数据，只显示符合条件的记录，从而更精确地进行数据分析。

3）重新排序。通过拖动字段或更改字段顺序，可以动态调整数据透视表中的数据展示方式，使其更符合分析需求。

4）数据透视图。数据透视表可以将数据以交叉表格的形式展示，清晰直观地呈现不同维度之间的关系，帮助用户发现数据中的模式、趋势和异常情况。

通过使用数据透视表，用户可以更加灵活和高效地对复杂的数据进行分析和理解，快速找到有意义的数据洞察，并支持决策制定和问题解决。

【例 2-3】以销售月表为例，表中记录了订单号、订单日期、订单金额、销售人员和销售部门，见表 2-3。

表 2-3　销售月表

订　单　号	订 单 日 期	订 单 金 额	销 售 人 员	销 售 部 门
20230501	2023. 8. 17	100000	Alan	销售 1 部
20230502	2023. 8. 17	20000	Lily	销售 2 部
20230503	2023. 8. 18	5000	Alan	销售 1 部
20230504	2023. 8. 19	30000	Alan	销售 1 部
20230505	2023. 8. 20	200000	Tom	销售 1 部
20230506	2023. 8. 21	25000	Mike	销售 2 部
20230507	2023. 8. 21	2000	Lily	销售 2 部
20230508	2023. 8. 22	50000	Helen	销售 3 部
20230509	2023. 8. 23	23000	Mike	销售 2 部
202305010	2023. 8. 24	40000	Tom	销售 1 部
202305011	2023. 8. 25	10000	Helen	销售 3 部

1. 以销售人员分类查询订单总额

1）单击“插入”，再单击“数据透视图”，如图 2-17 所示。

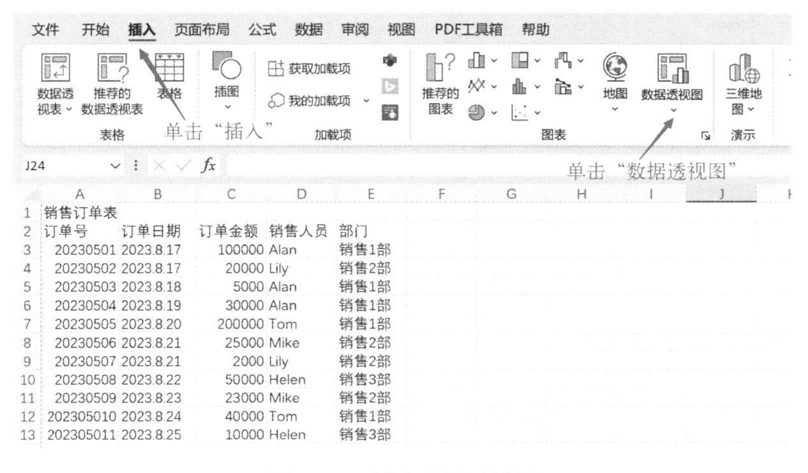

图 2-17　插入数据透视图

2）创建数据透视表，选择需要分析的数据区域，如图 2-18 所示。

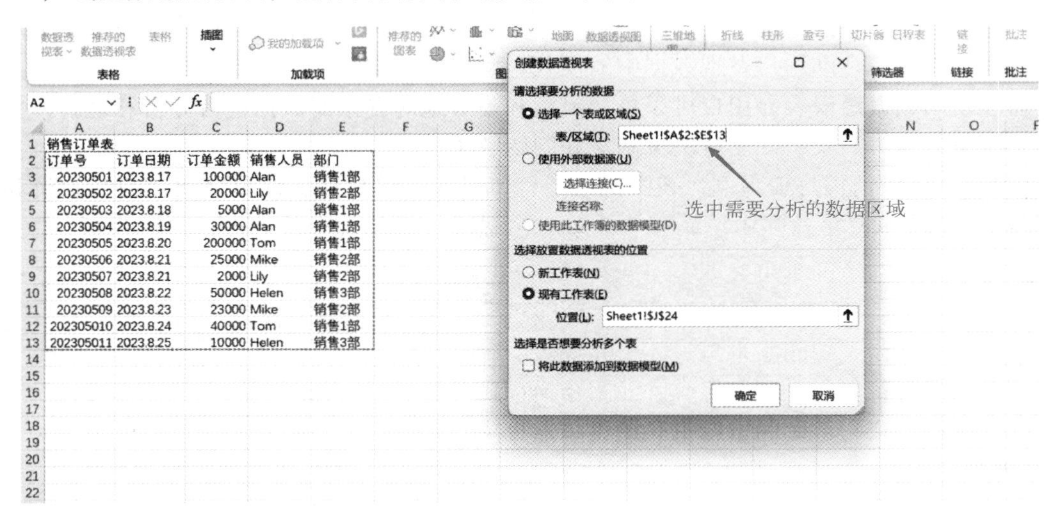

图 2-18　选择需要分析的数据区域

3）选择需要添加到报表的字段——销售人员和订单金额，即显示各销售人员负责的订单金额总计的情况，如图 2-19 所示。

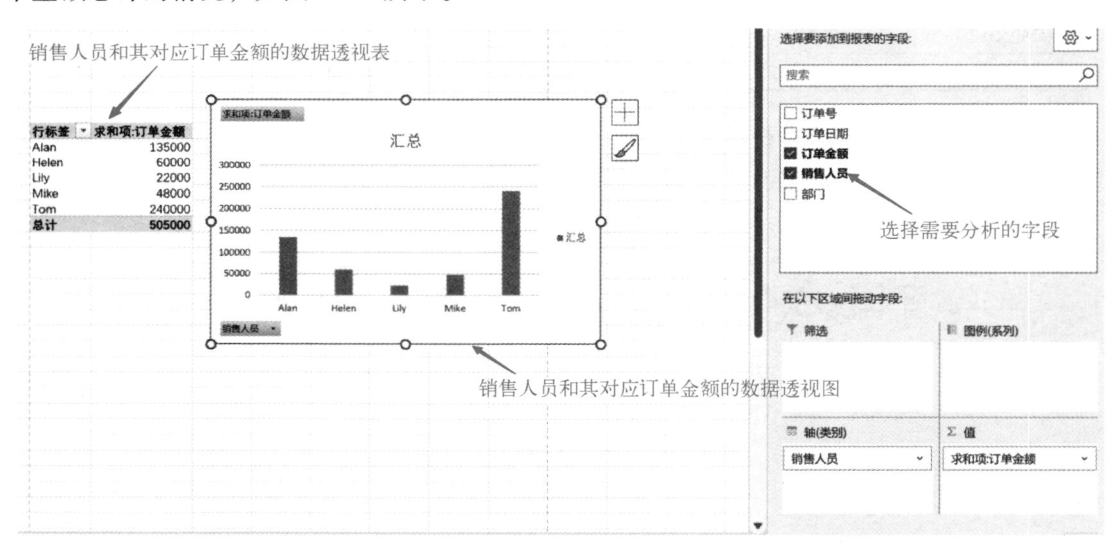

图 2-19　选择字段及数据透视表、数据透视图效果

2. 分析销售人员、订单金额和销售部门之间关系

操作如上述所示，数据透视表如图 2-20 所示。

行标签	求和项:订单金额
⊟Alan	135000
⊟2023.8.17	100000
销售1部	100000
⊟2023.8.18	5000
销售1部	5000
⊟2023.8.19	30000
销售1部	30000
⊟Helen	60000
⊟2023.8.22	50000
销售3部	50000
⊟2023.8.25	10000
销售3部	10000
⊟Lily	22000
⊟2023.8.17	20000
销售2部	20000
⊟2023.8.21	2000
销售2部	2000
⊟Mike	48000
⊟2023.8.21	25000
销售2部	25000
⊟2023.8.23	23000
销售2部	23000
⊟Tom	240000
⊟2023.8.20	200000
销售1部	200000
⊟2023.8.24	40000
销售1部	40000
总计	505000

图 2-20　销售人员、订单金额及销售部门之间关系的数据透视表

2.4　数据的输入

2.4.1　数据的输入方法

数据输入是数据分析和建模的第一步，采用正确的数据输入方法可以提高数据输入的效率、减少数据输入的错误。Excel 数据输入的方法有：直接键盘输入，用自定义格式输入，输入序列，用“有效性”工具输入，用条件函数 IF 输入，用字符提取函数 RIGHT、LEFT、MID 输入，用查找函数 VLOOKUP 输入等。

2.4.2　数据有效性

Excel 数据有效性又称数据验证，指在 Excel 电子表格中设置一些规则和条件，用于限制用户输入的数据范围和类型。通过数据验证，可以确保输入的数据符合预期的格式、取值范围、长度要求等，减少输入错误和数据不一致性。数据验证可应用于单个单元格或整个列，可定义多种验证规则，包括数字、日期、文本等类型，并可以自定义错误提示信息。数据验证可以提高数据的准确性和完整性，增强 Excel 文件的可靠性和易用性。

1）单击 Excel 菜单中“数据\数据验证”，如图 2-21 所示。

图 2-21　单击“数据验证”

2）数据验证-设置。“设置”用于验证数据条件，指定允许输入的数据类型（如文本、数字、日期等），以及输入数据范围。

- 如果输入的数据是 2023 年某高校大学生的出生年月，在“允许”下拉菜单中选择“日期”，输入“开始日期”和“结束日期”，如图 2-22 所示。
- 如果输入的数据是学生的身份证号码，在“允许”下拉菜单中选择“文本长度”，“数据”下拉菜单中选择“等于”，“长度”输入 18，如图 2-23 所示。

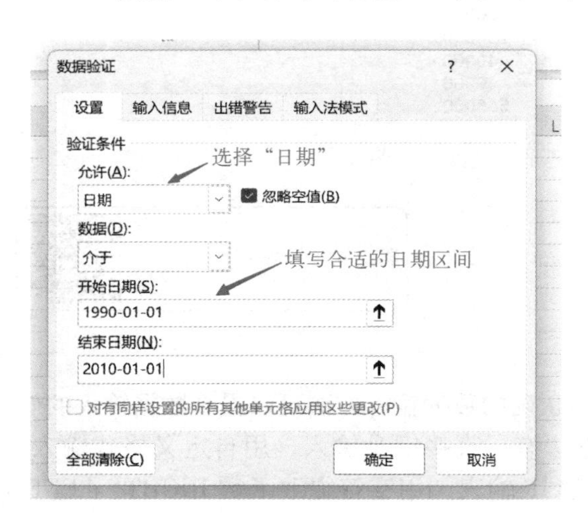

图 2-22　数据验证-设置日期验证条件

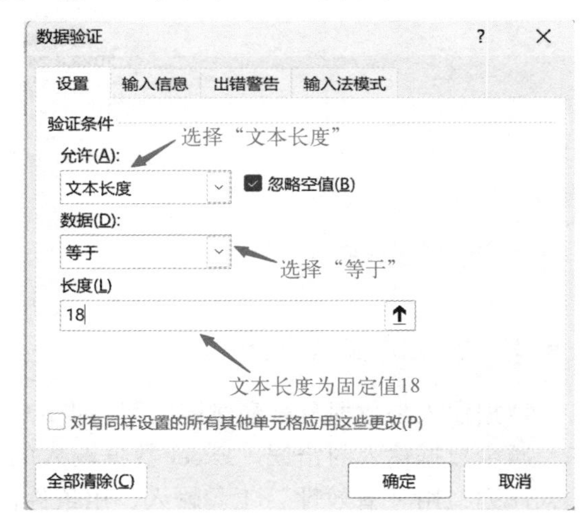

图 2-23　数据验证-设置文本长度验证条件

- “设置”还可以建立输入项目的下拉菜单，特别适合输入定制的项目。例如，建立毕业院校的下拉菜单，打开“数据验证/设置/允许”下拉菜单，选择“序列”。选中下拉菜单中的院校名称，就可以方便地输入所选内容，如图 2-24 所示。

3）数据验证-输入信息。“输入信息”用于用户定制选定输入单元格时出现的提示信息。例如，对于输入身份证号码的单元格，提示信息如图 2-25 所示。

4）数据验证-出错警告。输入的身份证号码超过 18 位时出现错误警告，警告示意如图 2-26 所示。

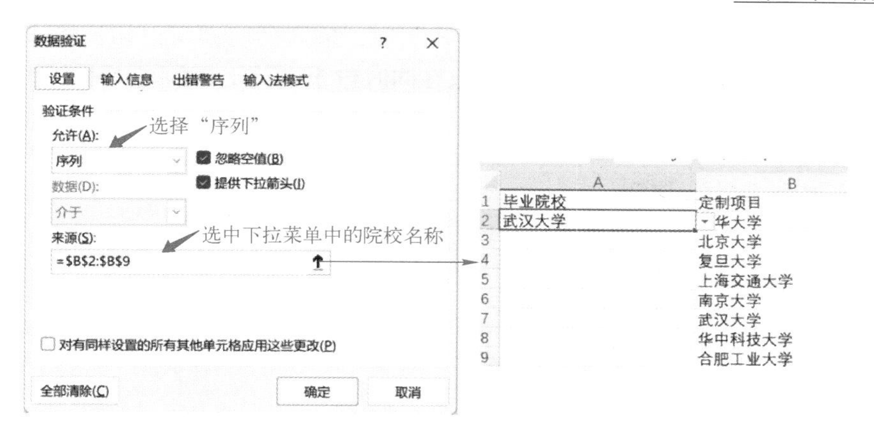

图 2-24　数据验证-设置序列验证条件

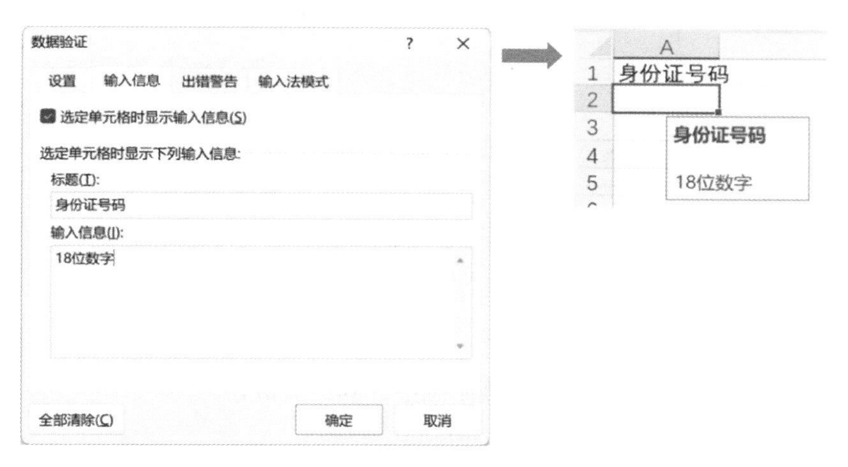

图 2-25　数据验证-输入信息提示信息

图 2-26　数据验证-出错警告示意

5）数据验证-输入法模式。当选择“打开”时，输入的时候可以切换输入法，如果选择“关闭”，则只能在英文模式下输入。可以在同时包含中英文列的表格中自动切换相应的输入法，如图 2-27 所示。

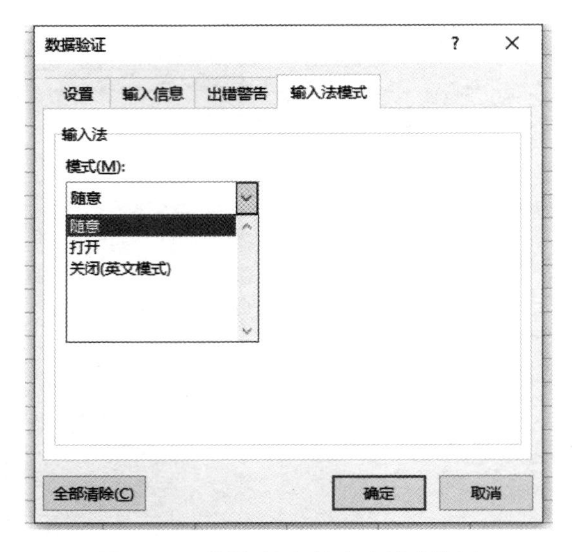

图 2-27　数据验证-输入法模式设置

2.4.3　条件函数 IF

条件函数 IF 是 Excel 中常用的条件判断函数，其语法格式为：

=IF(logical_test,[value_if_true],[value_if_false])。

- logical_test：表示要进行判断的条件，如果该条件为 TRUE，则返回 value_if_true 的值，否则返回 value_if_false 的值。
- value_if_true：表示当 logical_test 为 TRUE 时返回的值。
- value_if_false：表示当 logical_test 为 FALSE 时返回的值。

例如，如果 A1 的值大于 0，则返回 1，否则返回-1，可以输入：=IF(A1>0,1,-1)，如图 2-28 所示。

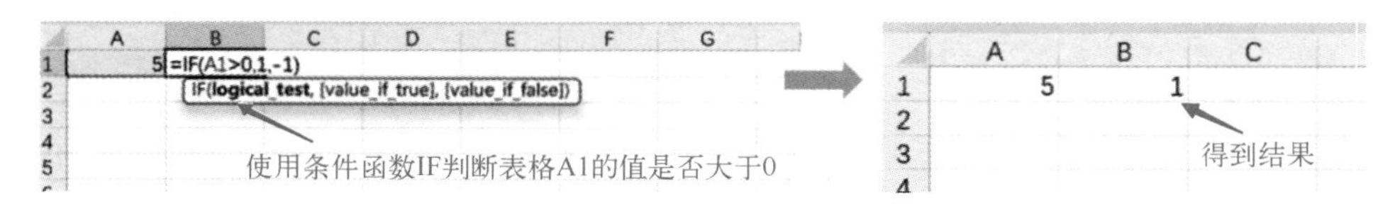

图 2-28　条件函数 IF 示例

IF 函数可以嵌套使用，以实现更加复杂的判断和计算。

【例 2-4】某公司根据员工本年度的累计销售总额计算员工年终奖金，计算规则为：当累计销售总额[50000,∞)时，奖励 5000 元；当累计销售总额[30000,50000)时，奖励 3000 元；当累计销售总额[20000,30000)时，奖励 2000 元，当累计销售总额[0,20000)时，没有奖金奖励。该公司本年度员工累计销售金额见表 2-4。

表 2-4　本年度员工累计销售金额

员工 ID	员工销售金额（元）
Alan	60000
Alex	55000
Helen	46000
Lily	22000
Mike	15000
Tom	37000

增设“奖励金额”一列，插入 IF 函数公式，如图 2-29 所示。得到最终的员工年终奖励金额，如图 2-30 所示。

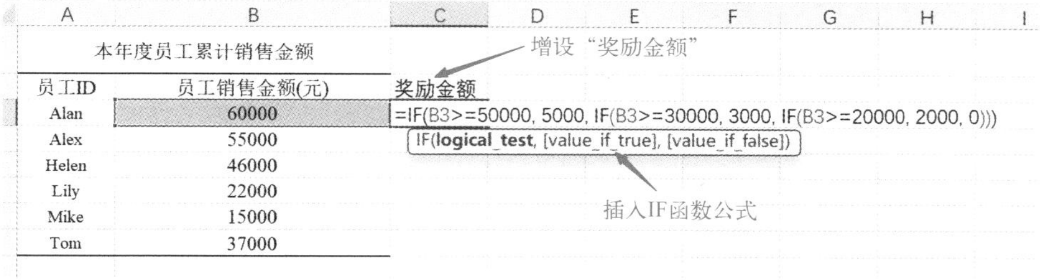

A	B	C
本年度员工累计销售金额		
员工ID	员工销售金额(元)	奖励金额
Alan	60000	=IF(B3>=50000, 5000, IF(B3>=30000, 3000, IF(B3>=20000, 2000, 0)))
Alex	55000	
Helen	46000	
Lily	22000	
Mike	15000	
Tom	37000	

IF(logical_test, [value_if_true], [value_if_false])

增设“奖励金额”

插入IF函数公式

图 2-29　输入奖励金额 IF 条件函数

员工ID	员工销售金额(元)	奖励金额
Alan	60000	5000
Alex	55000	5000
Helen	46000	3000
Lily	22000	2000
Mike	15000	0
Tom	37000	3000

图 2-30　IF 函数计算结果

IF 函数嵌套的层数最多为 7 层。由于多层嵌套的 IF 函数构造比较复杂，容易出错。对于多个条件的情况，还是推荐用函数 VLOOKUP 来实现。

2.4.4 函数 VLOOKUP

VLOOKUP 是一种在 Excel 或其他电子表格程序中使用的函数，用于在一个区域中查找指定值，并返回该值所在行或列的相关数据。其语法如下：

```
VLOOKUP (lookup_value, table_array, col_index_num, range_lookup)
```

参数说明：

- lookup_value：要查找的值。
- table_array：包含要进行查找的数据区域，该区域至少包含两列。
- col_index_num：目标数据所在列的索引号，该值从 1 开始计数。
- range_lookup：指定是否需要进行近似匹配的布尔值，可选参数，常用的有 0 或 FALSE 表示仅进行精确匹配，1 或 TRUE 表示进行近似匹配。

VLOOKUP 函数会从 table_array 中的第一列开始查找 lookup_value，并返回与查找值对应的相关数据。

【例 2-5】使用 VLOOKUP 函数实现多个条件数据的查找和输入。以表 2-3 销售月表为例，表中记录了订单号、订单日期、订单金额、销售人员和销售部门。

查找订单编号为 20230504 时的订单日期、订单金额、销售人员和销售部门。Excel 中输入 VLOOKUP 公式如图 2-31 所示。

F	G	H	I	J	K	L	M
	订单号	订单日期	订单金额	销售人员	销售部门		
	20230504	=VLOOKUP($G$3,$A$3:$E$13,COLUMN(B2),0)					

输入VLOOKUP公式

图 2-31 输入 VLOOKUP 公式

得到订单日期、订单金额、销售人员和销售部门的数据查找结果，如图 2-32 所示。

订单号	订单日期	订单金额	销售人员	销售部门
20230504	2023.8.19	30000	Alan	销售1部

图 2-32 VLOOKUP 查找结果

公式解释：

- 参数 1 “$G$3” 是查找的值，即订单号，添加绝对引用符号，拖动公式不会变更引用的单元格。
- 参数 2 “$A$3：$E$13” 即要进行查找的数据区域，这里从订单号列开始，一直到销售部门列结束，添加绝对引用符号，拖动公式不会变更范围。
- 参数 3 “COLUMN(B2)” 即目标数据所在列，使用了 COLUMN 函数自动返回 B2 单元格的列号是 2，随着公式往右拖动，会自动变更为 3 列（订单金额）、4 列（销售人员）、5 列（销售部门）。

- 参数 4："0" 表示精确匹配。

这样设置好 VLOOKUP 的公式后，往右拖动公式即可自动返回订单金额、销售人员、销售部门。

习题

1. 总体和样本的定义？

2. 区分以下数据哪些是总体，哪些是样本？

1）从某大学 6000 个宿舍中随机抽查 100 间宿舍进行安全检查。

2）从一批灯泡中随机挑选 20 个抽样检查。

3）对某小区所有的老人进行身体检查。

3. 定性数据和定量数据的定义？

4. 截面数据和时间序列数据的定义？

5. 协方差和相关系数的定义？

第3章 回归分析

回归分析是一种统计方法，用于探究自变量和因变量之间的关系。它通过建立一个数学模型，根据已知的自变量值预测因变量的值。回归分析可以用于预测、解释和探索数据。

3.1 线性和非线性回归

线性回归和非线性回归是两种常见的回归模型。线性回归是一种基本的回归模型，它假设自变量与因变量之间存在线性关系。非线性回归是一种更加灵活的回归模型，它假设自变量与因变量之间存在非线性关系。

3.1.1 线性回归及其 Excel 中的实现

1. 回归

“回归”一词的英文是“Regression”，回归分析的基本思想和方法以及“回归”名称的由来归功于英国统计学家高尔顿（Galton）和他的学生，现代统计学的奠基者之一皮尔逊（Pearson）在研究父母身高与其子女身高的遗传问题时，观察了1078对夫妇，以每对夫妇的平均身高为 x，取他们的一个成年子女的身高作为 y，将结果在平面直角坐标系上绘成散点图，发现趋势近乎一条直线。研究人类身高的遗传时发现，高个子父母的子女，其身高有低于其父母身高的趋势，而矮个子父母的子女，其身高有高于其父母的趋势。即有“回归”到平均数去的趋势，这就是统计学上最初出现的“回归”的含义。统计学上的“相关”和“回归”的概念就是高尔顿第一次使用的。

一些变量之间存在相关关系。如果能够建立这些相关关系的数量表达式，就可以根据一个变量的值来预测另一个变量的变化。如果随机变量 y 与变量之间具有统计关系，那么每当取定值之后，y 便有相应的概率分布与之对应。它们之间的概率模型为

$$y=f(x_1,x_2,x_3,\cdots,x_n)+\varepsilon \tag{3-1}$$

式中，y 称为因变量；$x_1,x_2,x_3,\cdots,x_n$ 称为自变量。y 由两部分组成，一部分是由 $x_1,x_2,x_3,\cdots,x_n$ 能够决定的部分，记为 $f(x_1,x_2,x_3,\cdots,x_n)$；另一部分由众多未加考虑的因素（包括随机因素）所产生的影响，它被看成随机误差，记为 ε。$f(x_1,x_2,x_3,\cdots,x_n)$ 称为 y 对 x_1,x_2,

$x_3, \cdots, x_n$的回归函数。回归分析的研究对象是客观事物变量间的统计关系。研究方法是通过建立统计模型来研究变量间相互关系的密切程度、结构状态、模型预测的一种有效的工具。

当模型中的回归函数为线性函数时，即

$$y=\beta_0+\beta_1 X_1+\beta_2 X_2+\cdots+\beta_n X_n+\varepsilon \tag{3-2}$$

为线性回归模型。

当模型中的回归函数为非线性函数时，为非线性回归模型。

常见的非线性回归模型包括：

1）多项式回归：使用多项式函数来拟合数据，如二次多项式回归、三次多项式回归等。

2）指数回归：使用指数函数来拟合数据，适用于数据呈指数增长或衰减的情况。

3）对数回归：使用对数函数来拟合数据，适用于数据呈对数增长或衰减的情况。

4）幂函数回归：使用幂函数来拟合数据，适用于数据呈幂律分布的情况。

5）Sigmoid 函数回归：使用 Sigmoid 函数（如 Logistic 函数）来拟合数据，适用于分类问题或概率预测问题。

6）非线性混合效应模型：将线性效应和非线性效应结合起来，适用于同时考虑多个因素对因变量的影响的情况。

2. 线性回归及其 Excel 中的实现

当模型中只有一个自变量时，为简单的一元线性回归。

$$Y=\beta_0+\beta_1 X+\varepsilon \tag{3-3}$$

式中，X 是自变量；Y 是因变量；β_0表示截距，是自变量 X 等于 0 时，因变量 Y 的值；β_1表示斜率，表示自变量 X 每增加 1，因变量 Y 增加的数值；ε 表示误差。

回归方程可以表示为

$$E(y)=\beta_0+\beta_1 x \tag{3-4}$$

表 3-1 所示为某市用电量指标统计，在 Excel 中绘制散点图，添加趋势线，显示回归方程和相关系数，具体操作步骤如下。

表 3-1　某市用电量指标统计

年份	总人口（万元）	GDP（万元）	全社会投资（万元）	消费品销售总额（万元）	单位小时年用电量（万 kW · h）
2004	64. 56	121247	11687	57331	36962
2005	65. 02	146845	21160	66383	41596
2006	65. 26	196284	43963	91853	45591
2007	65. 48	326422	126529	127713	55221
2008	65. 72	487378	136416	179771	60893

（续）

年份	总人口（万元）	GDP（万元）	全社会投资（万元）	消费品销售总额（万元）	单位小时年用电量（万 kW · h）
2009	66. 02	485429	146834	215624	67639
2010	66. 18	531523	118746	223601	71132
2011	66. 27	542833	85500	222658	68909
2012	66. 35	581876	106978	227091	66411
2013	66. 38	629005	127144	235272	68550
2014	66. 43	679457	145241	247598	76314
2015	66. 46	788730	166750	264359	81929
2016	66. 47	844030	195321	283756	89491
2017	66. 49	864321	215843	302589	96512
2018	66. 51	891684	248619	315687	100687
2019	66. 54	913746	268432	321482	105634
2020	66. 57	948562	293015	330549	110437

1）在图 3-1 的数据中，选择“GDP”和“单位小时年用电量”。

	A	B	C	D	E	F
1		总人口（万人）	GDP（万元）	全社会投资（万元）	消费品销售总额（万元）	单位小时年用电量（万kW · h）
2	2004	64.56	121247	11687	57331	36962
3	2005	65.02	146845	21160	66383	41596
4	2006	65.26	196284	43963	91853	45591
5	2007	65.48	326422	126529	127713	55221
6	2008	65.72	487378	136416	179771	60893
7	2009	66.02	485429	146834	215624	67639
8	2010	66.18	531523	118746	223601	71132
9	2011	66.27	542833	85500	222658	68909
10	2012	66.35	581876	106978	227091	66411
11	2013	66.38	629005	127144	235272	68550
12	2014	66.43	679457	145241	247598	76314
13	2015	66.46	788730	166750	264359	81929
14	2016	66.47	844030	195321	283756	89491
15	2017	66.49	864321	215843	302589	96512
16	2018	66.51	891684	248619	315687	100687
17	2019	66.54	913746	268432	321482	105634
18	2020	66.57	948562	293015	330549	110437

图 3-1　选择“GDP”和“单位小时年用电量”

2）插入“散点图”，操作如图 3-2 所示。

3）单击菜单“图表设计”，选择“图表布局”，输入图表和坐标轴标题，如图 3-3 所示。

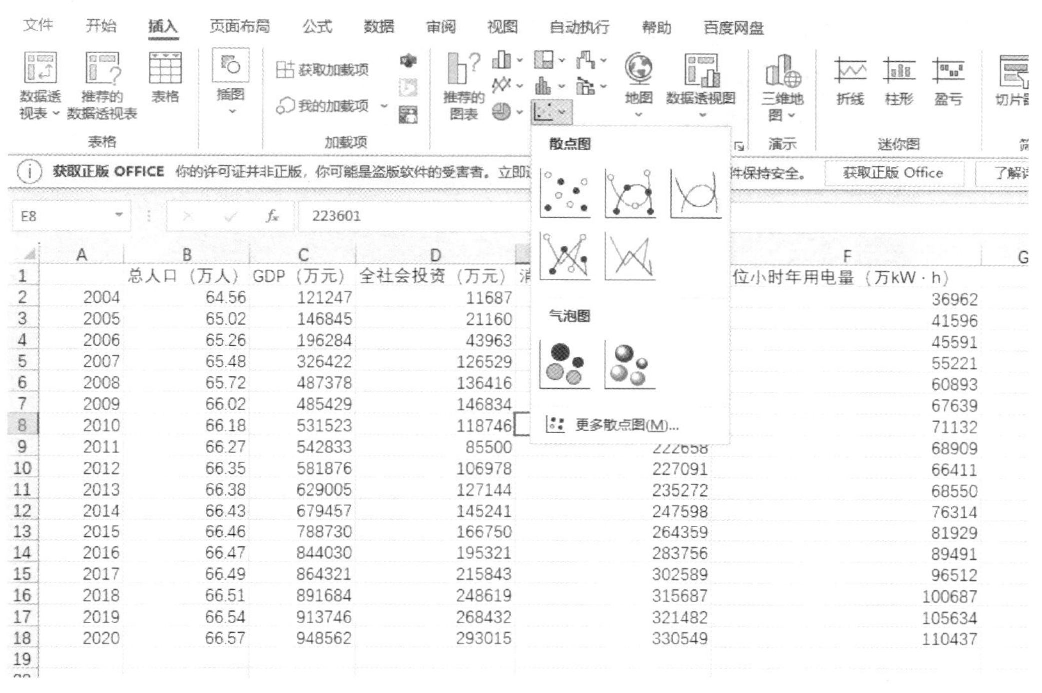

	A	B	C	D	E	F
1		总人口（万人）	GDP（万元）	全社会投资（万元）	消	位小时年用电量（万kW · h）
2	2004	64.56	121247	11687		36962
3	2005	65.02	146845	21160		41596
4	2006	65.26	196284	43963		45591
5	2007	65.48	326422	126529		55221
6	2008	65.72	487378	136416		60893
7	2009	66.02	485429	146834		67639
8	2010	66.18	531523	118746		71132
9	2011	66.27	542833	85500	222658	68909
10	2012	66.35	581876	106978	227091	66411
11	2013	66.38	629005	127144	235272	68550
12	2014	66.43	679457	145241	247598	76314
13	2015	66.46	788730	166750	264359	81929
14	2016	66.47	844030	195321	283756	89491
15	2017	66.49	864321	215843	302589	96512
16	2018	66.51	891684	248619	315687	100687
17	2019	66.54	913746	268432	321482	105634
18	2020	66.57	948562	293015	330549	110437

图 3-2　插入“散点图”

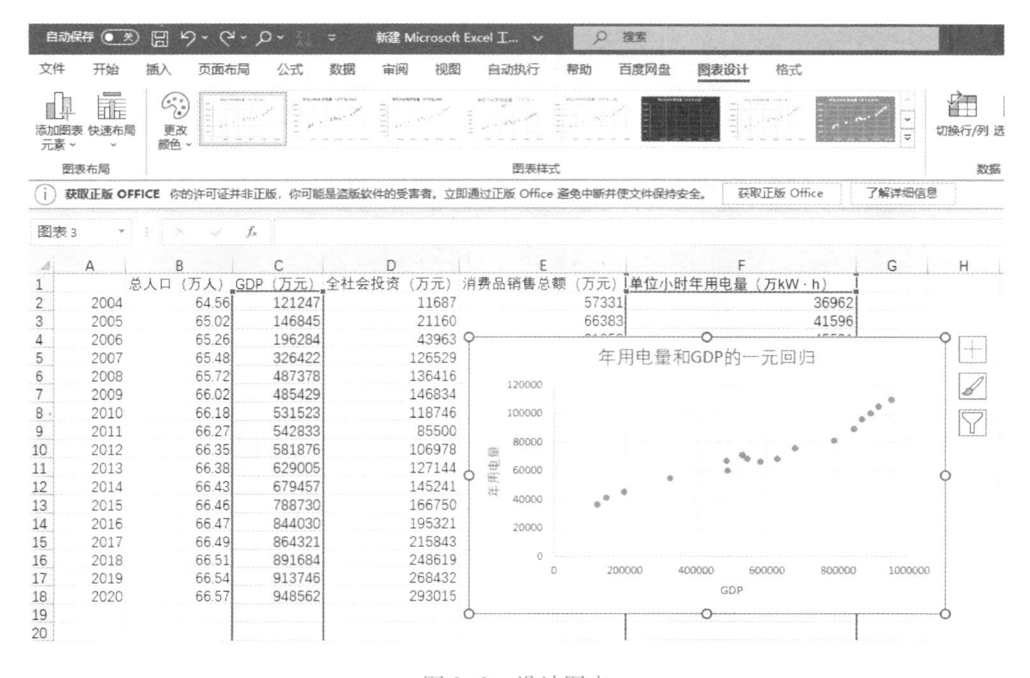

	A	B	C	D	E	F
1		总人口（万人）	GDP（万元）	全社会投资（万元）	消费品销售总额（万元）	单位小时年用电量（万kW · h）
2	2004	64.56	121247	11687	57331	36962
3	2005	65.02	146845	21160	66383	41596
4	2006	65.26	196284	43963		
5	2007	65.48	326422	126529		
6	2008	65.72	487378	136416		
7	2009	66.02	485429	146834		
8	2010	66.18	531523	118746		
9	2011	66.27	542833	85500		
10	2012	66.35	581876	106978		
11	2013	66.38	629005	127144		
12	2014	66.43	679457	145241		
13	2015	66.46	788730	166750		
14	2016	66.47	844030	195321		
15	2017	66.49	864321	215843		
16	2018	66.51	891684	248619		
17	2019	66.54	913746	268432		
18	2020	66.57	948562	293015		

图 3-3　设计图表

4）右键单击散点图，选择“添加趋势线”，如图 3-4 所示。

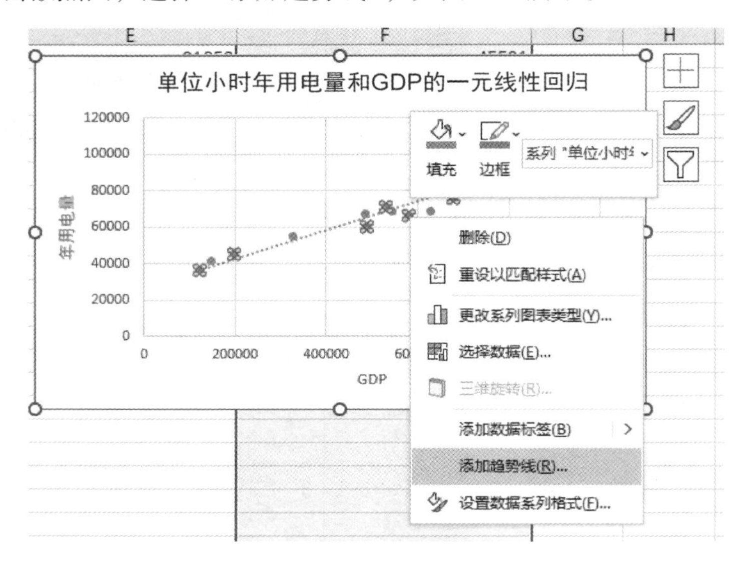

图 3-4　选择“添加趋势线”

5）在“趋势线选项”中选择“线性”“显示公式”和“显示 R 平方值”，单击“关闭”，如图 3-5 所示。

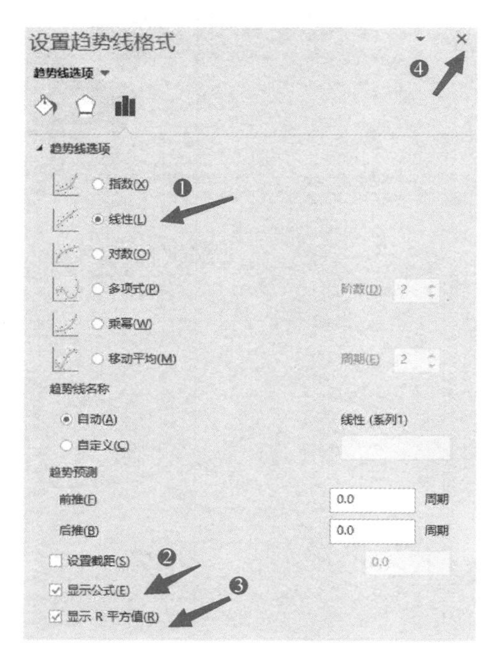

图 3-5　设置趋势线格式

6）完成散点图，添加趋势线的简单一元线性回归，如图 3-6 所示。

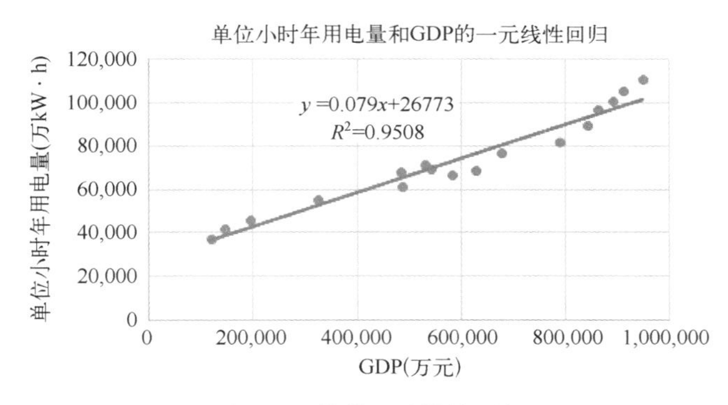

图 3-6　简单一元线性回归

3.1.2　最小二乘回归

最小二乘法（Least Squares Method，LSM）是一种数学优化技术。它通过最小化误差的平方和来寻找数据的最佳函数匹配。利用最小二乘法可以简便地求得未知的数据，并使得这些求得的数据与实际数据之间误差的平方和为最小。

对于回归直线，关键在于求解参数，常用的就是最小二乘法，它通过使因变量的观察值与估计值之间的误差平方和达到最小来求解。

残差平方和为

$$Q_e = \sum_{i=1}^{n} (y_i - \beta_0 - \beta_i x_i)^2 \tag{3-5}$$

式（3-5）中对系数 β_0，β_1 求偏导，并使导数等于 0，可得

$$\begin{cases} \beta_0 = \bar{y} - \beta_1 \bar{x} \\ \beta_1 = \dfrac{\sum_{i=1}^{n} x_i y_i - n\overline{xy}}{\sum_{i=1}^{n} x_i^2 - n\overline{x}^2} \end{cases} \tag{3-6}$$

式中，$\bar{x} = \dfrac{1}{n}\sum_{i=1}^{n} x_i$；$\bar{y} = \dfrac{1}{n}\sum_{i=1}^{n} y_i$。

因变量观察值 y_i 和观察值的均值 $\bar{y}$ 的差的平方和称为总平方和（Total Sum of Squaves，SST）。总平方和可以分解为回归平方和（Sum of Squares of the Regression，SSR）、残差平方和（Sum of Squares for Error，SSE），即 SST=SSR+SSE。有

$$\mathrm{SST} = \sum_{i=1}^{n} (y_i - \bar{y})^2 \tag{3-7}$$

$$SSR = \sum_{i=1}^{n} (\hat{y}_i - \bar{y})^2 \tag{3-8}$$

$$SSE = \sum_{i=1}^{n} (y_i - \hat{y}_i)^2 \tag{3-9}$$

判定系数 R^2=SSR/SST 表示因变量总差异中可以由回归解释的比例，$1-R^2$=SSE/SST 表示误差平方和占总平方和的比例。R^2越接近 1，回归的相关性就越好。

3.1.3 非线性回归及其 Excel 中的实现

在线性回归中，假设因变量与自变量之间存在线性关系，即可以用一条直线来拟合数据。然而，在实际问题中，很多情况下因变量与自变量之间的关系并不是线性的，而是呈现出曲线、指数、对数等非线性形式。非线性回归是一种统计建模方法，用于建立自变量和因变量之间非线性关系的模型。在非线性回归中，自变量和因变量之间的关系可以通过非线性函数来描述，而不是简单的线性关系。非线性回归可以更准确地拟合非线性关系的数据，提高模型的预测能力。然而，非线性回归也存在一些挑战，如参数估计的复杂性、模型选择的困难性等。此外，过拟合和欠拟合问题在非线性回归中也需要注意。

按照表 3-1 中的数据，在 Excel 中绘制简单一元非线性回归步骤如下：

1）创建“总人口”和“单位小时年用电量”两个变量样本的散点图，单击“散点图”，选择“趋势线选项”，选择“多项式”，“阶数”为 2，如图 3-7 所示。

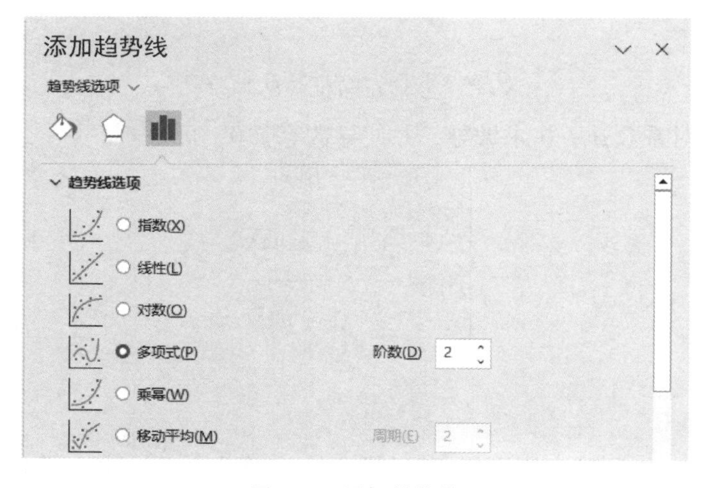

图 3-7　添加趋势线

2）选择“显示公式”和“显示 R 平方值”，操作如图 3-8 所示。

3）一元非线性回归如图 3-9 所示。

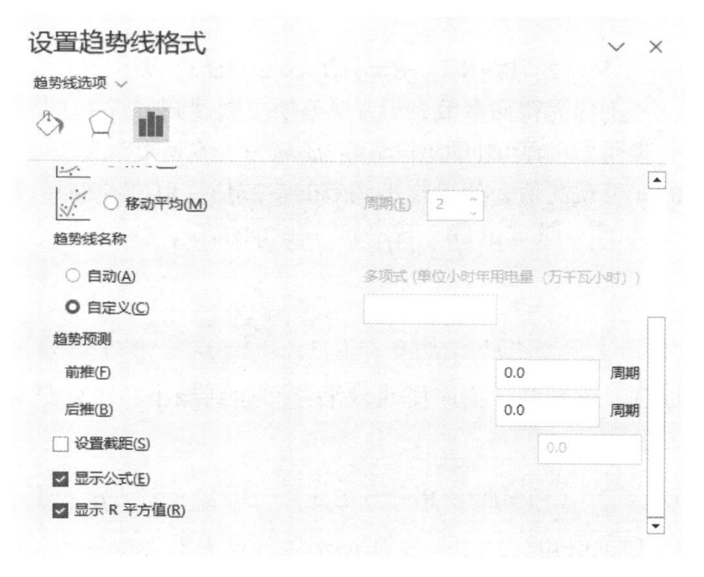

图 3-8　设置趋势线格式

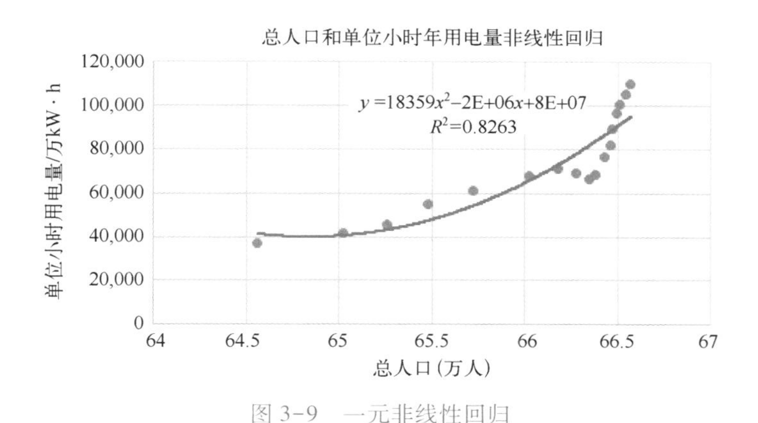

图 3-9　一元非线性回归

3.2　多元回归

多元回归是一种统计分析方法，用于研究多个自变量与一个因变量之间的关系。它通过建立一个包含多个自变量的线性回归模型，来预测因变量的值。

3.2.1　多元回归的概念

多元线性回归包括一个因变量 y 和若干自变量 $x_1, x_2, \cdots, x_n$，多元线性回归模型的一般

形式为

$$y_i=\beta_0+\beta_1x_{i1}+\beta_2x_{i2}+\beta_3x_{i3}+\cdots+\beta_nx_{in}+\varepsilon \tag{3-10}$$

式中，$\beta_0,\beta_1,\beta_2,\beta_3,\cdots,\beta_n$称为待估参数，$\varepsilon$ 为误差项。则回归方程为

$$y_i=\beta_0+\beta_1x_{i1}+\beta_2x_{i2}+\beta_3x_{i3}+\cdots+\beta_nx_{in} \tag{3-11}$$

对于随机抽取的 n 组观测值，如果样本函数的参数估计值已经得到，则有

$$\hat{y}_i=\hat{\beta}_0+\hat{\beta}_1x_{i1}+\hat{\beta}_2x_{i2}+\hat{\beta}_3x_{i3}+\cdots+\hat{\beta}_nx_{in} \tag{3-12}$$

残差平方和为

$$Q_e=\sum_{i=1}^{n}(y_i-\beta_0-\beta_1x_{i1}-\beta_2x_{i2}-\beta_3x_{i3}-\cdots-\beta_nx_{in})^2 \tag{3-13}$$

根据最小二乘原理，参数估计值应使残差平方和达到最小，也就是寻找参数 $\beta_0,\beta_1,\beta_2,\beta_3,\cdots,\beta_n$的估计值达到最小。

$$Q_e=\sum_{i=1}^{n}(y_i-\hat{\beta}_0-\hat{\beta}_1x_{i1}-\hat{\beta}_2x_{i2}-\hat{\beta}_3x_{i3}-\cdots-\hat{\beta}_nx_{in})^2 \tag{3-14}$$

即 Q_e的最小值，根据微积分知识，需对 Q_e关于待估参数求偏导数，并且令其为 0。则

$$\begin{cases}\dfrac{\partial Q_e}{\partial\beta_0}=-2\displaystyle\sum_{i=1}^{n}(y_i-\beta_0-\beta_1x_{i1}-\beta_2x_{i2}-\beta_3x_{i3}-\cdots-\beta_nx_{in})=0\\ \qquad\vdots\\ \dfrac{\partial Q_e}{\partial\beta_n}=-2\displaystyle\sum_{i=1}^{n}(y_i-\beta_0-\beta_1x_{i1}-\beta_2x_{i2}-\beta_3x_{i3}-\cdots-\beta_nx_{in})x_{in}=0\end{cases} \tag{3-15}$$

$$\boldsymbol{x}^{\mathrm{T}}(\boldsymbol{y}-\boldsymbol{x}\hat{\boldsymbol{\beta}})=0$$

$$\boldsymbol{x}^{\mathrm{T}}\boldsymbol{x}\hat{\boldsymbol{\beta}}=\boldsymbol{x}^{\mathrm{T}}\boldsymbol{y}$$

$$\hat{\boldsymbol{\beta}}=(\boldsymbol{x}^{\mathrm{T}}\boldsymbol{x})^{-1}\boldsymbol{x}^{\mathrm{T}}\boldsymbol{y} \tag{3-16}$$

得到回归方程

$$\hat{y}=\hat{\beta}_0+\hat{\beta}_1x_1+\hat{\beta}_2x_2+\hat{\beta}_3x_3+\cdots+\hat{\beta}_nx_n \tag{3-17}$$

在多元回归中，复相关系数 R^2的大小和样本数量 n 以及自变量的个数 k 有关。为了消除样本数量和自变量个数对复相关系数的影响，计算以下修正的复相关系数：

$$R_{\mathrm{adj}}^2=1-\left[(1-R^2)\frac{n-1}{n-k-1}\right] \tag{3-18}$$

由统计学理论可以知道，对于自变量个数为 k，总平方和 SST 的自由度为 $n-1$，残差平方和 SSE 的自由度为 $n-k-1$，回归平方和 SSR 的自由度为 k。将相应的平方和除以自由度，得到以下方差：

观察值和平均值之间的方差：$\mathrm{MST}=\mathrm{SST}/(n-1)$

预测值和平均值之间的方差：$\mathrm{MSR}=\mathrm{SSR}/k$

观察值和预测值之间的方差：$\mathrm{MSE}=\mathrm{SSE}/(n-k-1)$

F 检验：

H_0：$\beta_1=\beta_2=\cdots=\beta_n=0$

H_1：$\beta_1\neq\beta_2\neq\cdots\neq\beta_n\neq0$

构造统计量：
$$F=\frac{\text{MSR}}{\text{MSE}} \tag{3-19}$$

统计量 F 服从 F 分布，自由度为$(k,n-k-1)$。对于给定的置信水平，查 F 分布表得到临界值 $F_{\alpha/2,k,n-k-1}$，如果 $F>F_{\alpha/2,k,n-k-1}$，拒绝原假设。回归的总体效果是显著的。F 值越大，说明回归方程能解释因变量变异的程度就越高。

回归系数的显著性检验（检验单个变量的显著性）：

H_0：$\beta_j=0,j=1,2,3,\cdots,n$

H_1：$\beta_j\neq0$

因为$\hat{\beta}\sim N(\beta,\delta^2(X^{\mathrm{T}}X)^{-1})$，若记$(X^{\mathrm{T}}X)^{-1}=c_{jj}$

从而有$\hat{\beta}_j\sim N(\beta_j,c_{jj}\delta^2)$

构造统计量：
$$T=\frac{\hat{\beta}_j}{\hat{\delta}\sqrt{c_{jj}}} \tag{3-20}$$

式中，$\hat{\delta}=\sqrt{\text{MSE}}$。

当 $t>t_{\alpha/2}(n-k-1)$时，则拒绝 $\beta_1=0$ 的原假设。

在一元线性回归中，自变量只有一个，t 检验与 F 检验是一样的；在多元回归中，F 检验用来检验总体回归关系的显著性；t 检验用来对各个回归系数分别进行检验。

3.2.2　多重共线性

在多元回归中，自变量除了和因变量有很强的相关关系外，还和其他若干个自变量之间也存在很强的相关关系，这种现象称为“多重共线性”。“多重共线性”的存在将会影响变量的回归系数，使系数的值失真，也使回归结果的解释和应用受到影响。多重共线性表现为解释变量之间具有相关关系，所以用于多重共线性的检验方法主要是统计方法，如判定系数检验法、逐步回归检验法等。

如容忍度$\text{Tol}_i=1-R_i^2$，R_i是解释变量 X_i与方程中其他解释变量间的复相关系数，容忍度在 0~1 之间，越接近 0，表示多重共线性越强；越接近 1，表示多重共线性越弱。

方差膨胀因子（Variance Inflation Factor，VIF）是容忍度的倒数：
$$\text{VIF}_i=\frac{1}{1-R_i^2} \tag{3-21}$$

如果解释变量与其余解释变量都不相关，则辅助回归方程的判定系数等于 0，其方差膨胀因子为 1；如果其中有一个自变量的方差膨胀因子大于 10，就可以说明存在共线性。可以从共线性诊断进一步核实，它有 3 个指标，一是考察特征值，如果某一维度的特征值大于

10 或等于 0，就证实存在共线性；二是考察条件指数，如果某一维度的条件指数大于 30 时，就证明存在共线性；三是考察方差比例，如果在任一维度，任一自变量的方差比例大于 0.5，就表明存在共线性。

处理多重共线性最简单的方法就是从模型中将被怀疑会引起多重共线性问题的解释变量舍去，但是这一方法却可能会引起其他方面的问题。因此，还要考虑其他可供选择的方法，这些方法主要有：追加样本信息、使用非样本先验信息、使用有偏估计量等。

3.2.3 多元回归及其 SPSS 中的实现

SPSS（Statistical Package for the Social Sciences）是一种统计分析软件，由 IBM 公司开发。它提供了一系列的数据处理和统计分析功能，适用于社会科学、商业和医学等领域的数据分析。SPSS 可以进行数据清洗、数据转换、描述统计分析、推断统计分析、回归分析、因子分析、聚类分析、时间序列分析等多种统计方法。它具有友好的用户界面，支持可视化分析和报告生成，使用户能够轻松地进行数据分析和结果展示。SPSS 也支持自定义编程和扩展，允许用户根据自己的需求进行定制和扩展功能。为了操作更具有简便性、快捷性，我们使用 SPSS 在线分析软件 SPSSPRO 来实现多元回归。

1）放入数据文档，如图 3-10 所示。

图 3-10 放入数据文档

2）根据数据分析需求，选择多元回归，如图 3-11 所示。

3）将左侧变量放入对应的方框里，如图 3-12 所示。

图 3-11　选择多元回归

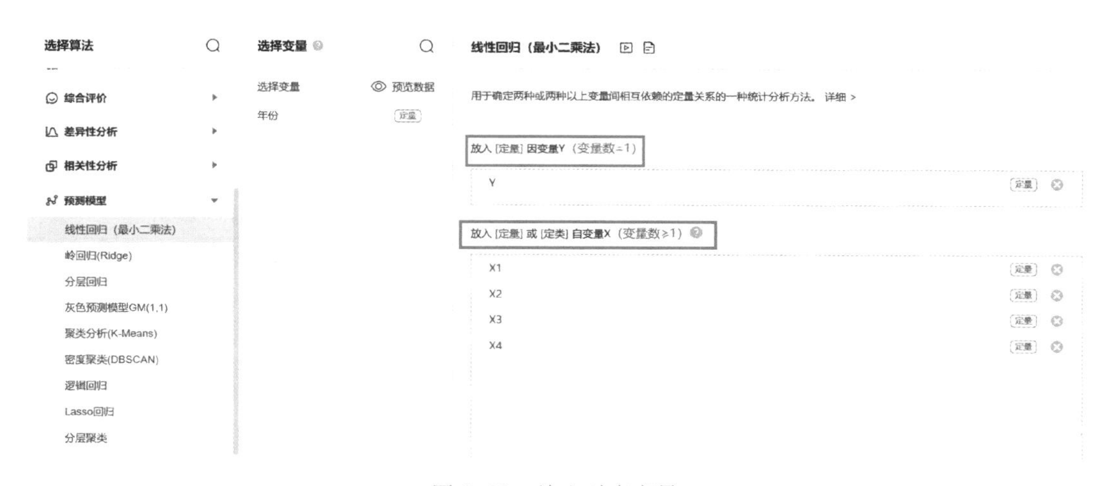

图 3-12　放入对应变量

4）单击“开始分析”，如图 3-13 所示。

3.2.4　居民存款影响因素多元回归案例分析

影响住户存款的因素较多，如居民收入、物价、利率、人口数量、消费习惯、生活方式、社会保障体系等。而居民收入和人口数量是决定住户存款的核心因素。由于目前我国城乡差异仍然很大，城镇居民的收入远高于农村居民的收入。这种差异可以用城镇化率体现。王艳选择农村居民收入、城镇居民收入、人口数量、城镇化率为影响因子，分析它们对住户存款的影响[1]。表 3-2 所示为农村居民收入、城镇居民收入、人口数量、城镇化率、住户存款的相关数据。下面分析农村居民收入、城镇居民收入、人口数量、城镇化率对住户存款

图 3-13 单击“开始分析”

的多元线性回归方程。

表 3-2 住户存款、农村居民收入、城镇居民收入、人口数量、城镇化率数据

年份	住户存款（万亿元）	农村居民收入（年/元）	城镇居民收入（年/元）	人口数量（亿）	城镇化率（%）
2000	6.4333	2253	6280	12.674	36.22
2001	7.3763	2366	6860	12.767	37.66
2002	8.6911	2476	7702	12.845	39.08
2003	10.3617	2622	8472	12.923	40.53
2004	11.9556	2936	9421	12.999	41.76
2005	14.1051	3255	10493	13.076	42.99
2006	16.6617	3587	11759	13.145	43.30
2007	17.6213	4141	13786	13.129	44.90
2008	22.1503	4761	15781	13.280	45.68
2009	26.4761	5135	17175	13.345	46.59
2010	30.7166	5919	19109	13.409	49.70
2011	35.1950	6177	21810	13.474	51.27

（续）

年份	住户存款（万亿元）	农村居民收入（年/元）	城镇居民收入（年/元）	人口数量（亿）	城镇化率（%）
2012	41.0501	7917	24565	13.540	52.57
2013	46.5437	9430	26955	13.602	53.73
2014	50.6895	10489	28884	13.678	54.77
2015	55.1952	11422	31185	13.746	56.10
2016	60.6522	12362	33616	14.035	57.35
2017	65.1983	13432	36396	14.092	58.52
2018	72.4439	14361	39251	14.151	59.58

以表中的数据为样本，运用最小二乘法估计回归系数 β。借助 SPSSPRO 软件工具，求得回归系数，见表 3-3。

表 3-3　多元回归结果

模　型	非标准化系数		标准化系数	T	显著性	VIF	调整后 R^2
	B	标准误差	Beta				
常数	-12.037	39.392	—	-0.306	0.764	—	—
农村居民收入 X_1	0.001	0.001	0.245	2.145	0.050	144.072	—
城镇居民收入 X_2	0.002	0.000	0.772	4.070	0.001	397.372	0.998
人口数量 X_3	0.704	3.294	0.015	0.214	0.834	51.487	—
城镇化率 X_4	-0.089	0.257	-0.031	-0.347	0.734	87.608	—

由表 3-3 中的数据可得回归方程：$Y=-12.037+0.001X_1+0.002X_2+0.704X_3-0.089X_4$。VIF 都大于 10，明显存在多重共线性，在 3.3 节中的岭回归会着重介绍。

3.3　岭回归

扫码看视频

岭回归是一种用于解决线性回归问题的统计方法，它通过引入一个正则化项来解决多重共线性问题。

3.3.1　岭回归的概念

Arthur 和 Robert 首先提出岭回归的方法[2]。岭回归是最小二乘法的改良与深化，是专门用于解决数据共线性这种“病态现象”的有效方法，对共线性数据分析具有独到的效果。它通过放弃最小二乘法的无偏性优势，以损失部分信息、降低拟合精度为代价，换来回归系数的稳定性和可靠性。喻达磊等通过广义交叉核实法给出岭回归下的模型评价估计，并通过蒙特卡罗模拟分析其优良的性质[3]。回归的系数能客观解释自变量与因变量的关系，能够更好地解决和应用于实际问题。对于有些矩阵，矩阵中某个元素的一个很小的变动，会引起最后计算结果的误差很大，这种矩阵称为“病态矩阵”。有些时候不正确的计算方法也会使一个正常的矩阵在运算中表现出病态。回归分析中常用的最小二乘法是一种无偏估计。

对于一个适定问题，$\boldsymbol{X}$ 通常是列满秩的：$\boldsymbol{X\beta}=\boldsymbol{y}$。

采用最小二乘法，定义损失函数为残差的平方，最小化损失函数：$\|\boldsymbol{X\beta}-\boldsymbol{y}\|^2$。

上述优化问题可以采用下式进行直接求解[3]。

$$\boldsymbol{\beta}=(\boldsymbol{X}^{\mathrm{T}}\boldsymbol{X})^{-1}X^{\mathrm{T}}\boldsymbol{y} \tag{3-22}$$

当 $\boldsymbol{X}$ 不是列满秩时，或者某些列之间的线性相关性比较大时，$\boldsymbol{X}$ 的行列式接近于 0，即接近于奇异，上述问题变为一个不适定问题，此时计算$(\boldsymbol{X}^{\mathrm{T}}\boldsymbol{X})^{-1}$误差会很大，传统的最小二乘法缺乏稳定性与可靠性。

为了解决上述问题，需要将不适定问题转化为适定问题：我们为上述损失函数加上一个正则化项，变为 $\|\boldsymbol{X\beta}-\boldsymbol{y}\|^2+\|\boldsymbol{\Gamma\beta}\|^2$，定义 $\boldsymbol{\Gamma}=K\boldsymbol{I}$。

于是有

$$\boldsymbol{\beta}(K)=(\boldsymbol{X}^{\mathrm{T}}\boldsymbol{X}+K\boldsymbol{I})^{-1}\boldsymbol{X}^{\mathrm{T}}\boldsymbol{y} \tag{3-23}$$

则岭回归的目标函数为

$$J(\boldsymbol{\beta})=\sum(\boldsymbol{y}-\boldsymbol{X\beta})^2+\sum K\boldsymbol{\beta}^2 \tag{3-24}$$

岭回归求解回归系数 $\boldsymbol{\beta}$ 的方法为：$\boldsymbol{\beta}(K)=(\boldsymbol{X}^{\mathrm{T}}\boldsymbol{X}+K\boldsymbol{I})^{-1}\boldsymbol{X}^{\mathrm{T}}\boldsymbol{y}$。在式（3-23）中，$K$ 为岭回归参数。K 越大，消除共线性影响效果越好，但拟合精度越低；K 越小，拟合精度越高，但消除共线性影响作用越差。因此，必须在二者间找到最佳平衡点，使 K 既能消除共线性对参数估计的影响，又尽可能小，以减小拟合方程，提高拟合精度。复相关系数 R_{adj}^2 是反映拟合精度的重要指标，它随 K 的增大而减小。K 的选取原则是：在岭轨迹变化趋于稳定时，选取其最小值。

岭回归是对 OLS 的一种补充，基本思想就是给矩阵 $\boldsymbol{X}^{\mathrm{T}}\boldsymbol{X}$ 加上一个对角矩阵，尽量将奇异矩阵转化为非奇异矩阵，以使矩阵 $\boldsymbol{X}^{\mathrm{T}}\boldsymbol{X}$ 尽可能可逆，以便能够求出回归系数和提高参数估计的稳定性与可靠性，得到的参数更能真实反映客观实际。但同时对回归系数 β 的估计不再是无偏估计，从而降低了拟合精度。

3.3.2 岭回归及其在 SPSS 中的实现

按照岭回归法估计回归系数，运用 SPSS 在线分析软件 SPSSPRO 实现。

1）放入数据文档，如图 3-14 所示。

2）根据数据分析需求，选择“岭回归”，如图 3-15 所示。

图 3-14　放入数据文档

图 3-15　选择岭回归

3）将左侧变量放入对应的方框里，如图 3-16 所示。

4）岭回归分析前需要结合岭迹图确认 K 值，K 值的选择原则是各个自变量的标准化回归系数趋于稳定时的最小 K 值。

5）确定好 K 值后，代入程序中，单击“开始分析”，如图 3-17 所示。

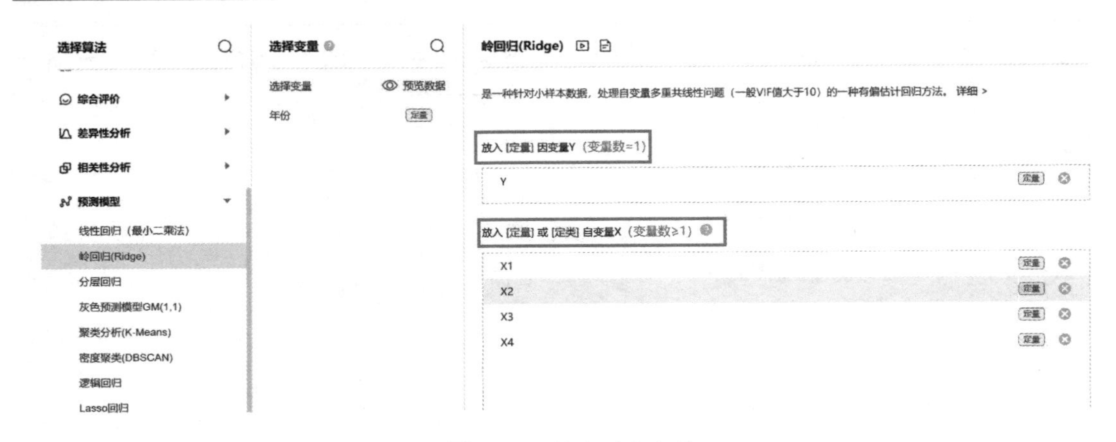

图 3-16　放入对应变量

图 3-17　单击“开始分析”

3.3.3　居民存款影响因素岭回归案例分析

选择农村居民收入、城镇居民收入、人口数量、城镇化率为影响因子，分析它们对住户存款的影响。由于居民存款与影响因素一般同相变化，即存在共线性，如果采用最小二乘法估计模型的参数，得到的自变量系数往往丧失了对因变量的解释作用，不能反映客观实际。岭回归可以较好地解决这一问题，回归的参数可以客观反映解释变量与被解释变量的关系。因此，采用岭回归分析影响因素对我国居民存款的影响，才能客观掌握其对居民存款的影响。

X_1、X_2、X_3、X_4分别为农村居民收入、城镇居民收入、人口数量、城镇化率，Y 表示居民存款，运用最小二乘法估计回归系数β。借助 SPSSPRO 软件工具，求得回归系数，见表 3-4。

表 3-4 回归结果

模型	非标准化系数		标准化系数	T	显著性	共线性统计资料	
	B	标准误差	Beta			容忍度	VIF
常数	-12.037	39.392	—	-0.306	0.764	—	—
X_1	0.001	0.001	0.245	2.145	0.050	0.0078	144.072
X_2	0.002	0.000	0.772	4.070	0.001	0.003	397.372
X_3	0.704	3.294	0.015	0.214	0.834	0.019	51.487
X_4	-0.089	0.257	-0.031	-0.347	0.734	0.011	87.608

4 个自变量的膨胀系数 VIF 均大于 10，说明存在多重共线性。再观察共线性诊断结果，见表 3-5。

表 3-5 共线性诊断结果

维度	特征值	条件指数	方差比例				
			常数	X_1	X_2	X_3	X_4
1	4.737	1.000	0.00	0.00	0.00	0.00	0.00
2	0.261	4.263	0.00	0.00	0.00	0.00	0.00
3	0.002	44.762	0.00	0.32	0.08	0.00	0.02
4	0.000	173.466	0.01	0.66	0.81	0.01	0.93
5	1.14E-5	644.245	0.99	0.02	0.11	0.99	0.05

特征值：4 维度特征值为 0，3、5 维度特征值接近于 0，证实存在共线性；条件指数：3、4、5 维度的条件指数分别为 44.762、173.466、644.245，大于 30，也证明存在共线性；方差比例：X_1在 4 维度的方差比例为 0.66，大于 0.5，X_2在 4 维度的方差比例为 0.81，大于 0.5，X_3在 5 维度的方差比例为 0.99，大于 0.5，X_4在 4 维度的方差比例为 0.93，大于 0.5，证明存在共线性。综上所述，自变量满足共线性诊断的所有条件，说明 4 个自变量数据之间存在严重的共线性。此时回归的参数不能客观反映自变量与因变量的关系，解决的最好办法就是采用岭回归法估计回归系数。

岭回归分析前需要结合岭迹图确认 K 值，K 值的选择原则是各个自变量的标准化回归系数趋于稳定时的最小 K 值。K 值越小，则偏差越小，K 值为 0 时，则为普通线性最小二乘法回归（可主观判断或系统自动生成）。设定迭代步长取 0.01，以确定最佳岭回归参数 K。当 K 逐渐增大时，各自变量系数逐步趋于稳定，由图 3-18 可知，当 $K=0.70$ 以后，自变量系数基本不变，故最佳岭回归参数取 $K=0.60$。岭迹图如图 3-18 所示。

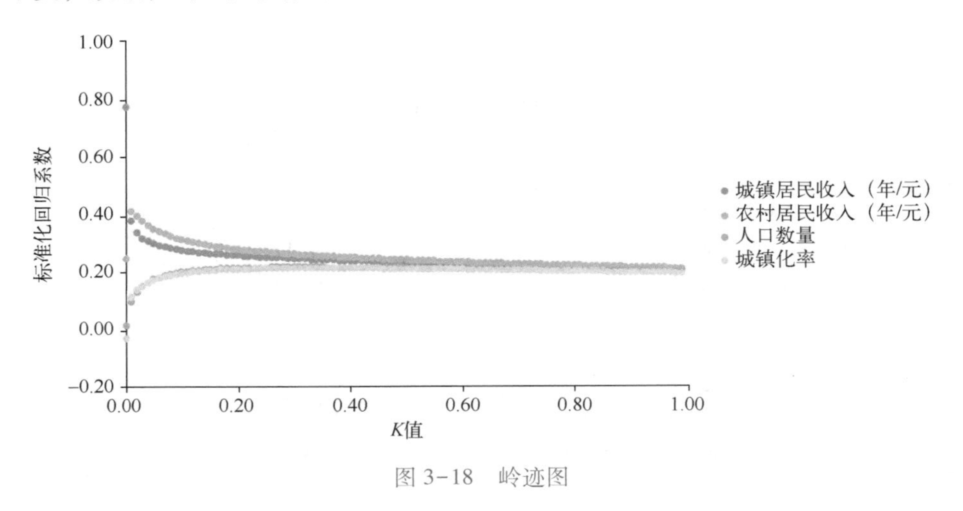

图 3-18　岭迹图

确定好 K 值后，将 $K=0.60$ 加入程序再运行，得到回归参数，见表 3-6。4 个自变量的标准化回归系数分别为：$\beta_1=0.2319882$，$\beta_2=0.2248438$，$\beta_3=0.2080938$，$\beta_4=0.2063121$。4 个自变量的标准化系数在数量级上较为合理且皆为正数，能客观反映其对因变量的影响。根据回归的非标准化系数和标准化系数，我们可以得到最终岭回归方程，即

$$Y=-148.002167+0.0012134X_1+0.0004499X_2+10.0416323X_3+0.5962266X_4$$

表 3-6　岭回归结果

模　型	非标准化系数		标准化系数	T	R^2	调整 R^2
	B	标准误差	Beta			
常数	−148.002167	9.0670621	—	−16.3230566	—	—
X_1	0.0012134	0.0000680	0.2319882	17.8525503	—	—
X_2	0.0004499	0.0000194	0.2248438	23.2093700	0.997	0.970
X_3	10.0416323	0.5657895	0.2080938	17.7480015	—	—
X_4	0.5962266	0.0356724	0.2063121	16.7139576	—	—

3.4　LASSO 回归

LASSO 回归是一种线性回归的正则化方法，它通过加入正则化项来约束模型的复杂度。

3.4.1　LASSO 回归的概念

LASSO 回归与岭回归类似，通过构造一个惩罚函数来得到一个较为精炼的模型，达到压缩回归系数的目的，是一种处理具有复共线性数据的有偏估计[4]。岭回归无法降低模型复杂度，而 LASSO 回归是在岭回归基础上的优化，可以直接将系数惩罚压缩至零，达到降低模型复杂度的目的。为保证回归系数可求，在多元线性回归目标函数加上 $L1$ 范数惩罚项，则 LASSO 回归目标函数为

$$J(\beta) = \sum (Y - X\beta)^2 + \sum \lambda |\beta| \tag{3-25}$$

式中，Y 为观测集；X 为由 $X_1, X_2, \cdots, X_n$ 构成的集合；β 为由 $\beta_1, \beta_2, \cdots, \beta_n$ 构成的回归系数集；λ 为正则化系数且值非负。由 LASSO 回归目标函数可知，其引入 $L1$ 范数惩罚项，正则化系数 λ 的选取十分重要。调整参数 λ 的值，模型系数的绝对值逐渐减小，使绝对值较小的系数自动压缩为 0，实现对高维数据进行降维。

3.4.2　LASSO 回归及其 SPSS 中的实现

按照 LASSO 回归的原理，在 SPSSPRO 中实现。

1）放入数据文档，如图 3-19 所示。

图 3-19　放入数据文档

2）根据数据分析需求，选择“Lasso 回归”，如图 3-20 所示。

3）将左侧变量放入对应的方框里，如图 3-21 所示。

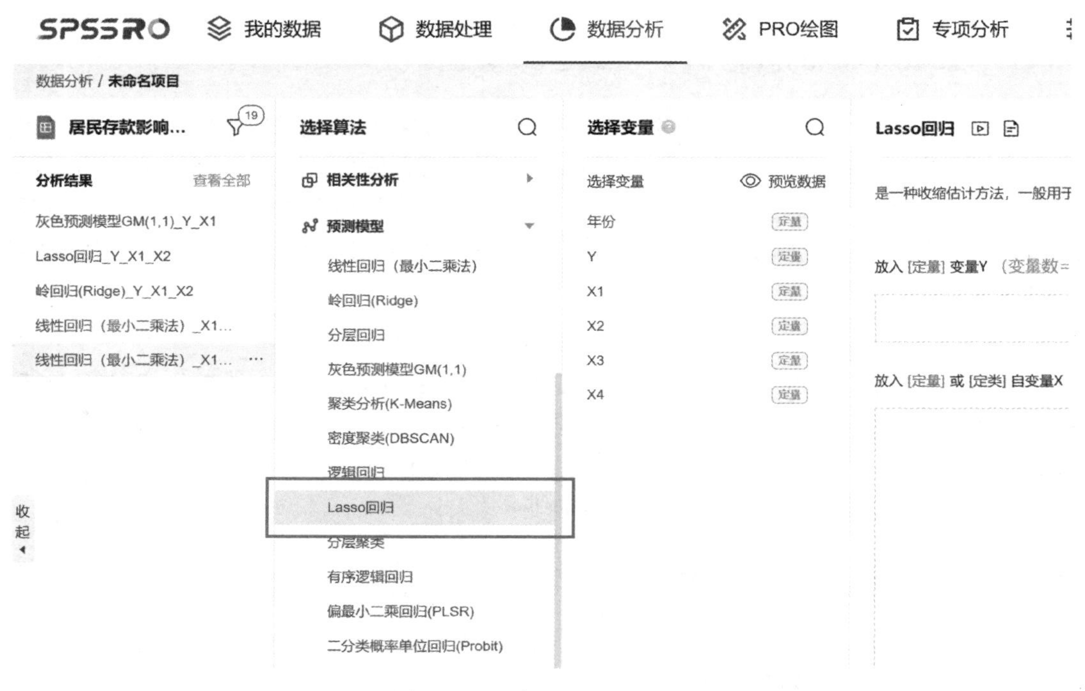

图 3-20　选择“Lasso 回归”

图 3-21　放入对应变量

4）LASSO 回归中，正则化系数 λ 的选取十分重要。调整参数 λ 的值，模型系数的绝对值逐渐减小，使绝对值较小的系数自动压缩为 0，实现对高维数据进行降维。

5）确定好 λ 值后，代入程序中，单击“开始分析”，如图 3-22 所示。

图 3-22　单击“开始分析”

3.4.3　居民存款影响因素 LASSO 回归案例分析

前文分别用多元回归和岭回归分析居民存款影响因素，现在用 LASSO 回归对居民存款影响因素进行分析。X_1、X_2、X_3、X_4分别表示农村居民收入、城镇居民收入、人口数量、城镇化率，Y 表示住户存款。借助 SPSSPRO 软件工具，运用 LASSO 回归进行分析。通过交叉验证方法，确定 λ 值。λ 值的选择原则是使得 LASSO 模型的均方误差最小。图 3-23 为交叉验证图，以可视化形式展示了使用交叉验证选择 λ 值的情况。为使得均方误差最小，确定 $\lambda=0.0$。代入程序运算，得出 LASSO 回归系数，则 LASSO 回归函数为

$$Y=-12.592+0.001X_1+0.0002X_2+0.7X_3-0.07X_4$$

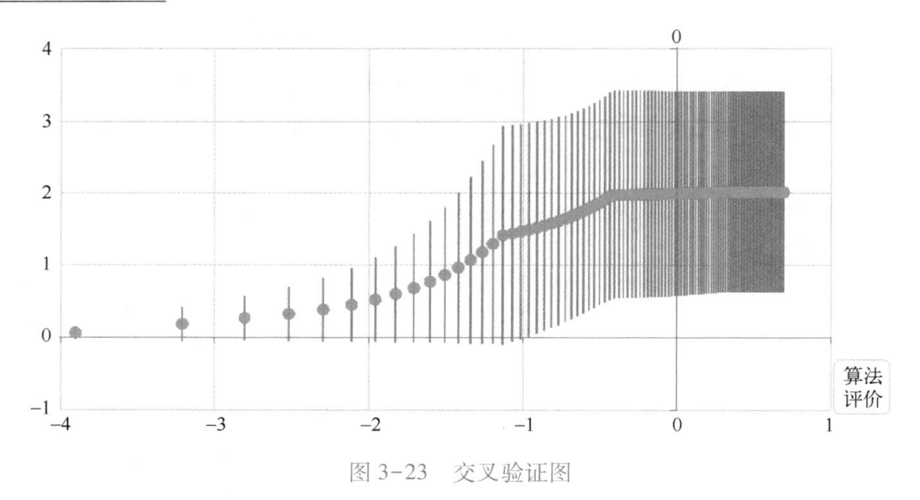

图 3-23　交叉验证图

习题

1. 设 SSR = 36，SSE = 4，n = 18。

1）计算判定系数 R^2 并解释其意义。

2）计算估计标准误差 S_e 并解释其意义。

2. 表 3-7 是 2000 年 7 个地区的人均国内生产总值（GDP）和人均消费水平的统计数据。

表 3-7　2000 年统计数据

地　　区	人均 GDP（元）	人均消费水平（元）
北京	22460	7326
辽宁	11226	4490
上海	34547	11546
江西	4851	2396
河南	5444	2208
贵州	2662	1608
陕西	4549	2035

求：

1）人均 GDP 作自变量，人均消费水平作因变量，绘制散点图，并说明二者之间的关系。

2）计算两个变量之间的线性相关系数，说明两个变量之间的关系强度。

3）求出估计的回归方程，并解释回归系数的实际意义。

4）计算判定系数，并解释其意义。

5）检验回归方程线性关系的显著性（$a=0.05$）。

6）如果某地区的人均 GDP 为 5000 元，预测其人均消费水平。

7）求人均 GDP 为 5000 元时，人均消费水平 95%的置信区间和预测区间。

3. 从 $n=20$ 的样本中得到的有关回归结果是：SSR = 60，SSE = 40。要检验 x 与 y 之间的线性关系是否显著，即检验假设：$H_0:\beta_1=0$。

求：

1）线性关系检验的统计量 F 值是多少？

2）给定显著性水平 $a=0.05$，F_a 是多少？

3）是拒绝原假设还是不拒绝原假设？

4）假定 x 与 y 之间是负相关，计算相关系数 r。

5）检验 x 与 y 之间的线性关系是否显著？

4. 表 3-8 是某地搜集到的新房屋的销售价格 y 和房屋的面积 x 的数据。

表 3-8　新房屋的销售价格和房屋的面积

房屋面积/m^2	115	110	80	135	105
销售价格（万元）	24.8	21.6	18.4	29.2	22

求：

1）画出数据对应的散点图。

2）求线性回归方程，并在散点图中加上回归直线。

3）根据 2）的结果估计当房屋面积为 150 m^2时的销售价格。

4）求第 2 个点的残差。

5. 某汽车生产商欲了解广告费用 x 对销售量 y 的影响，收集了过去 12 年的有关数据。通过计算得到下面的有关结果（见表 3-9 和表 3-10）。

表 3-9　方差分析表

变差来源	自由度 df	离均差平方和 SS	均方 MS	F 显著性检验	显著性水平下的 F 临界值 Significance F
回归	—	—	—	—	2.17E—09
残差	—	40158.07	—	—	—
总计	11	1642866.67	—	—	—

表 3-10　参数估计表

参　　数	回 归 系 数	标 准 误 差	t 统计值	P-value
截距的回归值	363.6891	62.45529	5.823191	0.000168
变量 X	1.420211	0.071091	19.97749	2.17E—09

求：

1）完成上面的方差分析表。

2）汽车销售量的变差中有多少是由于广告费用的变动引起的?

3）销售量与广告费用之间的相关系数是多少?

4）写出估计的回归方程并解释回归系数的实际意义。

5）检验线性关系的显著性（$a=0.05$）。

6. 根据两个自变量得到的多元回归方程为$\hat{y}=-18.4+2.01x_1+4.74x_2$，并且已知 $n=10$，$SST=6724.125$，$SSR=6216.375$，$S_{\hat{b}_1}=0.0813$，$S_{\hat{b}_2}=0.0567$。

求：

1）在 $a=0.05$ 的显著性水平下，x_1，x_2与 y 的线性关系是否显著?

2）在 $a=0.05$ 的显著性水平下，b_1 是否显著?

3）在 $a=0.05$ 的显著性水平下，b_2 是否显著?

7. 根据下面输出的回归结果，说明模型中设计多少个自变量，多少个观察值?写出回归方程，并根据 F，S_e，R^2及调整的 R_a^2的值对模型进行讨论（见表 3-11~表 3-13）。

表 3-11　回归输出结果

回归统计	结果
相关系数 R	0.842407
判定系数 R^2	0.709650
修正 R^2	0.630463
标准误差	109.429596
观测值	15

表 3-12　方差分析

变差来源	自由度 df	离均差平方和 SS	均方 MS	F 显著性检验	显著性水平下的 F 临界值 Significance F
回归	3	321946.8018	107315.6006	8.961759	0.002724
残差	11	131723.1982	11974.84	—	—
总计	14	453670	—	—	—

表 3-13　参数估计

参数	回归系数	标准误差	t 统计值	P-value
截距的回归值	657.0534	167.459539	3.923655	0.002378
X_1	5.710311	1.791836	3.186849	0.008655
X_2	-0.416917	0.322193	-1.293998	0.222174
X_3	-3.471481	1.442935	-2.405847	0.034870

参考文献

[1] 王艳. 我国住户存款影响因素分析：基于岭回归 [J]. 金融理论与教学，2020 (5)：16-20.

[2] HOERL E A，KENNARD W R. Ridge Regression：Biased Estimation for Nonorthogonal Problems [J]. Technometrics，2012，12 (1)：55-68.

[3] 喻达磊，饶炜东，尹潇潇. 岭回归中基于广义交叉核实法的最优模型平均估计 [J]. 系统科学与数学，2018，38 (6)：652-661.

[4] 张秀秀，王慧，田双双，等. 高维数据回归分析中基于 LASSO 的自变量选择 [J]. 中国卫生统计，2013，30 (6)：922-926.

第 4 章 聚类算法

聚类（Clustering）是指根据“物以类聚”的原理，将本身没有类别的样本聚集成不同的组，这样的一组数据对象的集合叫作簇。聚类算法是数据挖掘和机器学习领域中常见的技术之一，具有广泛的应用。本章将介绍 K-Means 聚类、K 最近邻和模糊 C-均值三种算法，并通过这三种算法在案例中的应用实现，帮助读者学习聚类算法。

4.1 聚类的原理

聚类是按照某个特定标准（如距离）把一个数据集分割成不同的类或簇，使得同一个簇内的数据对象的相似性尽可能大，同时不在同一个簇中的数据对象的差异性也尽可能大。即聚类后同一类的数据尽可能聚集到一起，不同类的数据尽量分离。

在分类（Classification）中，对于目标数据库中存在哪些类是已知的，要做的就是将每一条记录分别属于哪一类标记出来。

聚类分析也称无监督学习，因为和分类学习相比，聚类的样本没有标记，需要通过聚类学习算法来自动确定。聚类分析是研究如何在没有训练的条件下把样本划分为若干类。聚类的一般过程如下：

1）数据准备：数据特征标准化和降维。

2）特征选择：从最初的特征中选择最有效的特征，并将其存储在向量中。

3）特征提取：通过对选择的特征进行转换形成新的突出特征。

4）聚类：基于某种距离函数进行相似度度量，获取簇。

5）聚类结果评估：分析聚类结果，如距离误差等。

4.2 K-Means 聚类

扫码看视频

4.2.1 K-Means 聚类算法的原理

K-Means 聚类算法步骤：

输入：簇的数目 k 和包含 n 个对象的数据库；

输出：k 个簇，使平方误差准则最小。
1. 为每个聚类确定一个初始聚类中心，这样就有 k 个初始聚类中心；
2. 将样本集中的样本按照最小距离原则分配到最近邻聚类；
3. 使用每个聚类中的样本均值作为新的聚类中心；
4. 重复步骤 2 和步骤 3 直到聚类中心不再变化；
5. 得到 k 个聚类；
6. 结束。

K-Means 聚类算法使用误差平方和准则函数来评价聚类性能。给定数据集 X，其中只包含描述属性，不包含类别属性。假设 X 包含 k 个聚类子集 X_1, $X_2,\cdots,X_k$；各个聚类子集中的样本数量分别为 $n_1,n_2,\cdots,n_k$；各个聚类子集的均值代表点（也称聚类中心）分别为 m_1, $m_2,\cdots,m_k$。

误差平方和准则函数公式为

$$E = \sum_{i=1}^{k} \sum_{p \in X_i} \| p - m_i \|^2 \tag{4-1}$$

数据对象集合 S 见表 4-1，作为一个聚类分析的二维样本，要求簇的数量 $k=2$。

表 4-1　数据对象集合 S

O	1	2	3	4	5
x	0	0	1.5	5	5
y	2	0	0	0	2

1）选择 $O_1(0,2)$，$O_2(0,0)$ 为初始的簇中心，即 $M_1=O_1=(0,2)$，$M_2=O_2=(0,0)$。

2）对剩余的每个对象，根据其与各个簇中心的距离，将它赋给最近的簇。

- 对于 O_3：$d(M_1,O_3)=\sqrt{(0-1.5)^2+(2-0)^2}=2.5$；$d(M_2,O_3)=\sqrt{(0-1.5)^2+(0-0)^2}=1.5$；因为 $d(M_1,O_3)\geqslant d(M_2,O_3)$，故将 O_3分配给 C_2。
- 对于 O_4：$d(M_1,O_4)=\sqrt{(0-5)^2+(2-0)^2}=\sqrt{29}$；$d(M_2,O_4)=\sqrt{(0-5)^2+(0-0)^2}=5$；因为 $d(M_1,O_4)\geqslant d(M_2,O_4)$，故将 O_4分配给 C_2。
- 对于 O_5：$d(M_1,O_5)=\sqrt{(0-5)^2+(2-2)^2}=5$；$d(M_2,O_5)=\sqrt{(0-5)^2+(0-2)^2}=\sqrt{29}$；因为 $d(M_1,O_5)\leqslant d(M_2,O_5)$，故将 O_5分配给 C_1。

综上，得到新簇 $C_1=\{O_1,\ O_5\}$，中心为 $M_1=O_1=(0,2)$；新簇 $C_2=\{O_2,O_3,\ O_4\}$，中心为 $M_2=O_2=(0,0)$。

计算平方误差准则，单个方差为 $E_1=[(0-0)^2+(2-2)^2]+[(0-5)^2+(2-2)^2]=25$；

$E_2=[(0-0)^2+(0-0)^2]+[(0-1.5)^2+(0-0)^2]+[(0-5)^2+(0-0)^2]=27.25$

总体平均方差是：$E=E_1+E_2=25+27.25=52.25$。

3）计算新簇的中心。

$M_1=((0+5)/2,(2+2)/2)=(2.5,2)$；$M_2=((0+1.5+5)/3,(0+0+0+0)/3)=(2.17,0)$

重复 K-Means 聚类算法步骤 2 和步骤 3，得到 O_1分配给 C_1，O_2分配给 C_2，O_3分配给 C_2，O_4分配给 C_2，O_5分配给 C_1。综上，得到新簇 $C_1=\{O_1,O_5\}$，中心为 $M_1=(2.5,2)$和新簇 $C_2=\{O_2,O_3,O_4\}$，中心为 $M_2=(2.17,0)$。

单个方差为 $E_1=[(0-2.5)^2+(2-2)^2]+[(2.5-5)^2+(2-2)^2]=12.5$；

$$E_2=[(2.17-0)^2+(0-0)^2]+[(2.17-1.5)^2+(0-0)^2]+[(2.17-5)^2+(0-0)^2]=13.1667$$

总体平均方差是 $E=E_1+E_2=12.5+13.1667=25.667$。

由上可以看出，第一次迭代后，总体平均方差值由 52.25 降至 25.667，显著减小。由于在两次迭代中，簇中心不变，所以停止迭代过程，算法停止。

K-Means 聚类算法的主要优点：

1）它是解决聚类问题的一种经典算法，简单、快速。

2）对处理大数据集，该算法是相对可伸缩和高效率的。

3）因为它的复杂度是 $O(n,k,t)$，其中 n 是所有对象的数目，k 是簇的数目，t 是迭代的次数。通常 $k \ll n$ 且 $t \ll n$。不同于其他算法，K-Means 聚类算法最大的优点是 k 值可以根据实际需求自行调节，以达到控制类簇内样本点数量的目的。

4）当结果簇是密集的，而簇与簇之间区别明显时，它的效果较好。

K-Means 聚类算法的主要缺点：

1）在簇的平均值被定义的情况下才能使用，这对于处理符号属性的数据不适用。

2）必须事先给出 k（要生成的簇的数目），而且对初值敏感，对于不同的初始值，可能会导致不同结果。经常发生得到次优划分的情况，解决方法是多次尝试不同的初始值。

3）它对于“噪声”和孤立点数据是敏感的，少量的该类数据能够对平均值产生极大的影响。

4.2.2 K-Means 聚类算法在 MATLAB 中的实现

MATLAB 提供了专用函数 K-Means 用于聚类的质心，默认为欧几里得距离，如图 4-1 所示。

```
data= rand(1000,5);%产生1000个样本数据，每个数据有5个特征
[Idx,C,sumD,D]=Kmeans(data,3,'dist','sqEuclidean','Replicates',4)%聚类
%把1000个样本聚为3类，距离度量函数为欧氏距离，聚类重复次数为4
```

图 4-1 MATLAB 专用函数 K-Means

假设给定的数据集 $X=\{x_m \mid m=1,2,\cdots,\text{total}\}$，$X$ 中的样本用 d 个描述属性 $A_1,A_2,\cdots,A_d$（维度）来表示。数据样本 $x_i=(x_{i1},x_{i2},\cdots,x_{id})$，$x_j=(x_{j1},x_{j2},\cdots,x_{jd})$，其中 $x_{i1},x_{i2},\cdots,x_{id}$和 $x_{j1},x_{j2},\cdots,x_{jd}$分别是样本 x_i和 x_j对应 d 个描述属性 $A_1,A_2,\cdots,A_d$的具体取值。

样本 x_i 和 x_j 之间的相似度通常用它们之间的距离 $d(x_i, x_j)$ 来表示，距离越小，样本 x_i 和 x_j 越相似，差异度越小；距离越大，样本 x_i 和 x_j 越不相似，差异度越大。欧氏距离公式如下：

$$d(x_i, x_j) = \sqrt{\sum_{k=1}^{d} (x_{ik} - x_{jk})^2} \tag{4-2}$$

依据表 4-2 中二维数据，通过 MATLAB 中 K-Means 聚类算法，如图 4-2 和图 4-3 所示，令 $k=3$ 聚类后结果示意图如图 4-4 所示。

表 4-2　K-Means 聚类算法代码示例数据

x	2	3	-1	2	0	1	1	5	4	0	4	2	1	2	1	1	2	2	2
y	2	0	1	0	0	1	2	3	1	-1	0	2	0	2	1	2	-1	1	0

```
%随机获取300个点，正态均匀
X = [2,2;3,0;-1,1;2,0;1,1;0,0;1,1;1,2;5,3;4,1;0,-1;4,0;2,2;1,0;2,2;1,1;1,2;2,-1;2,1;2,0]   读取数据
opts = statset('Display','final');

%调用K-means函数
%X N*P的数据矩阵
%Idx N*1的向量,存储的是每个点的聚类标号
%Ctrs K*P的矩阵,存储的是K个聚类质心位置                选择参数
%SumD 1*K的和向量,存储的是类间所有点与该类质心点距离之和
%D N*K的矩阵，存储的是每个点与所有质心的距离;

[Idx,Ctrs,SumD,D] = kmeans(X,3,'Replicates',3,'Options',opts);    输出结果，Idx
```

图 4-2　K-Means 聚类算法代码示例 1

```
%画出聚类为1的点。X(Idx==1,1),为第一类的样本的第一个坐标；X(Idx==1,2)为第一类的样本的第二个坐标，相当于plot(x,y)了
plot(X(Idx==1,1),X(Idx==1,2),'ro','MarkerSize',7)      类簇1，红色
hold on
plot(X(Idx==2,1),X(Idx==2,2),'b*','MarkerSize',7)      类簇2，蓝色
hold on
plot(X(Idx==3,1),X(Idx==3,2),'g+','MarkerSize',7)      类簇3，绿色

%绘出聚类中心点
plot(Ctrs(:,1),Ctrs(:,2),'kx','MarkerSize',14,'LineWidth',4)    质心点
hold on

legend('Cluster 1','Cluster 2','Cluster 3','Centroids','Location','NW')    画出图像
```

图 4-3　K-Means 聚类算法代码示例 2

由图 4-4 可知，K-Means 聚类算法根据距离的远近将数据集中的样本点划分成了三个类簇，并分别用不同的颜色和标记（o，*，+）表示，质心点由“✖”表示。

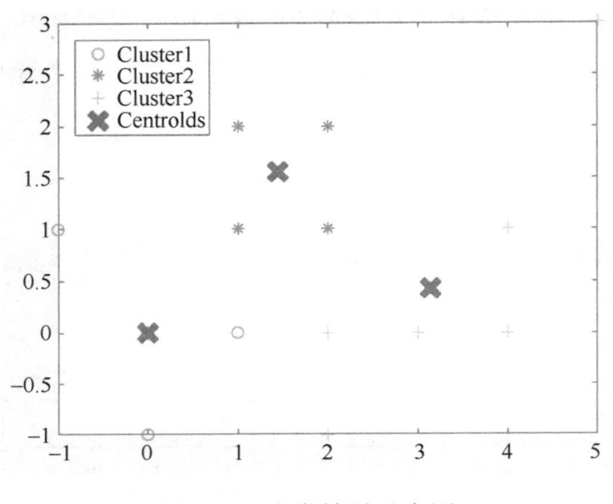

图 4-4 聚类结果示意图

4.3 K最近邻算法

4.3.1 K最近邻算法的原理

KNN（K-Nearest Neighbor）就是K最近邻算法，这是一种常用的监督学习方法。该方法的思路非常简单直观：如果一个样本在特征空间中的 k 个最相似（即特征空间中最邻近）的样本中的大多数属于某一个类别，则该样本也属于这个类别，即“物以类聚，人以群分”。K最近邻算法概述图如图4-5所示。

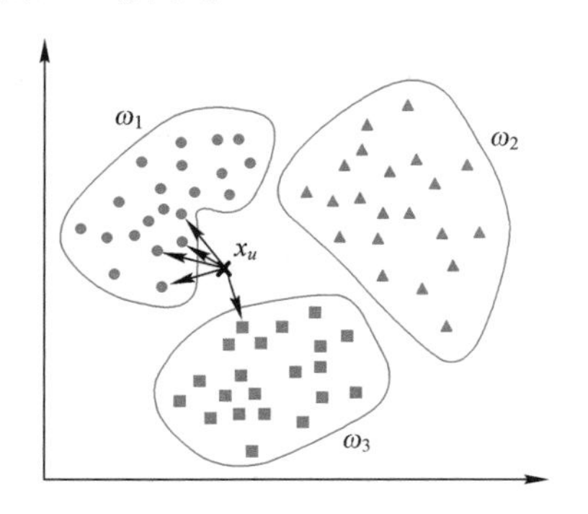

图 4-5 K最近邻算法概述图

K-Means聚类算法是无监督学习，没有样本的输出；K最近邻算法是监督学习，有分类的输出。K最近邻算法基本没有训练过程，其原理是根据测试集的结果选择距离训练集前 k 个最近的值（而K-Means聚类算法有很明显的训练过程，需要训练选择质心）。

首先，随机选择 k 个对象，而且所选择的每个对象都代表一个组的初始均值或初始的组中心值，对剩余的每个对象，根据其与各个组初始均值的距离，将它们分配离各自最近的（最相似的）小组，然后重新计算每个小组新的均值，这个过程不断重复，直到所有的对象在 k 组分布中都找到离自己最近的组。以上模型三要素：距离度量（一般用欧氏距离）、k 值、分类决策规则。

4.3.2　K 最近邻算法在 MATLAB 中的实现

实例：基于六条测井曲线，对岩性进行划分。基于测井数据的岩性识别结果示意图如图 4-6 所示。

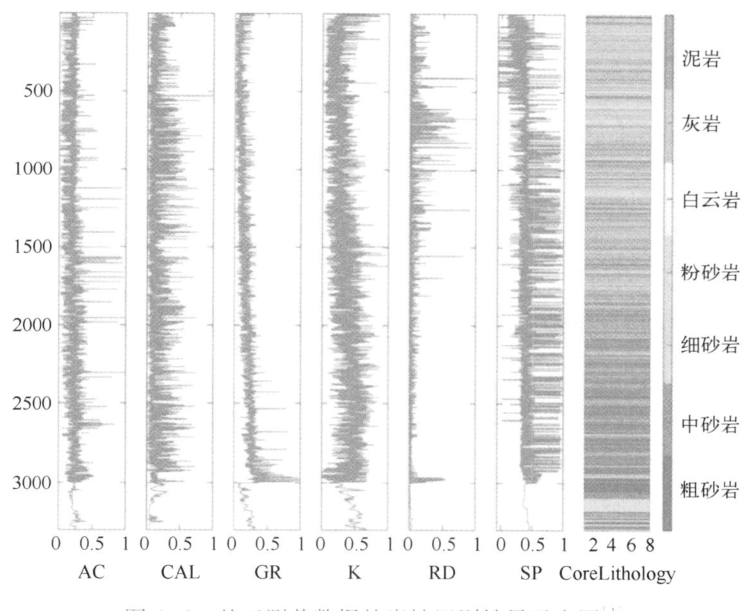

图 4-6　基于测井数据的岩性识别结果示意图[1]

数据：训练集由 3300 个深度的测井曲线以及对应的岩性分类组成。则每一个深度看作一个样本，测井曲线的数值作为属性、岩性作为分类结果。将 367 个深度的测井曲线以及对应的岩性分类作为测试集，测试建立的模型性能。

目的：基于六条测井曲线数据构建一个 K 最近邻模型，用于岩性类型划分。

1）数据导入。

```
%% 数据导入
load traindata. mat
load testdata. mat
```

2）建立。

使用训练数据集构造 KDTree。

```
x = traindata(:,1:6);
Mdl = KDTreeSearcher(x);
```

3）寻找测试集 k 个邻居。

使用 KDTree 结构体 Mdl 得到 n，n 为样本数 x 邻居数的矩阵，每一行对应一个测试样本，这一行的所有元素代表最邻近的训练集样本点的索引。

```
[n,~] = knnsearch(Mdl,testdata(:;1:6),'k',k);
```

4）循环提取测试集样本对应邻居。

循环提取测试集样本的邻居，并统计众数进行投票，得到最终分类结果。使用 validate 计算最终的准确率分类。其中 mode 用于计算最近邻点分类向量 tempClass 中的众数。

```
for i = 1:size(n,1)

    tempClass = traindata(n(i,:),7);
    result = mode(tempClass);
    resultClass(i,1) = result;

end

validate = sum(testdata(:,7) == resultClass)./size(testdata,1) * 100;
```

5）对 k 进行优化调参。

将以上过程封装为函数 myKNNCLass，将 k 作为参数进行调参，由于需要使用众数作为结果，因此邻居数应该选择为奇数。

```
for kvalue = 1:2:15
    validate = myKNNCLass(traindata,testdata,kvalue);
    disp(['取近邻数 k = 'num2str(kvalue),'; 此时的准确率为'num2str(validate) '%'])
end
```

得到结果如下：

取近邻数 $k=1$；此时的准确率为 90.9836%。

取近邻数 $k=3$；此时的准确率为 87.9781%。

取近邻数 $k=5$；此时的准确率为 84.153%。

取近邻数 $k=7$；此时的准确率为 84.9727%。

取近邻数 $k=9$；此时的准确率为 82.2404%。

取近邻数 $k=11$；此时的准确率为 80.0546%。

取近邻数 $k=13$；此时的准确率为 79.235%。

取近邻数 $k=15$；此时的准确率为 77.8689%。

可见，最后使用取近邻数 $k=1$ 为最好。

4.3.3　鸢尾花分类案例分析

“Iris” 也称鸢尾花卉数据集，是一类多重变量分析的数据集。鸢尾花有 3 个亚属，分别为山鸢尾（Iris-Setosa）、变色鸢尾（Iris-Versicolor）和弗吉尼亚鸢尾（Iris-Virginica）。数据集包含 150 个数据样本，分为 3 类，每类 50 个数据，每个数据包含 4 个属性。可通过花萼长度、花萼宽度、花瓣长度、花瓣宽度 4 个属性预测鸢尾花卉分别属于三个亚属中的哪一类。其数据集特征描述见表 4-3。在不同特征描述下，鸢尾花分布结果如图 4-7 所示（彩色图片见电子课件）。数据集下载地址：http://archive.ics.uci.edu/ml/datasets/Iris。

表 4-3　鸢尾花数据集特征描述

列　名	说　明	数据类型
SepalLength	花萼长度	Float
SepalWidth	花萼宽度	Float
PetalLength	花瓣长度	Float
PetalWidth	花瓣宽度	Float
Class	类别变量。0 表示山鸢尾，1 表示变色鸢尾，2 表示弗吉尼亚鸢尾	Int

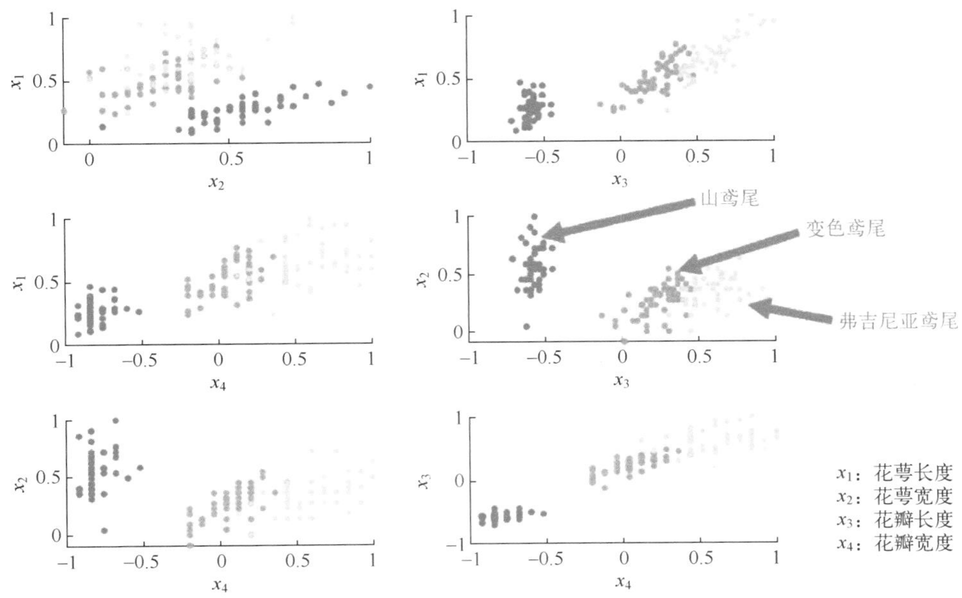

图 4-7　不同特征描述下鸢尾花分布

K 最近邻算法的工作机制为：给定测试样本，基于某种距离度量找出训练集中与其最靠近的 k 个训练样本，然后基于这 k 个“邻居”的信息来进行预测。K 最近邻算法实现鸢尾花数据集分类代码如图 4-8 所示。

```
function y = knn(trainData, sample_label, testData, k)

%KNN k-Nearest Neighbors Algorithm.
%
%   INPUT:  trainData:       training sample Data, M-by-N matrix.
%           sample_label:    training sample labels, 1-by-N row vector.
%           testData:        testing sample Data, M-by-N_test matrix.
%           K:               the k in k-Nearest Neighbors
%
%   OUTPUT: y    : predicted labels, 1-by-N_test row vector.
%
% Author: Sophia_Dz

[M_train, N] = size(trainData);
[M_test, ~] = size(testData);

%calculate the distance between testData and trainData

Dis = zeros(M_train,1);
class_test = zeros(M_test,1);
for n = 1:M_test
    for i = 1:M_train
        distance1 = 0;
        for j = 1:N
            distance1 = (testData(n,j) - trainData(i,j)).^2 + distance1;
        end
        Dis(i,1) = distance1.^0.5;
    end

    %find the k nearest neighbor
    [~, index] = sort(Dis);
    for i = 1:k
        temp(i) = sample_label(index(i));
    end
    table = tabulate(temp);
    MaxCount=max(table(:,2,:));
    [row,col]=find(table==MaxCount);
    MaxValue=table(row,1);
    class_test(n) = MaxValue;
end

y = class_test;
```

图 4-8　K 最近邻算法实现鸢尾花数据集分类代码

4.4　模糊 C-均值算法

4.4.1　模糊 C-均值算法的原理

传统的聚类分析是一种硬划分（Crisp Partition），它把每个待辨识的对象严格地划分到某类中，具有“非此即彼”的性质，因此这种类别划分的界限是分明的。然而实际上大多数对象并没有严格的属性，它们在性质和类属方面存在着中介性，具有“亦此亦彼”的性质，因此适合进行软划分。Zadeh 提出的模糊集理论为这种软划分提供了有力的分析工具，人们开始用模糊方法来处理聚类问题，并称之为模糊聚类分析。模糊聚类得到了样本属于各个类别的不确定性程度，表达了样本类属的中介性，建立起了样本对于类别的不确定性的描述，能更客观地反映现实世界，从而成为聚类分析研究的主流。

在基于目标函数的聚类算法中模糊 C-均值（Fuzzy C-Means，FCM）算法的理论最为完善，应用也最为广泛。

1. 模糊 C-均值聚类的准则

设 $x_i(i=1,2,\cdots,n)$ 是 n 个样本组成的样本集合，c 为预定的类别数目，$\mu_j(x_i)$ 是第 i 个样本对于第 j 类的隶属度函数。用隶属度函数定义的聚类损失函数可以写为

$$J_f=\sum_{j=1}^{c}\sum_{i=1}^{n}[\mu_j(x_i)]^b\ \|x_i-m_j\|^2 \tag{4-3}$$

式中，$b>1$ 是一个可以控制聚类结果的模糊程度的常数。

在不同的隶属度定义方法下最小化聚类损失函数，可以得到不同的模糊聚类方法。其中最有代表性的是模糊 C-均值方法，它要求一个样本对于各个聚类的隶属度之和为 1，即 $\sum_{j=1}^{c}\mu_j(x_i)=1(i=1,2,\cdots,n)$。

2. 模糊 C-均值算法步骤

1）设置目标函数的精度 e、模糊指数 b（b 通常取 2）和算法最大迭代次数。

2）初始化隶属度矩阵 μ_{ij} 和聚类中心 v_i。

$$\mu_{ij}=\frac{1}{\sum_{k=1}^{c}\left(\frac{\|x_i-v_j\|}{\|x_i-v_k\|}\right)^{\frac{2}{b-1}}},\qquad v_i=\frac{\sum_{i=1}^{N}\mu_{ij}^{b}x_i}{\sum_{i=1}^{N}\mu_{ij}^{b}} \tag{4-4}$$

3）由式（4-4）更新模糊划分矩阵 μ_{ij} 和聚类中心 v_i。

4）若目标函数 $|J(t)-J(t+1)|<e$，则迭代结束，否则跳转执行 3）。

5）根据所得到的隶属度矩阵，取样本隶属度最大值所对应的类作为样本聚类的结果，聚类结束。

模糊 C-均值算法优于传统硬 C 均值聚类算法的原因在于隶属度可以连续取值于 $[0,1]$ 区间，考虑到样本属于各个类的“亦此亦彼”性，能够对类与类之间样本有重叠的数据集进行分类，具有良好的收敛性。而且模糊 C-均值算法复杂度低，易于实现。然而，模糊 C-均值算法也存在着不足之处，如目标函数在迭代过程中容易陷入局部最小，函数收敛速度慢，对初始值、噪声比较敏感等问题。

4.4.2 模糊 C-均值算法在 MATLAB 中的实现

本节将随机产生数据集并进行实验。数据集由 400 个二维平面上的点组成，这些点构成 4 个集合，但彼此之间没有明显的极限。数据集示例如图 4-9 所示。模糊 C-均值算法代码如图 4-10 所示。

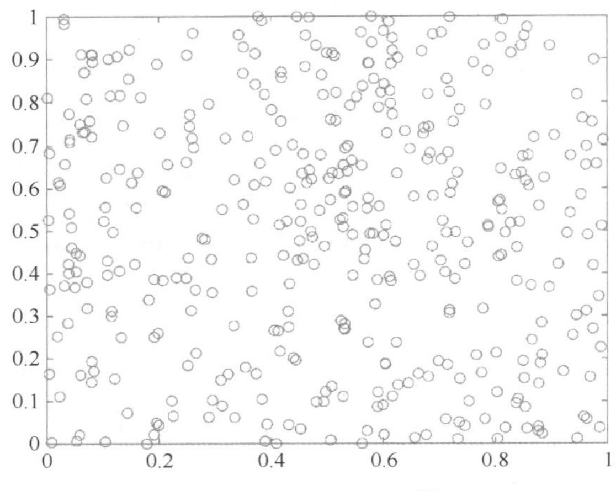

图 4-9 数据集示例[2]

```
1  clc
2  clear
3  %% 加载数据
4  load X
5  figure
6  plot(X(:,1),X(:,2),'o')
7  hold on
8  %进行模糊C均值聚类
9  % 设置幂指数为3，最大迭代次数为20，目标函数的终止容限为1e-6
10 options=[3,20,1e-6,0];
11 % 调用fcm函数进行模糊C均值聚类，返回类中心坐标矩阵center，隶属度矩阵U，目标函数值obj_fcn
12 cn=4; %聚类数
13 [center,U,obj_fcn]=fcm(X,cn,options);
14 Jb=obj_fcn(end)
15 maxU = max(U);
16 index1 = find(U(1,:) == maxU);
17 index2 = find(U(2, :) == maxU);
18 index3 = find(U(3, :) == maxU);
19 % 在前三类样本数据中分别画上不同记号 不加记号的就是第四类了
20 line(X(index1,1), X(index1, 2), 'linestyle', 'none', 'marker', '*', 'color', 'g');
21 line(X(index2,1), X(index2, 2), 'linestyle', 'none', 'marker', '*', 'color', 'r');
22 line(X(index3,1), X(index3, 2), 'linestyle', 'none', 'marker', '*', 'color', 'b');
23 % 画出聚类中心
24 plot(center(:,1),center(:,2),'v')
25 hold off
```

图 4-10 模糊 C-均值算法代码

最终聚类结果如图 4-11 所示。

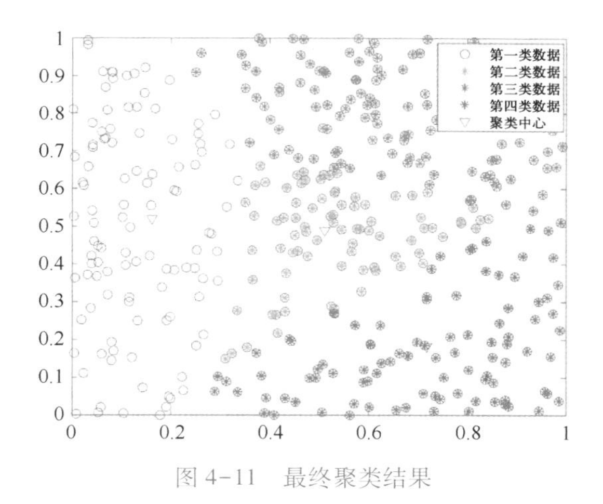

图 4-11　最终聚类结果

4.4.3　用户需求聚类案例分析

（1）基本思路

模糊 C-均值聚类分析的基本思路是通过不断优化目标函数来获得各样本点对于所有聚类中心的隶属度，进而确定样本点的类属，最终达到自动对样本数据聚类的目的。

（2）模型的构建

本例的福建省用电需求分类预测模型首先把数据按不同的行为特征分成 n 个类，其结果是一组 n 个具有不同输入输出的数据集，然后对每个数据集建立起相应的模型，最后对预测结果进行汇总。分类负荷预测模型框架如图 4-12 所示。基于模糊 C-均值聚类的方法建立了居民用电需求分类预测模型。

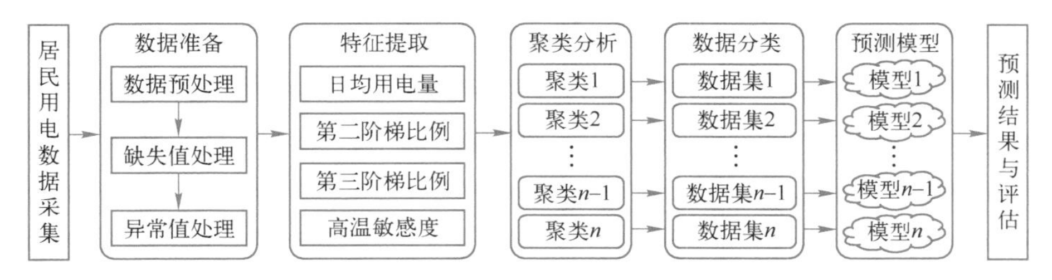

图 4-12　分类负荷预测模型框架[3]

（3）用电特征提取

特征提取主要包括聚类属性选择与预测输入变量提取两个部分。经过数据分析和预实验，提取了各用户日均用电量、月用电量达到第 2 档的比例、月用电量达到第 3 档的比例与高温敏感性 4 组聚类属性，来反映居民一定时间段内的负荷变化规律。根据福建省现行阶梯电价机制，各档电价与用电量见表 4-4。

表 4-4 福建省居民生活用电价格表

分　档	月用电量	电价/(元·kWh^{-1})
第 1 档	200 kWh 以下	0.498 3
第 2 档	201 kWh~400 kWh	0.548 3
第 3 档	400 kWh 以上	0.798 3

同时，所有预测模型的输入变量主要提取过去 7 天的用电量与当天的气温共计 8 个输入属性。其中，应用历史负荷数据对预测有益，因为可以使用滚动预测方式进行。而如果气温未知且需要预测，可以使用天气预报数据或该地区过去几年同一日的平均气温进行估计。

（4）聚类个数确定

最佳聚类个数确定的流程图如图 4-13 所示。为了客观地确定合适的聚类个数，主要通过计算每一个试探类别数的误差平方（Sum of Squares Error，SSE）和平均适用度指标（Mean Index Adequacy，MIA）值，通过对比分析找出最优的聚类个数参数。SSE 和 MIA 计算公式如下：

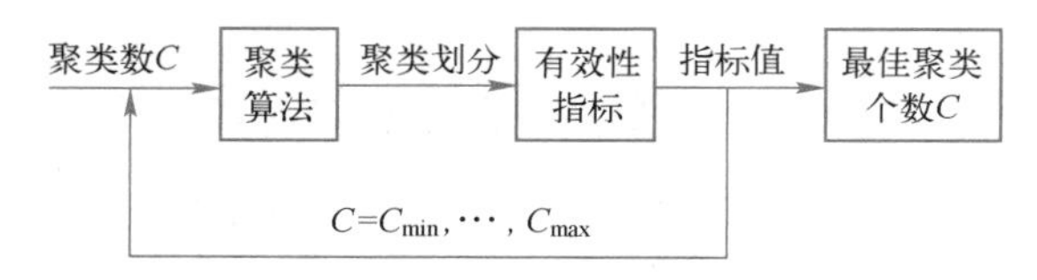

图 4-13　最佳聚类个数确定的流程图

$$\mathrm{SSE} = \sum_{c=1}^{C} \sum_{k=1}^{n} \| x_{ck} - m_c \|^2 \tag{4-5}$$

$$\mathrm{MIA} = \sqrt{\frac{1}{C} \sum_{c=1}^{C} \left[\frac{1}{n} \sum_{k=1}^{n} (x_{ck} - m_c)^2 \right]} \tag{4-6}$$

此外，在模糊聚类之前，需将提取的特征属性进行归一化，即将这些属性值映射到[0，1]之间，以去除不同量级对用户用电量特征的影响。通常采用极大极小值法对数据集进行归一化处理，处理方法如下：

$$Z'_n = \frac{z_n - z_{n_{\min}}}{z_{n_{\max}} - z_{n_{\min}}} \tag{4-7}$$

式中，Z'_n为采用极大极小值法归一化后的第 n 个样本数据；$z_{n_{\max}}$和 $z_{n_{\min}}$分别为数据序列的最大值和最小值。

根据指标变化走势选取最优聚类数，得到聚类结果，见图 4-14。当聚类个数超过 6 时，随着类数的增加，曲线越来越平坦，SSE 值和 MIA 值的减小趋势明显减弱。

同时，为了保证每一个聚类中心均有一定数量的样本，将聚类个数设定为 6，聚类结果见表 4-5。

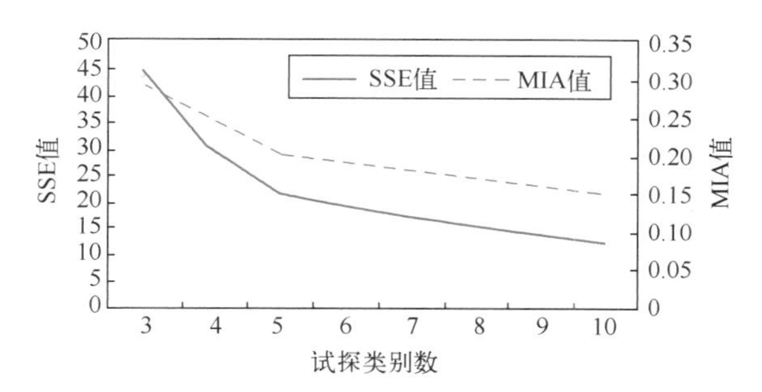

图 4-14　不同类别的 SSE 和 MIA 指标测试结果

表 4-5　聚类结果

类别	样本数量	日均用电量 /k · Wh	月用电量达到第 2 档的比例（%）	月用电量达到第 3 档的比例（%）	高温敏感性
1	82	2. 9	2. 1	0. 5	0. 353 1
2	565	8. 1	37. 9	9. 3	0. 615 1
3	405	9. 8	82. 5	7. 1	0. 400 3
4	590	14. 7	54. 6	41. 7	0. 594 6
5	445	16. 9	39. 8	54. 9	0. 598 9
6	285	23. 5	6. 5	92. 7	0. 522 3

习题

1. 在对变量进行分类时，度量变量之间的相似性常用的相似性系数有：________和________两种。
2. 常用的系统聚类方法主要有哪些？请列举八种。
3. 简述 K-Means 聚类算法的具体步骤。
4. K-Means 聚类算法的优缺点是什么？如何对其进行调优？
5. K 最近邻算法的三要素是什么？
6. 简述模糊 C-均值算法的优缺点。

参考文献

[1] 数字地学新视界．基于 MATLAB 的 K-近邻算法（KNN）详解：附算法介绍及代码详解［Z/OL］．［2024-05-15］. https://zhuanlan. zhihu. com/p/500633831?utm_id=0.

[2] CSDN. 基于遗传模拟退火算法的模糊 C-均值聚类算法（SAGAFCM）—MATLAB 实现［Z/OL］．［2022-09-17］. https://blog. csdn. net/m0_56306305/article/details/126296461.

[3] 蔡秀雯，杨加生．基于模糊 C 均值聚类的居民用户中期用电需求预测模型［J］．电力需求侧管理，2016，18（3）：23-26.

第 5 章 推荐算法

推荐算法，是当今互联网背后的无名英雄。电子商务的飞速发展将人类带入了网络经济时代，面对大量的商品信息，用户往往难以发现最需要或最适合的商品。电子商务系统会形成海量的交易数据，如何从中挖掘和发现有用的知识使得交易更加高效，成为一个有意义的研究课题。消费者希望电子商务系统具有一种类似采购助手的功能来帮助其选购商品，它能够自动地把用户可能最感兴趣的商品推荐出来。因此，研究者为了能够精确又快速地推荐，提出了多种推荐算法。目前推荐算法主要有：协同过滤推荐算法、基于内容的推荐算法、基于模型的推荐算法以及基于关联规则的推荐算法。

5.1 协同过滤推荐算法

扫码看视频

Goldberg 等人[1]最早提出基于协同过滤的推荐系统，目标用户需要明确指出与自己行为比较类似的其他用户。协同过滤就是根据一个用户对其他项目的评分以及整个用户群过去的评分记录来预测这个用户对某一未评分项目的评分，其理论基础是人们的从众行为，基本思想是根据具有类似观点的用户的行为来对用户进行推荐或者预测。协同过滤推荐算法分为两类，分别是基于用户的协同过滤算法（User-based Collaborative Filtering）和基于商品（项目）的协同过滤算法（Item-based Collaborative Filtering）。

5.1.1 基于用户的协同过滤算法

基于用户的协同过滤算法是通过用户的历史行为数据发现用户对商品或内容的喜好（如商品购买、收藏、内容评论或分享），并对这些喜好进行度量和打分。根据不同用户对相同商品或内容的态度和偏好程度来计算用户之间的关系，在有相同喜好的用户间进行商品推荐。协同过滤算法-基于用户的推荐算法如图 5-1 所示。

图 5-1 协同过滤算法-基于用户的推荐算法

基于用户的推荐算法有以下几个步骤[2]：

1）寻找偏好相似的用户。本章模拟了 5 个用户对两件商品的评分，来说明如何通过用户对不同商品的态度和偏好寻找相似的用户。在示例中，5 个用户分别对两件商品进行了评分。这里的分值可能表示真实的购买，也可以是用户对商品不同行为的量化指标。例如，浏览商品的次数、向朋友推荐商品、收藏、分享或评论等。这些行为都可以表示用户对商品的态度和偏好程度，见表 5-1。

表 5-1　用户和商品评分表

用　户	商　品	
	商品 1	商品 2
用户 A	3. 3	6. 5
用户 B	5. 8	2. 6
用户 C	3. 6	6. 3
用户 D	3. 4	5. 8
用户 E	5. 2	3. 1

2）欧几里得距离评价

欧几里得距离评价是一个较为简单的用户关系评价方法。其原理是通过计算两个用户在散点图中的距离来判断不同的用户是否有相同的偏好。以下是欧几里得距离评价的计算公式。式（5-1）为二维下的欧几里得距离评价计算，式（5-2）为 n 维下的欧几里得距离评价计算。

$$\rho=\sqrt{(x_2-x_1)^2+(y_2-y_1)^2} \tag{5-1}$$

$$d(x,y)=\sqrt{\sum_{i=1}^{n}(x_i-y_i)^2} \tag{5-2}$$

通过式（5-2）获得了 5 个用户相互间的欧几里得系数，也就是用户间的距离。系数越小，表示两个用户间的距离越近，偏好也越接近，见表 5-2。

表 5-2　欧几里得距离评价结果

用　户	相关数值	
	系　数	倒　数
用户 A&B	4. 63	0. 18
用户 A&C	0. 36	0. 73
用户 A&D	0. 71	0. 59
用户 A&E	3. 89	0. 20
用户 B&C	4. 30	0. 19

（续）

用　户	相关数值	
	系　数	倒　数
用户 B&D	4.00	0.20
用户 B&E	0.78	0.56
用户 C&D	0.54	0.65
用户 C&E	3.58	0.22
用户 D&E	3.24	0.24

3）皮尔逊相关度评价

皮尔逊相关度评价是另一种计算用户间关系的方法。它比欧几里得距离评价的计算要复杂一些，但当评分数据不规范时，皮尔逊相关度评价能够给出更好的结果。两个变量之间的皮尔逊相关度定义为两个变量之间的协方差和标准差之间的商，公式如下：

$$\rho_{X,Y}=\frac{\mathrm{cov}(X,Y)}{\sigma_X\sigma_Y}=\frac{E[(X-\mu_X)(Y-\mu_Y)]}{\sigma_X\sigma_Y} \tag{5-3}$$

式（5-3）定义了总体相关系数，估算样本的协方差和标准差，可得到皮尔逊相关度，常用 r 表示，公式如下：

$$r=\frac{\sum_{i=1}^{n}(X_i-\overline{X})(Y_i-\overline{Y})}{\sqrt{\sum_{i=1}^{n}(X_i-\overline{X})^2}\sqrt{\sum_{i=1}^{n}(Y_i-\overline{Y})^2}} \tag{5-4}$$

以下是一个多用户对多个商品进行评分的示例。这个示例比之前的两个商品的情况要复杂一些，但也更接近真实的情况。多用户和商品评分表见表 5-3。本章通过皮尔逊相关度评价对用户进行分组，并推荐商品。

表 5-3　多用户和商品评分表

用　户	商　品				
	商品 1	商品 2	商品 3	商品 4	商品 5
用户 A	3.3	6.5	2.8	3.4	5.5
用户 B	3.5	5.8	3.1	3.6	5.1
用户 C	5.6	3.3	4.5	5.2	3.2
用户 D	5.4	2.8	4.1	4.9	2.8
用户 E	5.2	3.1	4.7	5.3	3.1

皮尔逊相关度的结果是一个在-1～1 之间的系数。该系数用来说明两个用户间联系的强弱程度，见表 5-4。

表 5-4　皮尔逊相关度结果分类

范　围	分　类
0.8~1.0	极强相关
0.6~0.8	强相关
0.4~0.6	中等程度相关
0.2~0.4	弱相关
0.0~0.2	极弱相关或无相关

4）用户相似度评价

通过计算 5 个用户对 5 件商品的评分，获得了用户间的相似度数据。这里可以看到用户 A&B、用户 C&D、用户 C&E 和用户 D&E 之间相似度较高，见表 5-5。

表 5-5　用户相似度数据

用　户	相　似　度
用户 A&B	0.9998
用户 A&C	-0.8478
用户 A&D	-0.8418
用户 A&E	-0.9152
用户 B&C	-0.8417
用户 B&D	-0.8353
用户 B&E	-0.9100
用户 C&D	0.9989
用户 C&E	0.9763
用户 D&E	0.9698

5）对用户进行商品推荐

当需要对用户 C 推荐商品时，首先检查之前的相似度列表，发现用户 C 和用户 D 与用户 E 的相似度较高。换句话说，这三个用户是一个群体，拥有相同的偏好。因此可以对用户 C 推荐用户 D 和用户 E 的商品。但这里有一个问题，即不能直接推荐前面商品 1~商品 5 的商品。因为这些商品用户 C 已经浏览或者购买过了，不能重复推荐。因此需要推荐用户 C 还没有浏览或购买过的商品，可以提取用户 D 和用户 E 评价过的另外 5 件商品 A~商品 F 的商品，并对不同商品的评分进行相似度加权。按加权后的结果对 5 件商品进行排序，然后推荐给用户 C。这样，用户 C 就获得了与他偏好相似的用户 D 和用户 E 评价的商品。而在具体的推荐顺序和展示上，依照用户 D 和用户 E 与用户 C 的相似度进行排序，见表 5-6。

表 5-6　推荐结果

相　似　度		用户 D	用户 E	总计	商品加权相似度总计/用户相似度总计
用户相似度		0. 9989	0. 9763	1. 9752	—
商品 A	相似度	3. 4	3. 2	—	—
	加权相似度	3. 396	3. 124	6. 520	3. 30114
商品 B	相似度	4. 4	—	—	
	加权相似度	4. 395	0. 000	4. 395	2. 22517
商品 C	相似度	5. 8	4. 1	—	
	加权相似度	5. 794	4. 003	9. 796	4. 95973
商品 D	相似度	2. 1	3. 7	—	
	加权相似度	2. 098	3. 612	5. 710	2. 89085
商品 E	相似度	—	5. 3	—	
	加权相似度	0	5. 174	5. 174	2. 61968
商品 F	相似度	3. 8	3. 1	—	
	加权相似度	3. 796	3. 027	6. 822	3. 45400

基于用户的推荐算法存在两个主要的问题：

1）数据稀疏性。一个大型的电子商务推荐系统一般有非常多的商品，用户可能购买其中不到1%的商品，不同用户之间购买的商品重叠性较低，导致算法无法找到一个用户的邻居，即偏好相似的用户。

2）算法扩展性。最近邻居算法的计算量随着用户和商品数量的增加而增加，不适合数据量大的情况下使用。

5. 1. 2　基于商品的协同过滤算法

基于商品的协同过滤算法与基于用户的协同过滤算法很像，将商品和用户互换。通过计算不同用户对不同商品的评分来获得商品间的关系。基于物品间的关系对用户进行相似商品的推荐。这里的评分代表用户对商品的态度和偏好。简单来说，就是如果用户 A 同时购买了商品 1 和商品 2，那么说明商品 1 和商品 2 的相关度较高。当用户 B 也购买了商品 1 时，可以推断他也有购买商品 2 的需求。对于新网站或数据量较少的网站，可以使用基于商品的协同过滤算法。协同过滤算法-基于商品的推荐算法如图 5-2 所示。

图 5-2　协同过滤算法-基于商品的推荐算法

基于商品的推荐算法有以下几个步骤[2]：

1）寻找相似的商品。在表 5-7 中将用户和商品的位置进行了互换，通过两个用户的评分来获得 5 件商品之间的相似度情况。单从表格中依然很难发现其中的联系，因此选择通过散点图进行展示，如图 5-3 所示。

表 5-7　商品-用户表

商　　品	用　　户	
	用户 A	用户 B
商品 1	3. 3	6. 5
商品 2	5. 8	2. 6
商品 3	3. 6	6. 3
商品 4	3. 4	5. 8
商品 5	5. 2	3. 1

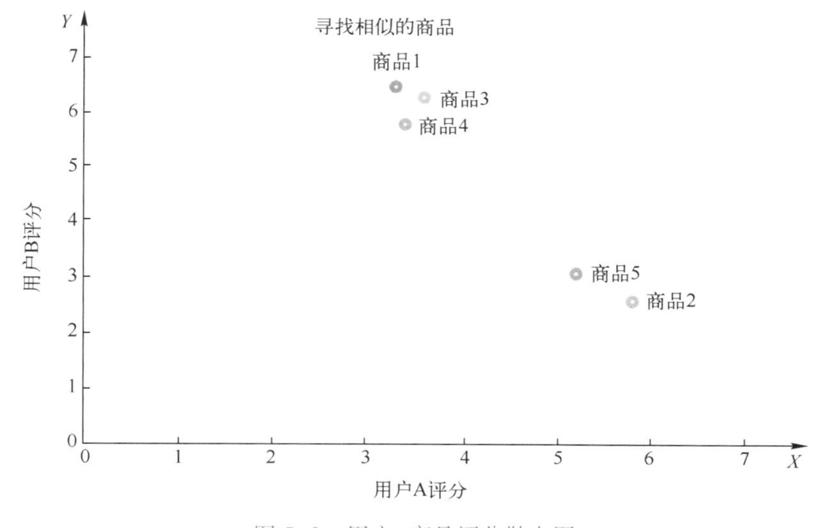

图 5-3　用户-商品评分散点图

在散点图中，X 轴和 Y 轴分别是两个用户的评分。5 件商品按照所获的评分值分布在散点图中。可以发现，商品 1、商品 3、商品 4 在用户 A 和用户 B 中有着近似的评分，说明这三件商品的相关度较高。而商品 5 和商品 2 则在另一个群体中。

2）欧几里得距离评价。在基于物品的协同过滤算法中，依然使用欧几里得距离评价来计算不同商品间的距离和关系。通过欧几里得系数可以发现，商品间的距离和关系与图 5-3 中的表现一致，商品 1、商品 3、商品 4 距离较近，关系密切。商品 2 和商品 5 距离较近，见表 5-8。

表 5-8　欧几里得距离评价结果

商　品	相关数值	
	系　数	倒　数
商品 1&2	4.63	0.18
商品 1&3	0.36	0.73
商品 1&4	0.71	0.59
商品 1&5	3.89	0.20
商品 2&3	4.30	0.19
商品 2&4	4.00	0.20
商品 2&5	0.78	0.56
商品 3&4	0.54	0.65
商品 3&5	3.58	0.22
商品 4&5	3.24	0.24

3）皮尔逊相关度评价。可以选择使用皮尔逊相关度评价来计算多用户与多商品的关系。表 5-9 是 5 个用户对 5 件商品的评分表。通过这些评分可以计算出商品间的相关度。

表 5-9　多用户-多商品评分表

商　品	用　户				
	用户 A	用户 B	用户 C	用户 D	用户 E
商品 1	3.3	6.5	2.8	3.4	5.5
商品 2	3.5	5.8	3.1	3.6	5.1
商品 3	5.6	3.3	4.5	5.2	3.2
商品 4	5.4	2.8	4.1	4.9	2.8
商品 5	5.2	3.1	4.7	5.3	3.1

通过计算可以发现，商品 1&2、商品 3&4、商品 3&5 和商品 4&5 相似度较高，见表 5-10。

表 5-10　皮尔逊相关度结果

商　品	相 似 度
商品 1&2	0.9998
商品 1&3	−0.8478
商品 1&4	−0.8418
商品 1&5	−0.9152
商品 2&3	−0.8417

（续）

商　　品	相　似　度
商品 2&4	-0.8353
商品 2&5	-0.9100
商品 3&4	0.9990
商品 3&5	0.9763
商品 4&5	0.9698

4）为用户提供基于相似物品的推荐。这里遇到了和基于用户进行商品推荐相同的问题，当需要对用户 C 基于商品 3 推荐商品时，需要一张新商品与已有商品间的相似度列表。在前面的相似度计算中，商品 3 与商品 4、商品 5 相似度较高，因此计算并获得了商品 4 和商品 5 与其他商品的相似度列表，表 5-11 是通过计算获得的新商品与已有商品间的相似度数据。

表 5-11　新商品与已有商品间的相似度数据

商　　品	相　似　度
商品 4&5	0.9572
商品 4&A	-0.4735
商品 4&B	0.6547
商品 4&C	0.9333
商品 5&A	-0.1982
商品 5&B	0.4078
商品 5&C	0.7893
商品 A&B	-0.9758
商品 A&C	-0.7583
商品 B&C	0.8825

以下是用户 C 已经购买过的商品 4、商品 5 与新商品 A、商品 B、商品 C 直接的相似程度。我们将用户 C 对商品 4 和商品 5 的评分作为权重。对商品 A、商品 B、商品 C 进行加权排序。用户 C 评分较高并且与之相似度较高的商品被优先推荐，见表 5-12。

表 5-12　基于商品的推荐结果

项　　目	评分	商品 A	商品 A *	商品 B	商品 B *	商品 C	商品 C *
商品 4	4.1	-0.4735	-1.9412	0.6547	2.6841	0.9333	3.8264
商品 5	4.7	-0.1982	-0.9316	0.4078	1.9167	0.7893	3.7098
总计	—	—	-2.8729	—	4.6008	—	7.5361

（续）

项　目	评分	商品 A	商品 A *	商品 B	商品 B *	商品 C	商品 C *
评分	—	—	8.8	—	8.8	—	8.8
总计/评分	—	—	-0.3265	—	0.5228	—	0.8564

5.1.3　案例分析 1：二手汽车交易平台推荐

随着汽车行业的不断发展，汽车市场已经到达饱和状态。当汽车像手机一样普遍时，市场里汽车的更换也会更加频繁。而二手汽车价格便宜、保值率高等优势使得二手汽车市场火热起来。线下二手汽车市场虽然火爆，但是交易活动仅限于周边地区，地域限制了二手汽车商的业务范围。互联网时代的到来使得二手汽车市场如虎添翼，二手汽车商不仅可以将业务扩展到全国各地，还可以远销国外。本例选取二手汽车交易平台的案例分别对基于用户和基于物品的推荐进行了分析[3]。使用的数据是由某线上二手汽车平台中 2500 名用户对 7200 种方案的整体评分和属性评分组成，约有 100 万次评价。为了说明算法处理案例数据的详细过程，随机选取了 20 名用户 $U=\{U_1,U_2,\cdots,U_{20}\}$ 以及部分具有代表性的方案，分别是 A_1、A_2、…、A_{12}，见表 5-13。

表 5-13　某平台二手汽车方案

方　案	SUV	MPV	轿　车	跑　车
电动	A_1	A_2	A_3	A_4
汽油	A_5	A_6	A_7	A_8
油电混合	A_9	A_{10}	A_{11}	A_{12}

用户对二手汽车方案的兴趣特征有价格（万元/辆）（C_1）、车龄（C_2）、里程（万公里）（C_3）、变速箱（C_4）、空间（C_5）、过户次数（C_6）、噪声（C_7）、耗油/电经济性（C_8）。表 5-14 是这 20 名用户对相应二手汽车的评分，其中分值 1~5 分别表示非常不满意、不满意、一般、满意、非常满意。

表 5-14　用户对二手汽车的评分

用户	二手汽车方案											
	A_1	A_2	A_3	A_4	A_5	A_6	A_7	A_8	A_9	A_{10}	A_{11}	A_{12}
U_1	1	—	4	4	2	1	—	2	2	—	2	2
U_2	2	5	—	1	3	1	2	—	3	2	4	—
U_3	5	2	—	2	2	—	1	2	5	5	—	3
U_4	2	2	3	—	3	3	—	3	2	4	1	3
U_5	2	1	—	5	4	1	3	3	—	1	5	3

（续）

用户	二手汽车方案											
	A_1	A_2	A_3	A_4	A_5	A_6	A_7	A_8	A_9	A_{10}	A_{11}	A_{12}
U_6	—	5	5	5	—	1	2	3	5	—	3	4
U_7	1	—	5	1	5	1	4	—	3	5	2	—
U_8	1	2	—	4	—	4	3	3	—	2	2	2
U_9	2	4	3	—	3	2	—	5	5	1	5	1
U_{10}	3	3	2	5	—	5	2	4	5	—	2	1
U_{11}	—	5	1	—	5	3	1	3	3	5	2	—
U_{12}	3	—	2	4	5	3	5	2	—	4	1	2
U_{13}	3	5	—	1	1	4	—	3	4	5	5	1
U_{14}	1	2	3	2	1	—	3	5	3	—	5	2
U_{15}	1	—	5	3	4	1	—	4	3	3	1	1
U_{16}	4	1	1	—	2	4	4	2	1	1	—	4
U_{17}	1	—	3	4	1	—	5	—	4	2	2	4
U_{18}	5	1	—	2	3	—	5	5	5	1	—	1
U_{19}	1	5	1	2	—	3	3	—	1	1	—	1
U_{20}	4	—	4	2	—	—	1	1	—	4	3	—

1. 基于用户的推荐

余弦相似度采用空间中两个向量夹角的余弦值表示，用于衡量向量间的相似性。而在协同过滤推荐算法中，余弦相似度可以表示用户间的相似性。其计算公式如下：

$$\mathrm{sim}(u,v)=\cos(\bar{r}_u,\bar{r}_v)=\frac{\bar{r}_u\bar{r}_v}{\|\bar{r}_u\|\|\bar{r}_v\|} \tag{5-5}$$

用户对各个项目的评分可以看作多维空间中的一个点，坐标原点与这个点的连线是用户的向量，因此可以使用用户向量之间夹角的余弦值表示用户相似度。用户间的相似度取值范围为[-1,1]，用户间相似度越接近于1，代表着相似度越高。

传统的余弦相似度算法并未考虑到用户标准的差异，即用户评分的主观性，可以采用修正的余弦相似度来解决，计算公式如下：

$$\mathrm{sim}(u,v)=\frac{\sum_{i\in I_{uv}}(r_{ui}-\bar{r}_u)(r_{vi}-\bar{r}_v)}{\sqrt{\sum_{i\in I_u}(r_{ui}-\bar{r}_u)^2}\sqrt{\sum_{i\in I_v}(r_{vi}-\bar{r}_v)^2}} \tag{5-6}$$

本章使用 MATLAB 的环境编写代码，根据式（5-6）得出修正的余弦相似度计算结果。首先选取类簇的大小并确定近邻数量，将相似度数量赋值给近邻用户数量，定义修正的余弦相似度中的分子分母，并确定 sim2 作为修正的余弦相似度的输出，通过 for 循环求出近邻集用户和目标用户的相似度。图 5-4 和表 5-15 分别为计算修正的余弦相似度的核心代码和输出结果。

```
clc;clear
tic
load XX.mat  %列是用户10个，行是方案12个
%Y是聚类后的目标类簇结果，不包含目标用户
Y=1:10; %选取类簇大小
N=10; %近邻用户数量
chose_JL_Udata=XX(:,Y)
%一：近邻集与目标用户的余弦相似度
n_row=N;  %近邻用户数量=相似度数量
fenzi2=zeros(1,n_row);
fenmu2=zeros(1,n_row);
sim2=zeros(1,n_row);

for i = 1:n_row
    fenzi2(i) =  sum(( chose_JL_Udata(:,end)-mean(chose_JL_Udata(:,end)) ) .* ( chose_JL_Udata(:,i)-mean(chose_JL_Udata(:,i)) ));
    fenmu2(i) = sqrt( sum(( chose_JL_Udata(:,end)-mean(chose_JL_Udata(:,end)) ).^2) ) .* sqrt( sum(( chose_JL_Udata(:,i)-mean(chose_JL_Udata(:,i)) ).^2) );
    sim2(i) = fenzi2(i) ./ fenmu2(i);  %求出相似度
end
disp('近邻集用户和目标用户的相似度分别是')
sim2
```

图 5-4 修正的余弦相似度核心代码

表 5-15 修正的余弦相似度输出结果

近邻集用户	U_1	U_2	U_3	U_4	U_5	U_6	U_7	U_8	U_9
与 U_1 的余弦相似度	0.24	0.16	0.11	0.56	-0.06	0.83	0.52	0.61	0.19

2. 基于皮尔逊相似度的预测方法

基于皮尔逊相似度的预测是在计算皮尔逊相似度后，采用基于用户评分的加权平均值法为用户预测未评分项目的分值，其公式如下：

$$\hat{r}_{u_t,i}=\bar{r}_{u_t}+\frac{\sum_{u\in U}\mathrm{sim}(u_t,u)\times(r_{ui}-\bar{r}_u)}{\sum_{u\in U}\mathrm{sim}(u_t,u)} \tag{5-7}$$

根据式（5-7）预测用户未评分项目的分值，可以定义 position 为目标用户空缺值所在的位置，mean_U 和 cha_JL 分别为目标用户已有评分均值和每个目标用户空缺值所在行，根据式（5-7）计算得到空缺处的预测值 K_value（由上至下），核心代码如图 5-5 所示，表 5-16 为预测出的用户未评分项目分值结果。

```
%二：预测空缺值  （检查空缺值所在位置，以及计算结果）
position = find( chose_JL_Udata(:,end)==0 )    ; %目标用户空缺值所在位置
mean_U = mean( chose_JL_Udata(:,end) ); %目标用户已有评分均值
cha_JL = chose_JL_Udata(position',1:N) - repmat( mean(chose_JL_Udata(:,1:N)),size(position,1),1) ; % 近邻集 r - mean(r)【每一个目标用户空缺值所在行】
fenzi3 = sum( repmat(sim2,size(cha_JL,1),1) .* cha_JL ,2); %sum(x,2)行求和
fenmu3 = sum( sim2 );
disp('得到空缺处预测值（从上至下）')
K_value = mean_U + fenzi3 ./ fenmu3  %得到空缺处预测值（从上至下）
%**********
```

图 5-5 预测未评分项目分值核心代码

表 5-16　用户 U_{10} 预测未评分项目的分值结果

项目	A_1	A_2	A_3	A_4	A_5	A_6	A_7	A_8	A_9	A_{10}	A_{11}	A_{12}
分值	3	3	2	5	1.27	5	2	4	5	1.07	2	1

那么，不妨设推荐项目数为 3，则向目标用户 U_{10} 推荐油电电动跑车（A_4）、汽油 MPV（A_6）、油电混动 SUV（A_9）。用户对二手汽车的评分见表 5-17。

表 5-17　用户 U_{10} 对二手汽车的评分（排序后）

项目	A_4	A_6	A_9	A_8	A_1	A_2	A_3	A_7	A_{11}	A_5	A_{10}	A_{12}
分值	5	5	5	4	3	3	2	2	2	1.27	1.07	1

5.1.4　案例分析 2：著名电影推荐

使用的数据是著名电影数据集 MovieLens-100 数据集。MoviesLens 数据集是实现和测试电影推荐最常用的数据集之一，包含 943 个用户为精选的 1682 部电影给出的 100000 个电影评分。主要文件为 u.data、u.item 以及 u.user。u.data 主要包含用户 id、电影 id、评分以及时间戳等数据，是用户数据以及电影数据交互产生关联的一个数据表，里面有用户对某部电影的评分。u.item 包含电影 id、电影标题以及上映日期等，主要是电影的一些信息。u.user 包含用户 id、年龄、性别、职业以及邮编，是针对用户的一些信息。表 5-18～表 5-20 为这三个文件的一部分具体数据，主要用作展示（表格数据来源于 GroupLens 官方）。

表 5-18　u.data 部分数据

用户 id	电影 id	评　分	时　间　戳
196	242	3	881250949
186	302	3	891717742
22	377	1	878887116
244	51	2	880606923
166	346	1	886397596
298	474	4	884182806
115	265	2	881171488
253	465	5	891628467
305	451	3	886324817
6	86	3	883603013

表 5-19 u. item 部分数据

电影 id	电影标题	上映日期
1	Toy Story	01-Jan-1995
2	GoldenEye	01-Jan-1995
3	Four Rooms	01-Jan-1995
4	Get Shorty	01-Jan-1995
5	Copycat	01-Jan-1995
6	Shanghai Triad	01-Jan-1995
7	Twelve Monkeys	01-Jan-1995
8	Babe	01-Jan-1995
9	Dead Man Walking	01-Jan-1995
10	Richard III	01-Jan-1995

表 5-20 u. user 部分数据

用户 id	年龄	性别	职业	邮编
1	24	M	technician	85711
2	53	F	other	94043
3	23	M	writer	32067
4	24	M	technician	43537
5	33	F	other	15213
6	42	M	executive	98101
7	57	M	administrator	91344
8	36	M	administrator	05201
9	29	M	student	01002
10	53	M	lawyer	90703

首先，将描述用户的数据集、评分数据集以及描述电影的数据集读取并连接起来，其次进行获取电影详细信息的操作，根据电影 id 获取电影的详细信息，然后获取目标电影的属性，计算出电影和该目标电影的皮尔逊相关度，弃去缺失值，将相关数与评论数合并，筛选出对应数量的高关联性电影，输出评分由高到低的电影推荐结果（数据来源于 CSDN 官方），见表 5-21。

表 5-21　电影推荐结果（按评分排序）

电影标题	平均打分（由大到小排序）	评分数量
Close shave, A（1995）	4.491071	112
Schindler's List（1993）	4.466443	298
Wrong Trousers, The（1993）	4.466102	118
Casablanca（1942）	4.456790	243
Wallace&Gromit: The Best of...	4.447761	67
Shawshank Redemption, The（1994）	4.445230	283
Rear Window（1954）	4.387560	209
Usual Suspects, The（1995）	4.385768	267
Star Wars（1977）	4.358491	583
12 Angry Men（1957）	4.344000	125

5.2　协同过滤算法常见的问题以及对策

扫码看视频

目前，协同过滤算法已经得到了广泛应用。但是网站商品信息量和用户人数在不断攀升，网站的结构也越来越复杂，因此基于协同过滤的推荐系统面临着一系列问题[4]，如稀疏性问题、冷启动问题等。

5.2.1　冷启动问题及对策

在没有大量用户数据的情况下，设计个性化推荐系统并且让用户对推荐结果感到满意从而愿意使用推荐系统，这就是冷启动问题[4]。冷启动问题分为系统冷启动、用户冷启动和项目冷启动。系统冷启动问题主要解决如何在一个新开发的网站上设计个性化推荐系统，从而在网站刚发布时就能让用户体验到个性化推荐服务。用户冷启动主要解决的是在没有新用户的行为数据时如何为其提供个性化推荐服务。项目冷启动主要解决将新上架的项目推荐给可能对它感兴趣的用户。另外，电子商务网站、商品、用户的数量都在不断增加，推荐系统将面临严重的可扩展性问题。针对这三类冷启动问题，有以下几种解决方案[5]：

1）提供非个性化推荐，比如说热门排行榜，等用户数据收集到一定的时候，切换为个性化推荐。

2）利用用户注册信息、人口统计学信息，用户兴趣描述，从其他网站导入的用户站外行为等。

3）选择合适的物品启动用户的兴趣，用户登录时对一些物品进行反馈，收集用户对这些物品的兴趣信息，然后给用户推荐和这些物品相似的物品，一般要具有以下特点：①比较热门；②具有代表性和区分性（不能是大众化或老少皆宜的，兴趣无可分性）；③启动物品集合需要有多样性，在不知道用户兴趣的情况下，需要提供很高覆盖率的启动物品集合，几乎覆盖所有主流的用户兴趣。

4）利用物品的内容信息，userCF 算法需要解决第一推动力的问题，即第一个用户从哪里发现新物品。考虑利用物品的内容信息，将新物品先投放给曾经喜欢过和它内容相似的其他物品的用户。对于 itemCF，只能利用物品的内容信息来计算物品的相关程度。基本思路就是将物品转换为关键词向量，通过计算向量之间的相似度（如余弦相似度），得到物品的相关程度。

5）采用专家标注，针对很多系统在建立的时候，既没有用户的行为数据，也没有充足的物品内容信息来计算物品相似度，这时就需要利用专家标注。

6）利用用户在其他地方已经沉淀的数据进行冷启动，比如引导用户通过社交网络账号登录，一方面降低注册成本提高转化率，另一方面获取用户的社交网络信息，解决冷启动问题。

7）利用用户的手机等兴趣偏好进行冷启动：Android 手机开放度比较高，所以在安装手机应用时，就可以顺便了解下手机上还安装了什么其他应用。然后可以总结用户的特点和类型。

5.2.2 稀疏性问题及对策

随着互联网技术的发展，大数据时代已经到来，很多交易平台上每天都有大量的数据记录。通常情况下这些数据存在一定量的空缺值。因为用户不可能对平台上所有的项目都感兴趣，更不可能对所有项目都进行评分，所以平台收集到的数据是稀疏的。例如，淘宝上有着数亿种商品，而用户会购买的商品是有限的，购买后再去评价的商品也是少数。这些数据并不是无用数据，只是信息不够完整，需要进一步处理才能使用。

稀疏性问题是推荐系统面临的主要问题，也是导致推荐系统质量下降的重要原因[5]。在一些大型网站如亚马逊，用户评价过的项目质量相对于网站中总项目数量可谓是冰山一角，这就导致了用户项目评分矩阵的数据极端稀疏，在计算用户或项目的最近邻时，准确率就会比较低，从而使得推荐系统的推荐质量急剧下降。稀疏性问题直接影响着推荐系统的质量问题，因此受到了学术界和应用界的高度关注。目前提出的解决稀疏性问题的方式已经有很多种，最常用的解决方法是预测空缺数据，弥补数据稀疏性。接下来将介绍两种在推荐算法中经常用到的弥补数据稀疏性的方法——基于熵权法的灰色关联预测法和基于皮尔逊相关度的预测法。

1. 基于熵权法的灰色关联预测法

灰色关联预测法是常用的弥补数据稀疏性的方法之一。灰色关联分析是灰色关联预测法的核心，其基本原理是依据数列曲线几何形状的相似程度来判断其联系是否紧密。曲线越相似，对应数列间的关联度就越大，反之，关联度越小。灰色关联预测法对数据的要求较低，即使数据量较少且没有规律，也一样能进行预测，计算过程如下：

将所有用户 U_i对项目 $A=\{A_1,A_2,A_3,\cdots,A_n\}$ 的评分 r_{ij}表示为一个数列，其中 $i=1,2,3,\cdots,m$，$j=1,2,3,\cdots,n$，则参考数列 X_0和比较数列 X_i的计算公式如下：

$$X_0=\{X_0(1),X_0(2),X_0(3),\cdots,X_0(n)\} \tag{5-8}$$

$$X_i=\{X_i(1),X_i(2),X_i(3),\cdots,X_i(n)\} \tag{5-9}$$

由于存在量纲的影响，需要在计算灰色关联系数之前，对数据进行标准化，其计算公式如下：

$$Y_{ij}=\frac{r_{ij}}{X_0(i)} \tag{5-10}$$

$$X_0(i)=\frac{\sum_{j=1}^{n} r_{ij}}{n} \tag{5-11}$$

式中，Y_{ij}是由评分 r_{ij}标准化后得到的数值；$X_0(i)$表示第 i 个用户对项目的评分均值。将标准值 Y_{ij}表示为一个数列，则参考数列和比较数列如下：

$$Y_0=\{Y_0(1),Y_0(2),Y_0(3),\cdots,Y_0(n)\} \tag{5-12}$$

$$Y_i=\{Y_i(1),Y_i(2),Y_i(3),\cdots,Y_i(n)\} \tag{5-13}$$

$Y_0(k)$和 $Y_i(k)$都是所对应数列的第 k 个元素的值，则参考数列和比较数列的灰色关联系数表示为

$$\xi_j(k)=\frac{\min_i\min_k|Y_0(k)-Y_i(k)|+\rho\max_i\max_k|Y_0(k)-Y_i(k)|}{|Y_0(k)-Y_i(k)|+\rho\max_i\max_k|Y_0(k)-Y_i(k)|} \tag{5-14}$$

式中，$\min_i\min_k|Y_0(k)-Y_i(k)|$和$\max_i\max_k|Y_0(k)-Y_i(k)|$分别表示 $Y_0(k)$和 $Y_i(k)$差值的绝对最小值和绝对最大值，$\rho\in(0,1)$，未评分的不予参与计算。灰色关联度 γ_i代表参考数列和比较数列之间关系的紧密程度，其公式如下：

$$\gamma_i=\frac{1}{n}\sum_{k=1}^{n}\xi_j(k) \tag{5-15}$$

在灰色关联预测法中，评分矩阵为 $\boldsymbol{R}=(r_{ij})_{m\times n}$，则用户间所对应的灰色关联度 τ 为

$$\tau=(\gamma_1,\ \gamma_2,\ \cdots,\ \gamma_{m-1}) \tag{5-16}$$

根据目标用户 U_t的近邻用户，预测用户 U_t对项目 A_j的评分，计算公式如下：

$$\mathrm{pred}(U_t,\ A_j)=X_0(i)+\gamma_i(r_{ij}-X_0(i)) \tag{5-17}$$

传统的灰色关联预测法在计算灰色关联度时，直接将参考数列和比较数列间灰色关联系数的平均值作为灰色关联度，忽略了各个项目在评价体系中的权重差异。熵权法是一种客观赋权法，具有精度高、适用范围广、结果易解释等优点，相对于主观赋权法更具有说服力。它的基本原理是项目的变异程度越小，所反映的信息量也越少，其对应的权值也应该越低。熵权法的计算过程如下：

假设收集到的数据包含 n 个用户，m 个被评价的项目，将该数据表示成如下矩阵形式：

$$\boldsymbol{X}_{mn}=\begin{bmatrix} x_{11} & x_{12} & \cdots & x_{1n} \\ x_{21} & x_{22} & \cdots & x_{2n} \\ \vdots & \vdots & & \vdots \\ x_{m1} & x_{m2} & \cdots & x_{mn} \end{bmatrix} \tag{5-18}$$

由于量纲的影响，不能直接进行分析比较，需要标准化处理，其公式如下：

$$y_{ij} = \frac{x_{ij}}{\sqrt{\sum_{i=1}^{m} x_{ij}^2}} \tag{5-19}$$

标准化后可以得到数据矩阵

$$\boldsymbol{Y}_{mn} = \begin{bmatrix} y_{11} & y_{12} & \cdots & y_{1n} \\ y_{21} & y_{22} & \cdots & y_{2n} \\ \vdots & \vdots & & \vdots \\ y_{m1} & y_{m2} & \cdots & y_{mn} \end{bmatrix} \tag{5-20}$$

根据式（5-21）~式（5-24）依次计算概率矩阵 $\boldsymbol{P}$、信息熵 e_{ij}、信息效用值 d_j 和熵权 w_j。

$$p_{ij} = \frac{y_{ij}}{\sum_{i=1}^{m} y_{ij}} \tag{5-21}$$

式中，$\sum_{i=1}^{m} p_{ij} = 1$ 保证了每一个指标所对应的概率和为 1。

$$e_{ij} = -\frac{1}{\ln n}\sum_{i=1}^{m} p_{ij}\ln(p_{ij}) \tag{5-22}$$

$$d_j = 1 - e_j \tag{5-23}$$

式中，d_j是信息效用值，d_j的值越大，对应的信息就越多。

$$w_j = \frac{d_{ij}}{\sum_{j=1}^{n} d_{ij}} \tag{5-24}$$

在计算方式上，基于熵权法的灰色关联预测法与传统的灰色关联预测法唯一的不同是前者在计算灰色关联度时考虑了项目的权重问题。在基于熵权法的灰色关联预测法中，灰色关联度的计算公式如下：

$$\gamma_i = \sum_{k=1}^{n} w_j \xi_j(k) \tag{5-25}$$

2. 基于皮尔逊相关度的预测法

灰色关联分析适用于探索非线性相关性，而皮尔逊相关度适用于处理线性关系数据，可以反映出两个变量之间的线性相关度。其计算公式如下：

$$\mathrm{sim}(u,v) = \frac{\sum_{i \in I_{uv}} (r_{ui} - \bar{r}_u)(r_{vi} - \bar{r}_v)}{\sqrt{\sum_{i \in I_{uv}} (r_{ui} - \bar{r}_u)^2} \times \sqrt{\sum_{i \in I_{uv}} (r_{vi} - \bar{r}_v)^2}} \tag{5-26}$$

式中，I_{uv}表示用户 u 和用户 v 都有评分记录的项目集合，r_{ui}和 r_{vi}分别表示用户 u 和用户 v 对

项目 i 的评分，$\bar{r}_{ui}$ 和 $\bar{r}_{vi}$ 分别表示用户 u 和用户 v 的项目评分的均值，$\mathrm{sim}(u,v) \in [-1,1]$。$|\mathrm{sim}(u,v)|$ 的值越接近 1，则 u 和 v 的相关性越强。

基于皮尔逊相关度的预测方法则是在计算皮尔逊相关度后，采用基于用户评分的加权平均值法为用户预测未评分项目的分值，其公式如下：

$$\hat{r}_{u_t,i} = \bar{r}_{u_t} + \frac{\sum_{u \in U} \mathrm{sim}(u_t,u) \times (r_{ui} - \bar{r}_u)}{\sum_{u \in U} \mathrm{sim}(u_t,u)} \tag{5-27}$$

5.3　基于内容的推荐算法

基于内容的推荐算法[6]核心思想起源于信息过滤和信息检索领域，采用了大量信息过滤和信息检索方面的技术，不考虑用户的行为信息，直接利用项目间的固有属性数据产生推荐。该算法首先是建立项目的特征模型以及用户的兴趣模型，然后采用某一种相似性计算方法来计算用户的兴趣模型与每一个项目的特征模型之间的相似性，最后将相似性较高的项目推荐给目标用户。因此该算法的核心部分是项目的属性表示和用户兴趣模型的建立，以及适用的相似性计算方法。基于内容的推荐算法一般只依赖于用户及物品自身的内容属性和行为属性，而不涉及其他用户的行为，在冷启动的情况下（即新用户或者新物品）依然可以做出推荐，如图 5-6 所示。

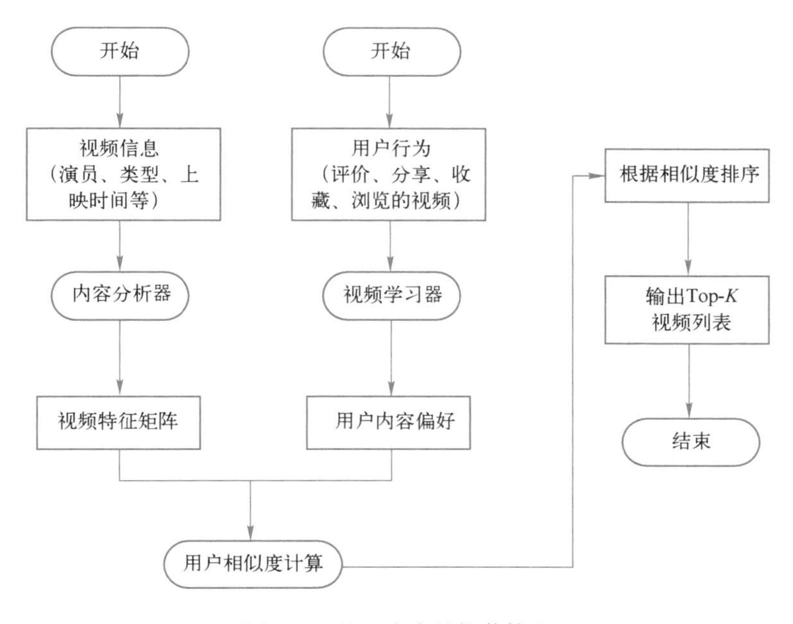

图 5-6　基于内容的推荐算法

基于内容推荐算法的优势：

1）用户之间不相互依赖，每个用户的特征只依赖其本身对物品的喜欢，与他人的行为无关。

2）便于解释在某些场景中，能够告诉用户被推荐物品具有某种属性，而这些属性经常在用户喜欢的物品中出现，从而对推荐结果进行解释。

3）不受新用户或新物品的约束，当一个新用户进入推荐系统时，可以基于用户的个人属性信息来进行内容的推荐，而不受冷启动的影响。

基于内容推荐算法的局限：

1）特征抽取比较困难，如果物品描述是非结构化的，难以准确且全面地抽取物品特征。

2）难以挖掘出用户潜在的其他兴趣，缺乏多样性。基于内容推荐算法仅依赖于用户的个人属性及历史偏好，因此产生的推荐结果会与用户历史交互过的物品具有非常高的相似性，从而使推荐缺乏多样性和新鲜感。

由于不同的数据有不同的格式，所以推荐系统中的内容主要包括结构化数据、半结构化数据和非结构化数据。针对不同的数据，有不同的推荐算法。

5.3.1 基于结构化内容的推荐

基于结构化内容的推荐[6]包括：基于内容的推荐算法、最近邻分类算法和基于线性分类的内容推荐算法。

1. 基于内容的推荐算法

基于内容的推荐算法只关注结构化数据。在基于内容的推荐算法中，最重要的步骤就是抽取物品和用户的特征，通过计算物品特征向量和用户偏好向量之间的相似度进行推荐，如图 5-7 所示。

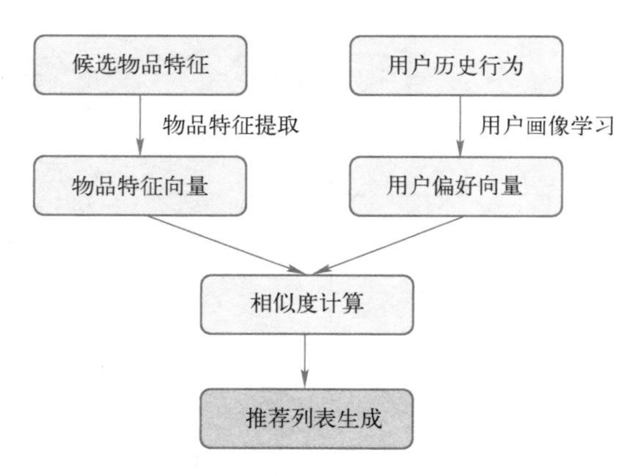

图 5-7 基本的基于内容的推荐算法

2. 最近邻分类算法

K 近邻算法是一种非常有效且易掌握的算法，目前广泛应用于推荐系统中。K 近邻算法是监督学习，有分类的输出。K 近邻算法基本没有训练过程，其原理是根据测试集的结果选择距离训练集前 K 个最近的值，简单来说，根据 K 个最近邻的状态来决定样本的状态，即“物以类聚，人以群分”。K 近邻算法使用的模型实际上对应于特征空间的划分。K 值的选择、分类决策规则和距离度量是该算法的三个基本要素。

1）K 值的选择会对算法的结果产生重大影响。K 值较小意味着只有与输入实例较近的训练实例才会对预测结果起作用，但容易发生过拟合；如果 K 值较大，优点是可以减少学习的估计误差，但缺点是学习的近似误差增大，这时与输入实例较远的训练实例也会对预测起作用，使预测发生错误。在实际应用中，K 值一般选择一个较小的数值，通常采用交叉验证的方法来选择最优的 K 值。随着训练实例数目趋向于无穷和 $K=1$ 时，误差率不会超过贝叶斯误差率的 2 倍，如果 K 值也趋向于无穷，则误差率趋向于贝叶斯误差率。

2）分类决策规则往往是多数表决，即由输入实例的 K 个最近邻的训练实例中的多数类决定输入实例的类别。

3）距离度量一般采用闵可夫斯基（Lp）距离，当 $p=2$ 时，即为欧氏距离，在度量之前，应该将每个属性的值规范化，这样有助于防止具有较大初始值域的属性比具有较小初始值域的属性的权重过大。

实现 K 近邻算法时，主要考虑的问题是如何对训练数据进行快速 K 近邻搜索，这在特征空间维数大及训练数据容量大时非常必要。

3. 基于线性分类的内容推荐算法

机器学习中经典的线性分类器可以很好地对推荐算法进行分类。如图 5-8 所示，假设输入的电影的特征为 $F=(f_1,f_2,\cdots,f_n)$，其中 f_i 表示电影的第 i 个特征分量，输出的结果 Y 表示用户是否喜欢该电影。线性模型的目标就是尝试在特征空间 F 中找到一个平面 $Y=WF+b$，从而将用户喜欢和不喜欢的电影分开。

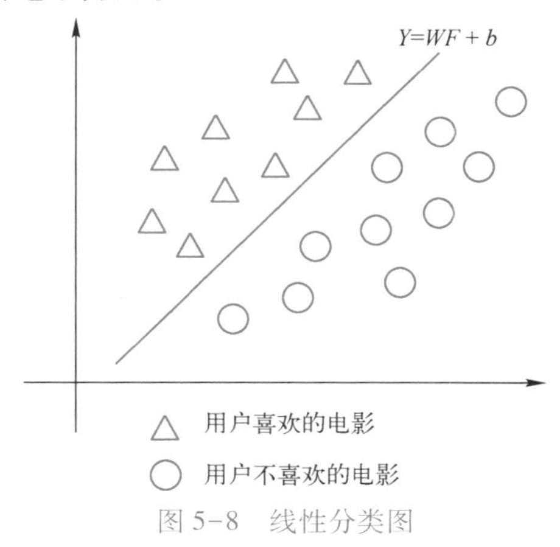

图 5-8　线性分类图

5.3.2 基于非结构化内容的推荐

非结构化数据是指数据结构不清晰甚至没有预先定义的数据，包括文本、图片、音频和视频等，这些数据难以用数据库中的表结构来表示。相较于结构化数据，非结构化数据具有的不规则性和模糊性令计算机难以理解。虽然非结构化数据具有结构复杂、不标准和处理门槛高等缺点，但较高的数据存量和丰富的内涵信息决定了非结构化数据是待被推荐系统发掘的宝藏。各类非结构化数据都有其独特的表征方式，但处理思路是彼此相通的。基于非结构化内容的推荐有以下几种形式。

1. 文本表示

常见的文本表示技术路线有两类，一类为经典机器学习中的离散式表示，另一类为深度学习中的分布式表示。分布式表示的思路是通过机器学习建立一个从单词到低维连续向量空间的映射，使得语义相似的单词在向量空间中被映射到较为接近的区域，而语义无关的单词则被映射到较远的区域。

2. 非文本表示

（1）图像表示

在深度学习兴起之前，图像的特征提取通常依赖于手工的特征提取。一类是通用特征，包括像素级别特征（像素的颜色和位置）、局部特征（图像上部分区域特征的汇总）和全局特征（图像全部特征的汇总）；另一类是领域相关特征，这些特征与应用类型强相关，如人脸和指纹等。可以将用户交互过的条目的图像特征看作用户兴趣的表示，然后训练一个分类器来区分用户喜欢的条目或者不喜欢的条目。

（2）视频表示

视频的表示往往通过表征与视频相关联的文本进行，如视频的标题、描述等长文本和标签等稀疏文本属性。而在深度学习兴起之前，标签是视频推荐任务的核心，YouTube 的 User-Video 图游历算法是解决视频标签推荐的一个优秀案例。User-Video 算法的核心为共同观看关系（有点像协同过滤的雏形），首先构建用户-视频二部图，然后基于同时观看过两个视频的用户数目等规则生成视频之间的连边，最后在生成的视频关系图上进行标签吸附。在标签吸附过程中，各节点首先根据邻居传递的标签计算自己的新标签，然后将新标签传播回邻居。在此过程中，标签逐渐扩散并最终收敛，在所有与任意原始节点有通路的节点上形成稳定平滑的分布。

（3）音频表示

音频的表示同样有两类：借助关联文本进行表示和针对音频本身进行表示。以音乐表征为例，音乐的元数据可以分为三类：Editorial metadata（由音乐发布者声称对该音乐的一些标签）、Cultural metadata（歌曲的消费规律、共现关系等）和 acoustic metadata（对音频信号的分析，如 beat、tempo、pitch、mood 等）。前两类元数据分别以标签、长文本的形式呈现，可用朴素贝叶斯分类器、支持向量机和卷积神经网络等方法进行计算，而音频信号则可以用哼唱检索进行处理，该技术从音频信号中提取信息，与数据库对比，然后按相似度进行排序和检索。

5.4　基于模型的推荐算法

基于模型的推荐算法是通过训练数学模型来预测用户对未交互项目的偏好情况，例如矩阵分解（Matrix Factorization，MF）。MF 大体思路是先对用户与项目的历史交互数据记录建立适当的模型，然后产生符合用户需求的推荐列表。

矩阵分解是协同过滤算法中一种十分有效的方法，它应用不同的数学或机器学习方法，从用户-物品的打分矩阵中分解出潜在特征来解释并预测打分[7]。其中包括概率潜在语义分析[8]和潜在狄利克雷分布[9]等。Liu 等人提出概率矩阵分解模型[10]，在矩阵分解的过程中融入概率论相关知识，具有较好的可解释性和评分预测准确性。但是 MF 没有将隐式反馈信息考虑进来，只考虑到了显示反馈信息[11]。

矩阵分解：$\boldsymbol{u}$ 是第 i 个用户的兴趣向量，$\boldsymbol{v}$ 是第 j 个电影的参数向量。

$$x_{ij} \approx \langle u_i, v_j \rangle \tag{5-28}$$

$$\sum_{i,j} (\langle u_i, v_j \rangle - x_{ij})^2 \rightarrow \min \tag{5-29}$$

可以用 $\boldsymbol{u}$ 和 $\boldsymbol{v}$ 的点积来估算 x（第 i 个用户对第 j 个电影的评分）。我们用已知的分数构建这些向量，并使用它们来预测未知的得分。例如，在矩阵分解之后，Ted 的向量是(1.4;0.9)，电影 A 的向量是(1.4;0.8)，现在可以通过计算(1.4;0.9)和(1.4;0.8)的点积，来还原电影 A-Ted 的得分。结果得到 2.68 分，如图 5-9 所示。

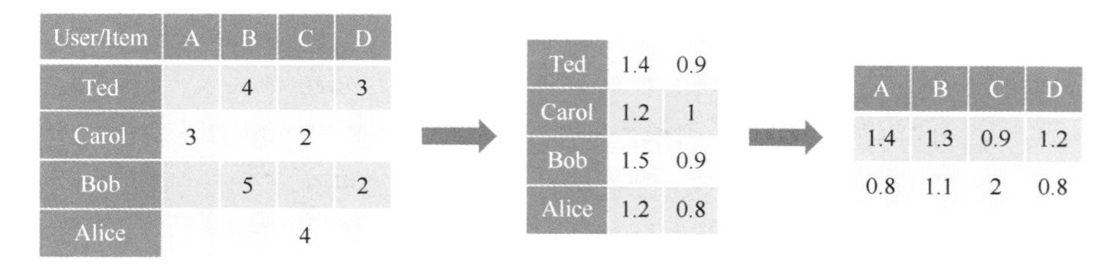

图 5-9　基于模型的推荐算法结果

5.5　基于关联规则的推荐算法

由于传统推荐算法中未能考虑到物品与物品之间的深层关系，IBM 公司于 1993 年首次提出了关联规则模型后，Manchanda 等人[12]于 1999 年在实际的商业交易数据应用中指出，消费者在多选项场景下，一个共同主线上所供选择的项目之间可能以某种特殊的关系进行关联，即用户会在不同情况下做出不同选择。因此在实际应用中，研究人员将关联规则技术运用到推荐算法中来提高推荐性能，从而弥补传统推荐算法的不足[13]。

基于关联规则的推荐是利用数据挖掘领域的关联规则从大量数据集中发现不同项集之间的相关联性，进而根据用户已购买或评价过的项目为其产生推荐的过程。最典型的关联规则效应就是应用在电子商务领域中的购物篮效应，通过研究分析哪些是被用户频繁购买的商品，发现商品之间的关系，然后利用商品之间的这种关联关系为其他用户产生推荐。关联规则[10]是一种使用较为广泛的模式识别方法，如购物分析、网络分析等，其中购物分析典型的应用场景就是在商场中找出共同购买的集合。该方法用于表述数据内隐含的关联性，一般用三个指标来衡量关联规则，分别是支持度、置信度和提升度。支持度表示规则中两者同时出现的概率，无先后顺序之分；置信度表示 A、B 同时出现的概率；提升度描述了关联规则中 A 与 B 的相关性[14]。

5.6 信息隐私与基于隐私保护的方案推荐方法

大数据技术同其他信息技术一样，是一把双刃剑，给人类社会带来福祉的同时，也会造成更为严峻的信息伦理困境。

5.6.1 信息隐私

大数据时代，世界被彻底透明化。通过对简单数据进行分析，实施复合运算就能够有意或者无意对用户的隐私进行披露。由此，在大数据时代，信息隐私将面临前所未有的挑战，时常被肆意侵害。

（1）运用复杂运算法则进行数据挖掘，侵害信息隐私

随着大数据技术的发展，大量的私人信息（如出行记录、健康信息、购物记录等）通过数据挖掘技术而被广泛收集和分析，进而能获悉用户更多隐私信息。例如，为了实现精准营销，追求更大的商业利益，商家利用大数据挖掘出消费者的数据足迹，包括浏览记录、购物记录等内容。通过分析用户搜索、浏览和购买等行为产生的数据，就能知晓用户购物偏好，以此高效、精准地向用户投递经过筛选的广告。用户数据在不知情的情况下被第三方收集和使用，这直接对用户隐私带来极大挑战。

（2）大数据预测侵害信息隐私，表现为利用大数据来预测个人隐私信息

例如，美国塔吉特公司通过女性顾客的购物数据来预测客户是否怀孕，并成功获取一名在校女生的妊娠隐私，这比她的家人知悉这一隐私还要早一个月。

（3）大数据监控侵害信息隐私

大数据时代，人们全天候生活在“数据监控”之中，公共空间的现代民主基础在“数据暴政”下荡然无存。处于大数据这一“上帝之眼”的全方位监控之下，公共空间与私人空间的界限愈加模糊，人们的隐私也更容易受到侵害。例如，央视 2021 年“315”晚会曝光的“人脸识别漏洞”的案例中，多家企业在消费者不知情的情况下，通过安装的人脸识别摄像头大量采集客户的人脸等数据，并对采集到的数据进行分析，进而判断

消费者是了解产品，还是前来“比价”，已侵害到消费者隐私安全。这种人脸识别摄像头已经遍及各大商场超市，在“监控”的掩饰下，肆意侵害消费者隐私安全，导致个人信息泄露防不胜防。

5.6.2　基于隐私保护的方案推荐方法

1. 个性化推荐及隐私保护

随着互联网的持续发展，网络技术的快速革新，全球 IT 行业的茁壮成长，大数据时代已经到来，大数据经济浪潮将波及各个领域。尤其是 5G、物联网和云服务的组合式应用使得各类终端系统和软件与人们的日常生活紧紧联系在一起。面对复杂的数据，用户难以从中获取自己想要的内容，从而导致信息超载。而信息检索技术的出现在一定程度上缓解了该问题。例如，在百度搜索引擎上输入关键信息，系统会自动反馈用户想要的信息。

为了使用户更加容易地获取自己感兴趣的信息内容，可以使用个性化推荐系统。和信息检索技术相比，个性化推荐系统可以根据用户的线上历史信息挖掘用户兴趣偏好，根据兴趣特征推荐给用户真正感兴趣的信息内容，并且去除用户不感兴趣的信息内容，使得用户即使在不能准确定位自身需求的情况下，依然能获取感兴趣的信息。因此，个性化推荐系统更方便用户获取信息，是一种便利的信息处理机制，所以被广泛应用在电子商务等领域。例如，亚马逊销售额以每年约 30%的速度增长；淘宝每年“双 11”总成交额均破千亿；网易云收集用户的听歌记录并挖掘用户兴趣，通过“每日歌曲推荐”栏目向用户推荐感兴趣的歌单，获得了很高的点击率；抖音也是通过视频浏览记录分析挖掘用户的潜在兴趣点，并为用户推荐其更为感兴趣的视频集。

大数据时代下，数据蕴含着巨大的商业价值。很多公司专门开设免费用户体验服务，收集用户网络信息和个人信息，或者使用爬虫技术在网上肆意收集并过滤有效信息。甚至有些组织专门窃取数据信息并建立数据库进行售卖，如和官方海关数据库齐名的社工数据。很多境外恶势力通过网络手段收集各个国家公民的个人信息，然后打包售卖给诈骗团伙，因此我们经常能收到诈骗电话。20 世纪末，马萨诸塞州曾通过匿名技术公开了一段医疗数据，内容只包含病人的病情信息，不涉及名字等身份信息[15]。但是 Sweeney 利用政府发布的涉及这些病人信息的数据集，通过差分攻击手段破解了这份医疗数据，获取到病人的身份信息以及病历信息。2006 年，Netflix 公司举办了一场数据挖掘竞赛，为参赛者提供了一份剔除用户身份识别信息的用户电影浏览数据集[16]。然而，有两名参赛者通过链式攻击方法将互联网电影数据库和 Netflix 数据集作对比分析，从而破解该匿名数据。在大数据时代下，如果大量用户开始质疑企业对信息保护的能力，那么该企业的产品难以得到认同，企业也将难以经营。因此，保护用户隐私安全势在必行。

2. 基于差分隐私保护的推荐方案

随着大数据时代的到来，数据信息越来越具有商业价值，一些国内组织或者境外势力从事数据经营生意。有些企业通过提供线上免费提供服务来收集用户信息并进行贩卖，甚至有些企业直接将用户数据打包和其他企业进行利益交换。政府已经意识到用户隐私安全保护的重要性，也陆续出台并实施了相关政策。但是违法分子依然可以通过“合法手段”来窃取用户隐私，如通过链式攻击破解匿名数据、通过差分攻击获取推荐系统后台数据。

而差分隐私的出现有效改善了隐私泄露的尴尬境遇。差分隐私[17-20]最早是由 Dwork 提出的。它是一种对数据添加噪声的隐私保护方法[21]。它的使用建立在严格数学理论推导的基础上，只要算法步骤满足差分隐私要求，无论攻击者拥有多少背景知识都无法获取原始数据。目前差分隐私主要应用于数据发布、推荐系统和位置隐私领域[22]。

通过考虑用户兴趣分析以提高推荐效率，通过采用差分隐私的指数机制来保护用户隐私安全。主要分为五个步骤，如图 5-10 所示。

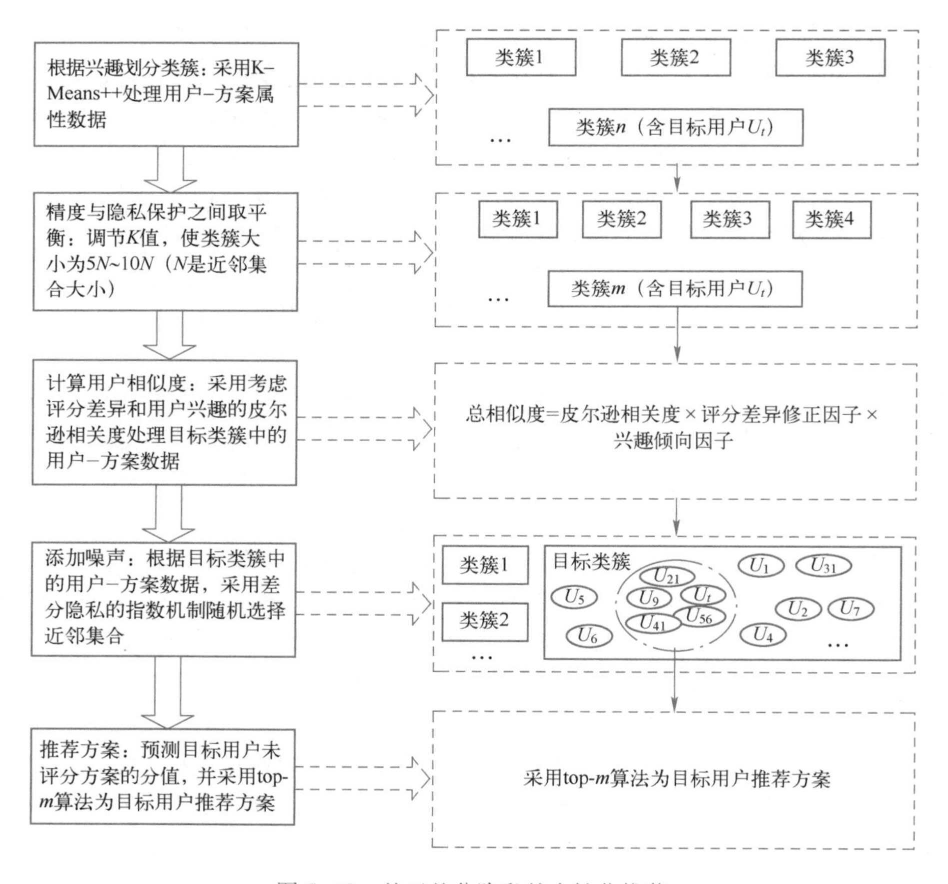

图 5-10　基于差分隐私的个性化推荐

1）根据用户兴趣偏好，采用 K-Means++将用户划分成不同的类簇，并找到目标类簇。

2）调节 K 值，选取适合的目标类簇尺寸。

3）计算目标类簇的用户相似度时，考虑评分差异和兴趣倾向。

4）采用差分隐私的指数机制为目标用户选取近邻集合。

5）根据近邻集合，预测目标用户未评分方案的分值，并采用 top-m 算法为其推荐适合的方案。

基于差分隐私的推荐方案主要围绕用户兴趣和隐私保护两个部分进行研究，具体内容如下。

（1）考虑用户兴趣分析

主要体现在两个方面：一是用户-方案属性评分数据是用户根据自身兴趣偏好对方案属性的评分，K-Means++则根据用户偏好将用户划分为不同的类簇，同类簇中用户之间兴趣相似，不同类簇中用户之间兴趣相异；二是在计算用户相似度时，融入兴趣倾向因子，用户之间兴趣偏好越接近，兴趣倾向因子数值越大，反之，数值越小，从而促使具有相似兴趣的用户之间相似度越大，具有不同兴趣的用户之间相似度越小。

（2）保护用户隐私安全

假设攻击者已经拥有除了目标信息外所有的数据信息，就可以注册新用户并输入已有的目标用户信息从而“仿造”目标用户，利用协同过滤算法的漏洞获取目标信息，这就是差分攻击。而差分隐私的指数机制可以随机选择近邻集合，使得攻击者获取的数据带有一定量的噪声，从而保护用户隐私。

5.7 信息污染与信任推荐算法

5.7.1 信息污染

信息资源共享意味着原本独享的信息资源成为公共产品，任何信息行为主体都可以享用，信息资源的所有者由此将失去资源的“垄断”特权。为了获得竞争优势，某些所有者可能会对网络信息进行“特殊”处理，原有的网络信息资源会出现不同程度的“污染”。一般认为信息污染是指在信息活动中，混入有害性、误导性和无用的信息元素，它是对信息生态系统产生的负效应。它主要表现在三个方面。

1）虚假信息。信息在生产和传播过程中由于多种因素导致其内容失去“原貌”，缺少可信度，由此导致信息内容的虚假化。

2）信息超载。信息空间的隐匿性、自由性和开放性，加上一些信息行为主体缺乏有效的道德自律和制度他律，导致大量垃圾、无用的信息在网络空间满天飞。不少信息被网站重复转载、大量复制和传播，致使信息本身的价值属性逐渐流失，产生大量信息废弃物，挤占大量网络存储空间，造成信息通道梗塞，出现信息超载。

3）信息骚扰。信息骚扰主要是指一些没有价值的、无用的信息传播给用户，对网络信息活动正常秩序构成干扰，不利于用户更好地体验信息资源。例如，随着大数据技术的发展，用户时常受到垃圾邮件、“短信炸弹”的信息骚扰；一些保险公司在做宣传营销时，不间断随机推送营销短信和电子邮件，对于没有购买保险需求的用户来说，接受这种推送已经构成信息骚扰。

5.7.2 信任推荐算法

1. 信任推荐原理

推荐系统能够向网络用户个性化推荐其可能感兴趣的物品、服务和应用，其产生的建议可用于多种决策的过程。近些年，电子商务的普及使得针对商品的推荐成为一个重要的研究课题，已经得到国内外工业界和学术界的广泛关注。社交网络已经成为覆盖用户面积最广、传播影响力最大、商业价值最高的产业之一。在如此庞大的社交网络中，包含着大量的现实世界的真实的用户关系和属性信息，以及在虚拟网络中根据兴趣等彼此交互产生的信任关系等信息，这些都可以作为推荐系统的重要辅助要素。同时，在社交网络中建立完善的信任关系体系有利于抵御常见的恶意攻击和行为，如共谋攻击和恶评攻击等。因此，工业界的主流在线社交网站都将一部分研究重心放在如何实现社交网络和推荐系统的有机结合。同时，将社交网络中产生的信任关系作为附加信息引入到推荐系统中，已经被学术界证实能够有效地缓解传统推荐系统中存在的一系列问题，以此提升模型的准确性和可扩展性。

传统的社交网络信任模型主要包括直接信任评估和间接信任推理，它们与社会化推荐系统的关系如图 5-11 所示。

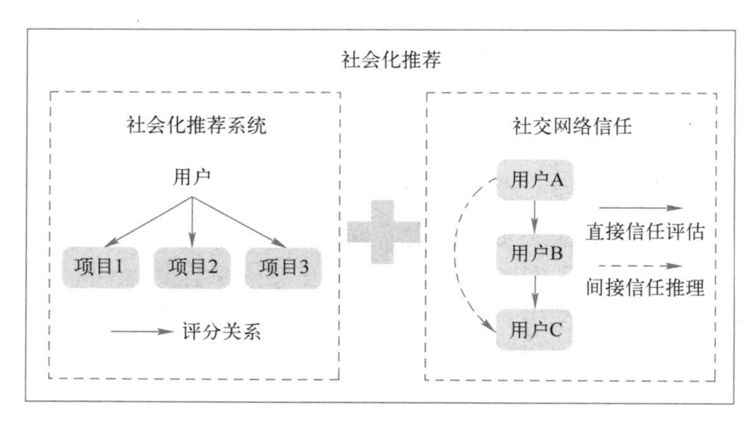

图 5-11 社交网络信任模型与社会化推荐系统的关系

1）直接信任评估。根据两个用户之间的直接交互信息（常见的如点赞、转发和收藏等）及属性信息（共同属性等）计算得出的信任评分或评级。

2）间接信任推理。对于没有直接交互信息的两个用户，根据社交网络拓扑和信任路径信息计算得出的未知信任评分或评级。

2. 信任推荐发展现状

基于信任预测的社会化推荐系统是在传统的推荐系统基础上，融入直接信任评估和间接信任推理，以准确地预测用户对未知项目的潜在评分。基于信任的社会化推荐系统被认为是缓解大数据时代信息过载问题和恶意攻击频发的重要解决方案。然而，由于缺乏对评分域和社会域的深入挖掘与有效利用，以往的研究通常面临一些关键的问题和挑战。

1）信任预测和评估的准确性问题：在社交网络中，用户间存在大量的直接关系和间接关系，在信任传播和聚合过程中存在很多分歧与不一致。

2）数据稀疏性问题：一方面，大数据环境下，用户对商品等的评分存在稀疏性的问题，即单一用户只能评估少量的商品；另一方面，直接信任关系也存在数据稀疏的问题，即在社交网络中用户与用户之间直接交互行为太少的问题。

3）大数据环境下的用户及其设备都面临可靠性不足和资源约束等问题。例如，在开放的移动网络环境下，随着信息和数据的爆炸式增长，用户数量与商品和服务的数量飞涨，随着用户-项目评分矩阵规模的扩大，传统推荐系统的效率将会大大降低。

4）推荐系统与信任预测模型结合问题：传统的推荐系统只采用单一的“用户-项目”的评分矩阵产生推荐，并不一定能够产生让用户满意的结果，虽然社交网络中的信任关系能有效解决这一问题，但如何将社交网络中的信任信息与传统的评分数据相结合成为一大焦点难题。

在国内外，有大量关于信任预测的研究，可大致分为四类：基于图论的模型、基于机器学习的模型、基于矩阵分解的模型和基于主观逻辑的模型。在信任推荐系统中，用户对物品的评价不仅受到其邻居的影响，也在一定程度上取决于信任朋友的推荐。基于信任的推荐系统不仅可以提升推荐系统的性能，同时可以通过引入社交数据以缓解评分数据的稀疏问题。最普遍的基于信任的推荐系统可以让用户显式地对其他用户发出信任声明。

5.8 信息茧房

“信息茧房”是美国学者桑斯坦对现代互联网环境的描述，指的是个人或群体被包含在一个信息壁垒之内，进而自主或不自主地把所进行的信息选择行为固定在对前述特定种类信息的选择之内，进而在思想和情感方面产生对这一类信息的亲近和对其他类型信息的排斥，久而久之，人们在信息选择上会愈发局限。

依照桑斯坦的观点，“信息茧房”的前置条件是“回音室效应”，指的是在某一个信息受众身边存在同质化的信息反复传播和不断传播的情况，强化了信息受众对这一类信息的偏听偏信，也为茧房的形成提供了条件。而“群体极化”则是“信息茧房”的一个可能后果，它指的是在茧房真正形成并已经影响到人的思想与精神的时候，可能出现由于茧房之间信息性质差异而导致的人与人的争端和纠纷，也即“信息茧房”，最终可能导致非理性行为。根据桑斯坦的“回音室—信息茧房—群体极化”的链条，一旦在互联网交往中出现“信息茧房”，那么必然会对主流意识形态的传播产生影响，甚至可能会产生极端化的后果。“信息茧房”理论虽然不能解读发生在互联网之中的一切行动和思想潮流，但是这一理论确实在很大程度上揭示了我国当代意识形态工作需要面对的客观情况，因此有必要作为意识形态和思想教育工作者观察互联网非理性现象的一个理论渠道。

在信息爆炸的今天，大数据正在重构传媒业，改变传统的信息传播方式，“纸媒时代”正向“智媒时代”过渡。由于大数据的个性化新闻服务广受欢迎，尤其是对于许多新闻资讯类平台来说，这也正是他们获取“流量”的重要手段。虽然个性化服务能够在一定程度上提供满足用户兴趣和需求的内容，但也使用户视野受到限制，个人的社会互动能力被弱化，同时封闭的网络环境加剧了群体极化现象，阻碍了个人与社会的良性发展。因此，我们应该辩证看待这种新兴的个性化服务以及由此开创的信息传播模式。打造个性化服务的信息平台的同时，还要思考如何构建更加开放的信息生态圈。

1. 大数据背景下的“信息茧房”

桑斯坦认为在发达的网络环境中，公众更倾向于选择自己原本就感兴趣的东西，并更愿意与自己志趣相投的人交流，所以人们的行为活动会局限在各自的小团体甚至个人建造的“孤岛”中。在数字化时代下，大数据作为其产物，体量巨大、类型繁多，各行各业的数据量正呈几何式增加，海量数据包含了无数的商业秘密。于是，移动资讯类平台利用大数据开创了一种新的传播模式——基于用户兴趣的个性化新闻推荐服务。个性化新闻推荐服务通过收集用户的独特偏好向其推荐可能勾起其兴趣的内容。在这样的背景下，人们往往只关注兴趣基础范围内的信息，导致人们认知领域逐渐缩小，并且与外界的互动越来越少，进而逐渐陷入自我封闭的状态，即“信息茧房”效应不断增强。

2.“信息茧房”的形成原因

（1）个性化信息服务的负效应

数据挖掘通过大量的数据集合提取隐含的信息，分析用户的阅读喜好并预测用户将来可能关注的内容，从而主动地为读者推送相关内容。这种推荐技术能够给每一个用户提供有差别、有针对性的内容。但它也是一把双刃剑，这种隐形的个性化服务方式让用户在不知不觉中只能接受特定的内容，并且自己很难意识到这个问题。除了直接获取系统推荐的内容外，人们还能通过主动订阅获得自己需要的信息。各大新闻类网站、客户端都提供了“订阅”或“关注”功能，用户登录注册后便可以选择自己感兴趣的内容进行免费或付费订阅。这种个性化定制服务赋予了用户主动选择信息的权利，但同时也使用户沉溺于封闭的虚拟环境中无法自拔。用户偏向于浏览自己关注的内容，但这些内容的覆盖面比较小，视线长期固定会造成个人的信息环境越来越封闭，最后因对其他领域疏于关注而脱离外部世界。

（2）受众的选择性心理

如果说个性化推荐系统是形成“信息茧房”的一种工具，那么人们的选择性心理则是关键的内部因素。选择性心理是指受众在选择媒介信息时所表现出来的思维方式，具有主观能动的特质。人们希望自己能及时了解外界事物的变动，这种求知欲望让他们更为主动地使用各种媒介获取信息。但这种搜索并非漫无目的，他们在海量信息中主要选择自己最感兴趣的，与自己的既有立场、态度一致或接近的内容，而排斥异己观点。于是人们涉猎的领域逐渐固定，并呈现不断缩小的态势。例如，当一个人并不看好区块链时，他不太会点开“赞美”区块链的文章，而是更愿意浏览那些对区块链前景提出疑虑的内容。

（3）新闻资讯类平台之间的利益角逐

为了吸引用户，实现传播效果的最大化，各个新闻资讯类平台用尽浑身解数打造品牌特色，于是个性化信息服务应运而生。以个性化推荐为特色的新闻客户端势如破竹，几乎占据了新闻客户端的半壁江山。据“艾媒咨询”报道，今日头条在 2018 年 3 月以 30.25%的用户活跃量排在新闻客户端第一，紧随其后的是全国首个提出个性化阅读服务的搜狐新闻。特别是许多平台都提供了“提醒”服务，能即时向用户展示被关注对象的最新动态。于是人们接受个性化信息服务的机会越来越多，这也造成了“信息茧房”效应的影响范围不断扩大，问题加剧恶化。

3.“信息茧房”带来的影响

（1）对信息消费者的影响

1968 年，美国社会学家默顿提出“马太效应”，用于描述一种常见的社会心理现象，即已经处于优势地位的个体会因此而获得更多的优势，而处于劣势地位的个体则会因此变得更加劣势[23]，即“强者愈强、弱者愈弱”。在大数据的背景下，人们获取的信息越来越具有针对性，并且在选择性心理的作用下，人们更倾向于选择与自己观点一致或相近的内容，造成的结果就是事物认知中的“马太效应”越来越明显。人们接触到的信息只是关于世界的一小部分，但他们会认为这一小部分就是全部的真实，并且这种感觉会越来越强烈，最后逐渐形成固定的思维定式。长此以往，就会使人们对真实的客观世界产生认知偏差，即与事实本身之间的某种差别或偏离。此外，“信息茧房”还造成个人与外界社会的互动性削弱。大数据将人们置于“穹顶”之下，外面的进不来，里面的出不去，于是人们与外界的沟通越来越困难，参与社会和适应社会的能力逐渐减弱。社会互动的缺乏使人们逐渐失去了了解不同事物的能力和机会，造成的后果是人们与社会脱节，责任意识薄弱，影响社会的和谐发展与进步。

（2）对社会的影响

互联网的出现实现了信息的跨区域分享，传输更加便捷，人们可以通过互联网寻求志同道合的人。比如，21 世纪初出现的一些论坛、社区、贴吧等网络社交平台成为人们用来结识朋友的工具。个性化推荐技术能够根据用户的行为偏好主动推荐用户可能感兴趣的内容，这样也就等于一起推荐了可能与用户志趣相投的人。久而久之，人们就在这样的环境中逐渐形成了固定的社交圈子，于是“圈层固化”的现象越来越严重。“圈层固化”能够产生“一呼百应”的效果，容易造成“群体感染”和“群体极化”。当人们处于一个固定的圈子时，更容易受到某种偏激情绪或行为的影响，这种集体性的情绪或行动更倾向于冒险。群体极化有可能会破坏社会秩序，引发社会动荡。

（3）对信息生态系统的影响

信息生产者、消费者和分解者以及在他们之间流动的信息形成了完整的信息生态系统。任何一个要素的变动都会对其余部分产生影响。由兴趣引发的“信息茧房”会反过来进一步影响信息分发，造成资源配置的不平衡。当人们各自建造的“茧房”相互之间具有某方面的重叠性时，传播主体会抓住这种特征加大传播力度。在这种情况下，对于不同类型和层次的内容来说，有些会因此得到更为广泛的传播，而有的关注度不高的内容传播比重和数量会相对减少，于是信息分发会陷入失衡状态：一部分逐渐饱和，另一部分不断被“稀释”。“信息茧房”造成信息分发的不平衡，这种不平衡又进一步加剧“信息茧房”效应，它们之间的相互作用呈现出螺旋式上升的态势，长期下去会破坏信息生态结构，导致信息系统失衡。

4. 应对“信息茧房”的策略

（1）受众明确“推”与“订”的局限性

人们在享受新技术给生活带来的便利的同时，还要评估其对自己生活可能产生的负面影响，做好防范措施。个性化新闻服务实现了内容的精准传达，但也要意识到它可能产生的不良后果。选择媒介后个人需要在“推”与“订”中寻求认知的平衡，在通过个性化推荐技术获得便利的同时，了解该技术的工作原理，适当调整使用习惯。在浏览新闻客户端的内容时，用户除了浏览首页的“推荐”栏目外，还可以看看“热点”等其他栏目，拓宽自己的信息源。订阅或关注的内容不应局限在某一个领域，应经常添加“兴趣话题”，这个话题不仅仅可以是自己感兴趣的，还可以是一些能帮助自己增长见识的内容。辩证看待个性化新闻服务，明确它的局限性，防止“信息茧房”的形成。

（2）信息生产者强化行业自律

目前个性化推荐技术逐渐成熟，人们开始关注它带来的伦理问题。2017 年 12 月 29 日，国家互联网信息办公室针对“今日头条”“凤凰新闻”手机客户端持续传播低俗信息、违规提供互联网新闻信息服务等问题，对企业相关人员进行了约谈，并责令整改。这一现象引发了人们对“算法是否存在价值观”的激烈讨论。其实技术不存在“善恶”之分，而决定“算法”价值观的是其背后的控制者。传播主体要承担起社会责任，自觉执行有关政策法规，积极倡导主流价值观。除了引导正确价值观的形成外，传播主体还要加强管理队伍的建设，明确“把关人”的重要性。算法通过分析用户喜好来为用户推荐内容，但存在一个问题：当低俗内容能满足用户的需求，而且群众数量庞大时，算法会继续推送内容，一些虚假新闻、营销广告、低俗信息很难被机器识别，从而继续流向用户。如果说这是智能算法本身就存在的原罪，那么信息平台更应设置“把关人”对传播内容进行把关，加强优质内容的输出，增强社会责任意识。

（3）监管部门加强网络环境建设

网络为人们打开了了解世界的大门，大数据时代下，个性化推荐技术对人们产生的影响越来越明显，尤其是在认知形成方面，更是加剧了“信息茧房”效应，所以打造良好的网络空间环境刻不容缓。2016 年 4 月 19 日召开的网络安全和信息化工作座谈会上，习近平总书记指出要为广大网民特别是青少年营造一个风清气正的网络空间。原国家新闻出版广电总局几次约谈有关企业并责令其整改，意义巨大，不仅让野蛮生长的内容推荐平台得到了监管，还让网络空间环境得到了净化。当我们越来越依靠移动资讯平台获取信息时，伴随而来的是平台更强的责任意识和相关部门更严格的监管制度。无论是对已授权的门户网站，还是新生的资讯类信息平台，监管部门都要制定严格的传播制度，实时把关，进一步加强网络内容建设，让整个传播流程更加有序统一，营造更加清朗的网络环境。

习题

1. 如何计算两个用户之间的相似度?
2. 如果一个用户没有对任何物品进行评分，如何为该用户生成推荐列表?
3. 如何使用交叉验证来评估协同过滤算法的性能?
4. 假设有如下用户对电影的评分数据集，见表 5-22。

表 5-22　用户对电影评分数据集

用户 ID	电影 ID	评　分
1	A	5
1	B	4
1	D	2
2	A	3
2	C	1
2	E	4
3	B	4
3	D	2
3	F	5

请基于此数据集完成以下任务：

1）构建用户-物品评分矩阵。

2）计算用户之间的相似度。

3）基于用户相似度进行物品推荐。

5. 假设你正在开发一个协同过滤推荐系统，现有一份用户-电影评分数据集，其中包含多个用户对于不同电影的评分，见表 5-23。你需要使用这个数据集来构建一个协同过滤算法，并为一个新用户生成推荐列表。

表 5-23　用户-电影评分数据集

用户 ID	电影 ID	评　分
1	101	5
1	102	4
2	101	3
2	103	2
3	102	4
3	104	5

请根据上述数据集，完成以下任务。

1）构建用户-电影评分矩阵。即将数据集转换成一个矩阵，行表示用户，列表示电影，矩阵元素表示评分。

2）计算用户之间的相似度。使用余弦相似度计算任意两个用户之间的相似度，并构建用户相似度矩阵。

3）根据用户相似度为新用户生成推荐列表。假设现在有一个新用户，他对电影的评分数据集见表 5-24。

表 5-24　新用户对电影评分数据集

用户 ID	电影 ID	评　分
100	101	4
100	102	0
100	103	0
100	104	0

根据用户相似度矩阵，为该新用户生成一个包含前 K 个推荐电影的推荐列表（K 可自行设定）。

4）请提供完整的解答代码，并输出最终的推荐列表。

参考文献

[1] GOLDBERG D, NICHOLS D, OKI BM, et al. Using collaborative filtering to weave an information tapestry [J]. Communications of the ACM, 1992, 35 (12): 61-70.

[2] 博客园．协同过滤推荐算法的原理及实现［DB/OL］．［2024-05-15］. https://www.cnblogs.com/yoyo1216/p/12618472.html.

[3] 耿秀丽，王著鑫．考虑用户兴趣分析的差分隐私方案推荐［J］．计算机应用研究，

2022，39（2）：474-478.
[4] 闫兴博，冯炳彰，石佳鑫．基于混合过滤算法解决冷启动问题的推荐系统研究［J］．电脑编程技巧与维护，2023（2）：30-33.
[5] CSDN. 推荐算法实践-章节三-推荐系统冷启动问题-阅读总结［DB/OL］．［2024-05-15］. https://blog. csdn. net/cyl_csdn_1/article/details/120404206.
[6] SNIPER R. 经典推荐算法：基于内容的推荐算法［DB/OL］．［2024-05-15］. https://blog. csdn. net/weixin_52593484/article/details/127191477.
[7] HAN P, XIE B, YANG F. A scalable P2P recommender system based on distributed collaborative filtering［J］. Expert Systems with Applications, 2004, 27（2）：203-210.
[8] 杨阳，向阳，熊磊．基于矩阵分解与用户近邻模型的协同过滤推荐算法［J］．计算机应用，2012，32（2）：395-398.
[9] HOFMANN T. Latent semantic models for collaborative filtering［J］. ACM Transactions on Information Systems, 2004, 22（1）：89-115.
[10] LIU J, WU C, XIONG Y, et al. List-wise probabilistic matrix factorization for recommendation［J］. Information Sciences, 2014, 278：434-447.
[11] 王东，陈志，岳文静，等．基于显式与隐式反馈信息的概率矩阵分解推荐［J］．计算机应用，2015，35（9）：2574-2578；2601.
[12] MANCHANDA P, ANSARI A, GUPTA S. The shopping basket：amodel for multicategory purchase incidence decisions［J］. Marketing Science, 1999, 18（2）：95-114.
[13] LIN W, ALVAREZ S A, RUIZ C. Efficient adaptive-support association rule mining for recommender systems［J］. Data Mining and Knowledge Discovery, 2002, 6（1）：83-105.
[14] 纪文璐，王海龙，苏贵斌，等．基于关联规则算法的推荐方法研究综述［J］．计算机工程与应用，2020，56（22）：33-41.
[15] 刘晓迁．差分隐私保护分类及推荐算法研究［D］．南京：南京理工大学，2019.
[16] 罗辛，欧阳元新，熊璋，等．通过相似度支持度优化基于 K 近邻的协同过滤算法［J］．计算机学报，2010，33（8）：1437-1445.
[17] DWORK C, KENTHAPADI K, MCSHERRY F, et al. Our data, ourselves：Privacy via distributed noise generation［C］//Annual International Conference on the Theory and Applications Cryptographic Techniques. Berlin：Springer, 2006：486-503.
[18] DWORK C, MCSHERRY F, NISSIM K, et al. Calibrating noise to sensitivity in private data analysis［C］//Theory of cryptography conference. Berlin：Springer, 2006：265-284.
[19] DWORK C, MCSHERRY F, TALWAR K, et al. The price of privacy and the limits of LP decoding［C］//Proceedings of the thirty-ninth annual ACM symposium on Theory of computing. New York：ACM, 2007：85-94.
[20] DWORK C. Differential privacy：A survey of results［C］//International Conference on

Theory and Applications of Models of Computing. Springer, Berlin, Heidelbery, 2018: 1-9.

[21] 李杨，温雯，谢光强. 差分隐私保护研究综述 [J]. 计算机应用研究，2012，29 (9): 3201-3205; 3211.

[22] 乔明浩. 差分隐私保护的 K-means 聚类算法及其在推荐系统中的应用 [D]. 合肥：安徽大学，2020.

[23] MERTON R K. The Matthew effect in science: The reward and communication systems of science are considered. Science, 1968, 159: 56-63.

第6章 文本挖掘

文本挖掘是让计算机能够理解人类语言的一种技术。随着大数据和人工智能的发展，带动了人们对于非格式化文本数据的分析需求。本章将系统地介绍自然语言处理的应用价值及相关技术，包括分词、文本向量化、特征选择、文本分类、主题模型等内容。

6.1 文本挖掘的应用价值

数据挖掘（Data Mining）这一词最早由 Fayaadg 于 1995 年在加拿大蒙特利尔召开的第一届“知识发现和数据挖掘”国际学术会议上提出，它是一门很广泛的交叉学科，汇聚了不同领域的研究者，尤其是数据库、人工智能、数理统计、可视化、并行计算等方面的学者和工程技术人员。随着互联网的普及和发展，互联网成为最大的信息聚集地，用户在这个聚集地可以查找技术资料、商业信息、新闻报道以及娱乐资讯等多种类别和形式的文本，这些文本构成了一个异常庞大的具有异构性、开放性特点的分布式数据库。结合人工智能研究领域中的自然语言理解和计算机语言学，从数据挖掘中派生了两类新兴的研究领域：网络挖掘和文本挖掘（Text Mining，TM）。

网络挖掘侧重于分析和挖掘网页相关的数据，包括文本、链接结构和访问统计（最终形成用户网络导航）。一个网页中包含了多种不同的数据类型，因此网络挖掘就包含了文本挖掘、数据库中的数据挖掘、图像挖掘等。

文本挖掘作为一个新的数据挖掘领域，其目的在于把文本信息转化为人们可利用的知识。一般来说，文本挖掘和文本数据库中的知识发现（Knowledge Discovery in Textual Database，KDT）被认为是具有相同含义的两个词，最早由 Feldman 等[1]提出。

文本挖掘是指以数理统计学和计算机语言学为理论基础，利用信息检索技术从大量文本数据中提取未知、隐含、可能有用的信息的过程，也被称为自然语言处理。它需要多学科的融合才能达到最好的效果，一般涵盖统计学、数据可视化、文本分析、模式识别、数据库、机器学习以及数据挖掘等技术。

文本挖掘是抽取有效、新颖、有用、可理解的，散布在文本文件中的有价值知识，并且利用这些知识更好地组织信息的过程。1998 年底，国家重点基础研究发展规划首批实施项目中明确指出，文本挖掘是“图像、语言、自然语言理解与知识挖掘”中的重要内容。

作为信息挖掘的一个研究分支，文本挖掘用于基于文本信息的知识发现。它利用智能算法，如神经网络、基于案例的推理、可能性推理等，并结合文字处理技术，分析大量的非结构化文本源（如文档、电子表格、客户电子邮件、问题查询、网页等），抽取或标记关键字概念、文字间的关系，并按照内容对文档进行分类，以获取有用的知识和信息。

随着人工智能研究的发展，文本挖掘技术被广泛地应用到很多场景，如智能语音、机器翻译、文本分析、语音助手、问答系统等。下面将分别介绍文本挖掘技术在机器翻译、文本分析以及问答系统中的应用价值。

（1）机器翻译的应用价值

克服人类交流过程中的语言障碍，让使用不同语言的人之间可以自由地交流，是人类长久以来的梦想。随着经济全球化时代的到来，如何克服语言障碍已经成为国际社会共同面对的问题。日益激增的多语种政治、经济、文化等信息，仅依靠代价高昂且周期较长的人工翻译是无法完成的。互联网的高速发展也扩大了对于机器翻译的需求。机器翻译可以为人工翻译减轻负担，提高翻译效率，在部分场景和任务下可替代人工，有极其广阔的应用前景。现在，谷歌、微软必应、百度、网易有道等互联网公司都有各自的机器翻译产品，这些产品已经普遍应用于人们的日常生活（如教育学习、购物、旅游等）中。

（2）文本分析的应用价值

随着大数据的发展，文本分析被广泛地应用到问卷调研的处理、新媒体热点采集追踪及预测、企业品牌和产品的口碑管理等各个方面。此外，文本分析在舆情监测方面也受到越来越多的重视。利用基于大数据的文本分析，可以清晰地知晓事件从始发到发酵期、发展期、高涨期、回落期和反馈期等阶段的演变过程，分析舆情的传播路径、传播节点、发展态势和受众反馈等情报。

（3）问答系统的应用价值

问答系统（Question Answering System，QA）是信息检索系统的一种高级形式，它能用准确、简洁的自然语言回答用户用自然语言提出的问题。不同于现有的搜索引擎，问答系统返回给用户的信息不再是与查询（问题）相关的文档排序，而是精准的答案。因此，相对于传统搜索引擎来说，问答系统更加智能，效率也更高，被看作未来信息服务的颠覆性技术之一。早期问答系统主要应用在文献情报领域。近些年，随着人工智能第三次热潮的到来，问答系统的应用领域更加广泛，以问答系统为核心技术的产品和服务被相继推出，如移动生活助手（Siri、QQ 助手小冰等）、智能音箱（如小度、天猫精灵、叮咚音箱）等。此外，知乎、百度知道等商业系统也是在问答系统的发展中产生的。

除了在现实生活中的应用以外，许多学者对文本挖掘也进行了广泛的研究。廖玉清[2]以 2017—2019 年的绿色金融相关政策为数据源，通过提取政策文件的文本-特征词和高频关键词，在量化分析后从政策制定侧重点及政策内容上对文本进行总结。孙宝生等[3]基于在线旅游评论数据和网络文本挖掘技术，构建游客满意度评价指标体系和评价模型，定量评价游客的生态旅游满意度，为相关生态旅游政策的制定提供参考。张敏等[4]采用共词分析和聚类分析这两种定量方法剖析了文本挖掘研究现状，表明文本挖掘在信息检索、生物医学和经济管理领域应用广泛；史航等[5]通过聚类分析得出结论，未来文本挖掘在生物医学领域应用的主要研究热点为文本挖掘的基本技术研究、文本挖掘在生物信息学领域的应用、文本挖掘在药物相关事实抽取中的应用三个方面。通过对文本的挖掘和处理，李建兰等[6]也表明，未来将其应用于网络新媒体及舆情分析、商业流程优化、医疗健康分析等领域也会越来越成熟。

6.2　文本挖掘的流程

通常我们得到的原始文本数据冗余、复杂，因此文本挖掘处理是分析文本信息非常重要的一部分。将重复、多余、无意义的文本信息剔除，可以提高文本分析的精确度，保证文本信息的质量，使之后得出的分析结果更准确。文本挖掘的流程图如图 6-1 所示。

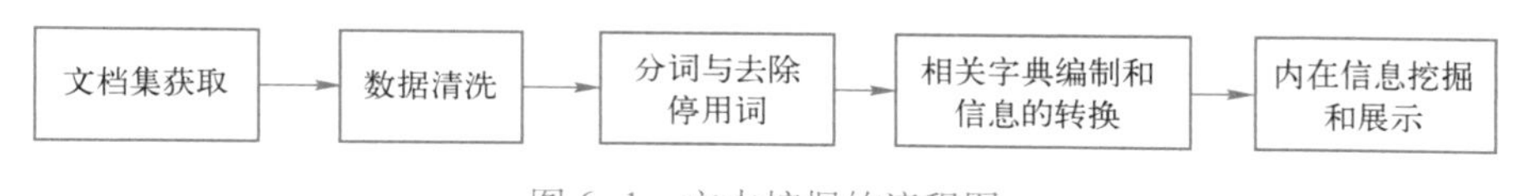

图 6-1　文本挖掘的流程图

1）文档集获取。该过程包括网络数据抓取、文件读入及图片的转化等。可以通过编写爬虫代码或利用爬虫软件方式获取数据。

2）数据清洗。对文档集通过丢弃、替换、去重等操作，达到去除异常、纠正错误、补足缺失的目的。

3）分词与去除停用词。把文档集中的每句话分成无数个孤立的词，作为最小的信息单位，即分词。

在分词处理后解析的文本中常常会有很多无效的词，比如“着”“和”以及一些标点符号，由于在文本分析时这些词一般是我们不想引入的，因此需要去除这些冗余的词及无意义的停用词。对于这些停用词的处理可以从网上下载一些常用的停用词表对其进行处理。

词性是指以词的特点作为划分词类的根据。词性标注就是在给定句子中判定每个词的语法范畴，确定其词性并加以标注的过程，这是自然语言处理中一项非常重要的基础性工作。词性标注主要有以下两种常见的方法。

① 基于规则的词性标注方法。基于规则的词性标注方法是人们较早提出的一种词性标注方法，其基本思想是按兼类词搭配关系和上下文语境来构建词类消歧规则。早期的词类标注规则一般由人工构建。随着标注语料库规模的增大，可利用的资源也变得越来越多，这时候以人工提取规则的方法变得不再现实。

② 基于统计模型的词性标注方法。统计模型的词性标注方法将词性标注看作一个序列标注问题。其基本思想是：给定带有各自标注的词的序列，可以确定下一个词最可能的词性。现在已经有隐马尔可夫模型（Hidden Markov Model，HMM）、条件随机场（Conditional Random Field，CRF）等统计模型，这些模型可以使用有标记数据的大型语料库进行训练，而有标记的数据则是指其中每一个词都分配了正确的词性标注的文本。

4）相关字典编制和信息的转换。将处理后的文档集编制成“文档-词条”矩阵；必要的情况下还需进行相应的信息转换，如信息的浓缩。

5）内在信息挖掘和展示。数据化后，我们即可对信息进行挖掘与展示，包括关键词提取、文本聚类、自动文摘等。

6.2.1 文本挖掘的关键技术

（1）文本聚类

文本聚类是指在没有预先定义主题类别的前提下，将文本集合分为若干个类或簇，要求同一簇内文本内容的相似度尽可能大，而不同簇间的相似度尽可能小。

饶毓和、凌志浩[7]提出了一种结合词对主题模型与段落向量的短文本聚类方法，以克服短文本的稀疏性和高维度性，同时提升文本聚类质量；穆晓霞等[8]提出一种融合主题模型和支持向量机的商品个性化推荐方法，以应对网络商品评论数据不能有效引导买方做出合理选择的问题。

（2）文本分类

作为自然语言处理中最常见、最基础的任务，文本分类是指对给定的文本片段给出合适的类别标记，属于一个非常典型的机器学习分类问题。从输入文本的长度来说，可以分成文档级、句子级、短语搭配级的文本分类。从应用的领域区分来说，文本分类可以分成话题分类（如新闻文档中的话题）、情感分类（常见于情感分析和观点挖掘中）、意图分类（常见于问答对话系统中）、关系分类（常见于知识库构建与补全中）。

文本分类的研究意义是不言而喻的，它常常作为自然语言处理系统的前置模块出现，同时在许多任务中，文本分类往往可以达到工业级产品应用的要求，因而也成为使用系统中最重要的算法模块之一。因此，其重要意义不仅体现在学术研究中，还体现在工业应用中。

（3）自动文摘

自动文摘是指通过自动分析给定的单篇或多篇文档，提炼总结其中的要点信息，最终输出一段长度较短、可读性良好的摘要（通常包含几句话或数百字），该摘要中的句子可直接出自原文，也可重新撰写。简言之，文摘的目的是通过对原文本进行压缩、提炼，为用户提供简明扼要的文字描述。通过不同的划分标准，自动文摘任务可以包括以下几种类型[9]：

1）根据处理的文档数量，自动文摘可以分为单文档自动摘要和多文档自动摘要。单文档自动摘要只针对单篇文档生成摘要，而多文档自动摘要则是为一个文档集生成摘要。

2）根据是否提供上下文环境，自动文摘可以分为与主题或查询相关的自动摘要以及普通自动摘要。前者要求在给定的某个主题或查询下，所产生的摘要能够诠释该主题或回答该查询；而后者则指在不给定主题或查询的情况下对文档或文档集进行自动摘要。

3）根据摘要的不同应用场景，自动文摘可以分为传记摘要、观点摘要、对话摘要等。这些摘要通常为满足特定的应用需求而生成，例如，传记摘要的目的是为某个人生成一个概述性的描述，通常包含这个人的各种基本属性，用户通过浏览某个人的传记摘要就能对这个人有一个总体的了解；观点摘要则是总结用户提出的评论文本中的主要观点信息，以供管理层人士更加高效地了解舆情概貌、制定决策；对话摘要则是通过对两人或多人参与的多轮对话进行总结，方便其他人员了解对话中所讨论的主要内容。

随着互联网与社交媒体的迅猛发展和广泛普及，我们已经进入了一个信息爆炸的时代。网络上包括新闻、书籍、学术文献、微博、微信、博客、评论等在内的各种类型的文本数据，给用户带来海量信息的同时也带来了信息过载的问题。用户通过谷歌、必应、百度等搜索引擎或推荐系统能获得大量的相关文档，但用户通常需要花费较长时间进行阅读才能对一个事件或对象进行比较全面的了解。而自动文摘的出现使用户可以通过阅读简短的摘要而知晓原文的主要内容，从而大幅节省阅读时间。

（4）情感分析

情感分析，也称为观点挖掘，旨在分析人们研究所表达的对于实体及其属性的观点、情感、评价、态度，其中实体可以是产品、个人、事件或主题。在这一研究领域中包含许多相关但又略不相同的任务，如情感分析、观点挖掘、观点抽取、主观性分析、情绪分析及评论挖掘等。

现有的情感分析工作主要以文本为载体开展，目前已经成为自然语言处理领域中的一个热门方向。情感分析或观点挖掘这一术语最早出现于 2003 年的文献中，但相关的研究早在 20 世纪 90 年代就已开展，主要涉及带有情感信息的形容词的抽取、主观性分析及观点分析等[9]。

由于人的意见和观点多是主观的，因此表达情感或观点的句子通常属于主观句。然而，客观句中有时也隐含着褒贬的情感或者情绪，如该客观句描述了让人愉悦的事实等。因此，在情感分析领域中主客观句子都是研究者的研究对象，挖掘文本中表达或暗示的正面或负面的观点及情绪是情感分析的最终目标。

6.2.2　文档收集方法

文本挖掘的第一步是获取原始文本，原始文本的获取可以通过编写爬虫代码或者利用爬虫软件方式获取。其中，常用的爬虫软件是八爪鱼采集器。

八爪鱼采集器分为简易采集和自定义采集两种方式。简易采集是对如淘宝、微博等主流网站利用固定模板对网页中的数据进行采集；自定义采集是用户对任一网址中的数据，定义其采集流程与内容来进行采集的方法。下面举例说明两种方式的使用。

1. 简易采集

假设采集京东平台某鼠标的商品评论数据，利用模版任务方式的步骤如下：

1）选择“新建”下的“模版任务”，如图 6-2 所示。

图 6-2　选择“模版任务”下的“立即使用”

2）选择采集对象“京东商品评论”，如图 6-3 所示。

图 6-3　选择采集对象“京东商品评论”

3）单击“查看详情”，如图 6-4 所示。

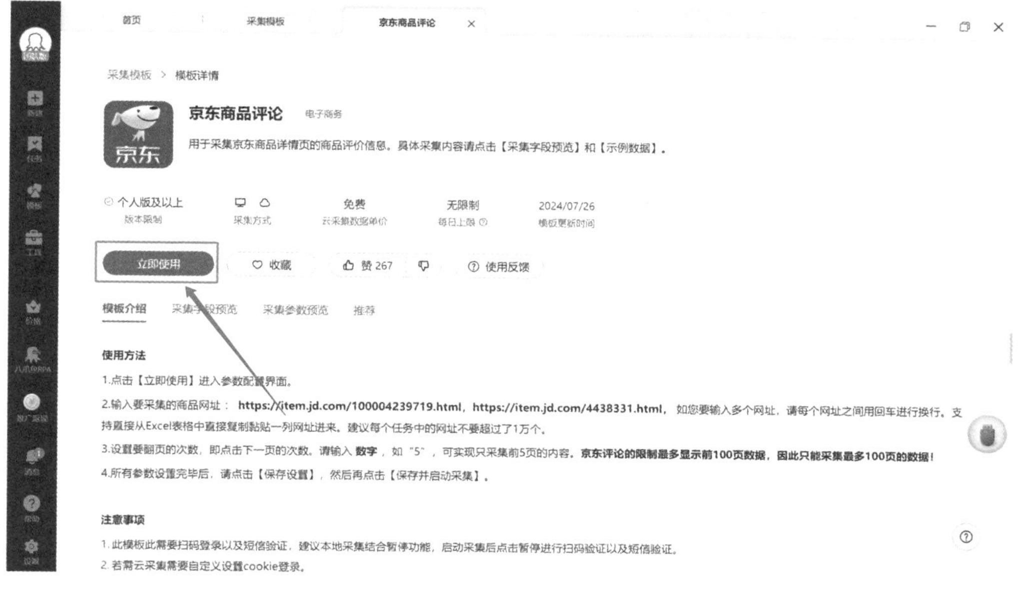

图 6-4　单击“京东商品评论”模板

4）单击“立即使用”，初始数据设置，如图 6-5 所示。

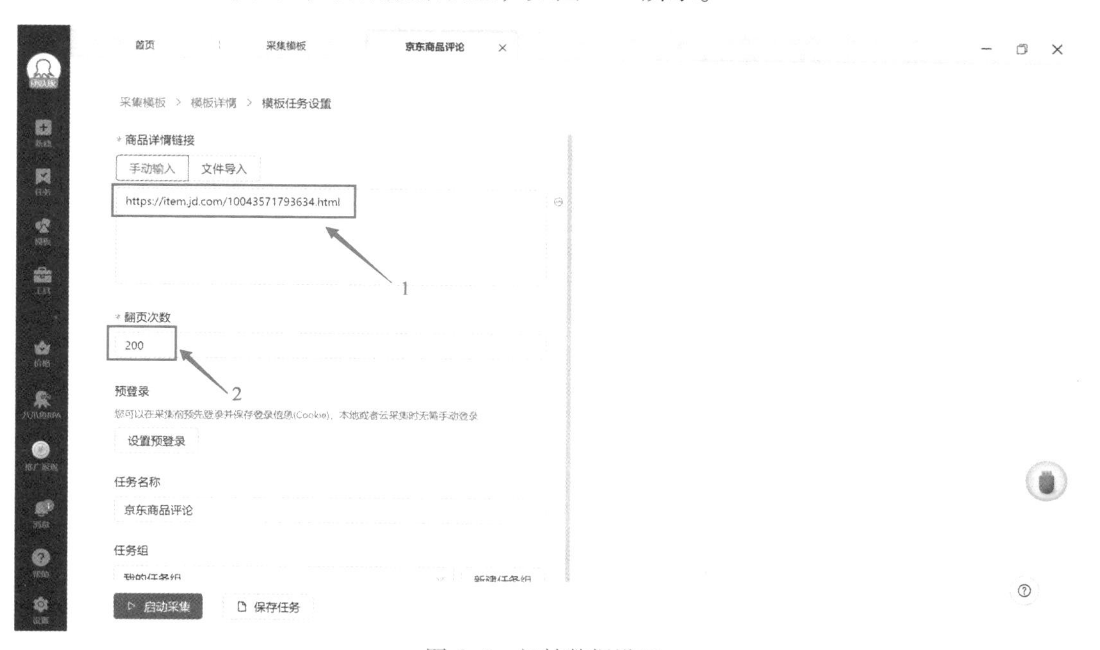

图 6-5　初始数据设置

① 将京东平台中某鼠标的商品评论页面网址复制到商品详情链接的空白框内。

② 设置最大翻页次数。

③ 最后单击“保存并启动”，便开始采集数据。

5）单击“启动采集”，如图 6-6 所示。

图 6-6 单击“启动采集”

6）单击“普通模式”，如图 6-7 所示。

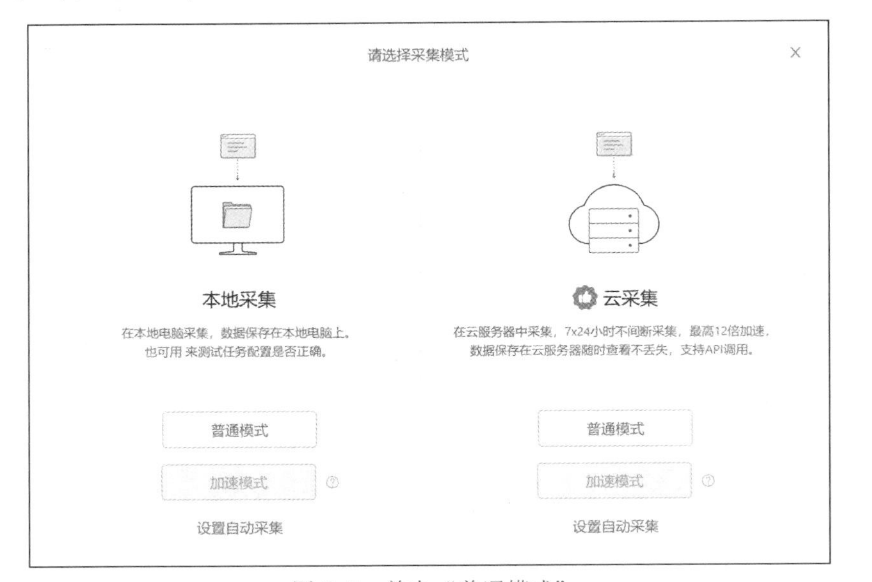

图 6-7 单击“普通模式”

7）采集运行页面如下图所示，如图 6-8 所示。

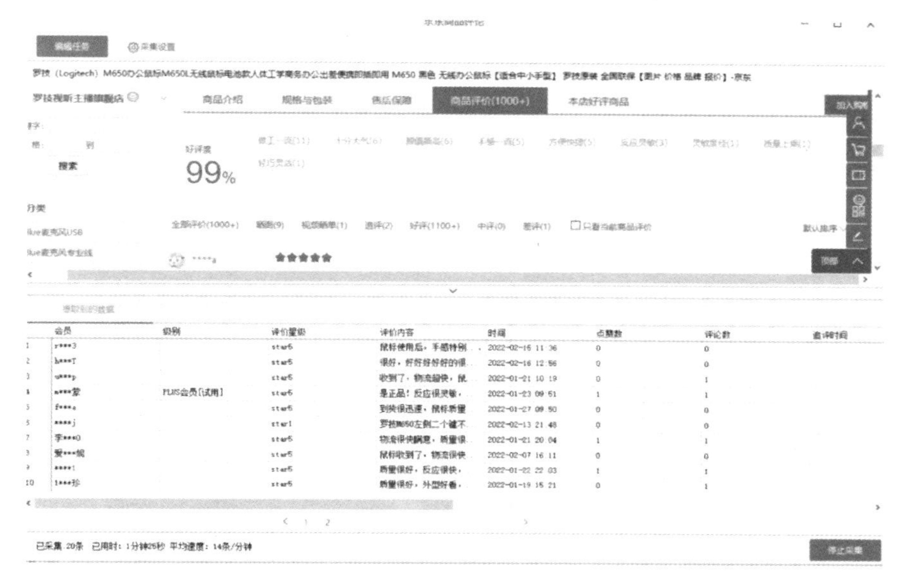

图 6-8　运行结果展示

8）采集完成，如图 6-9 所示。

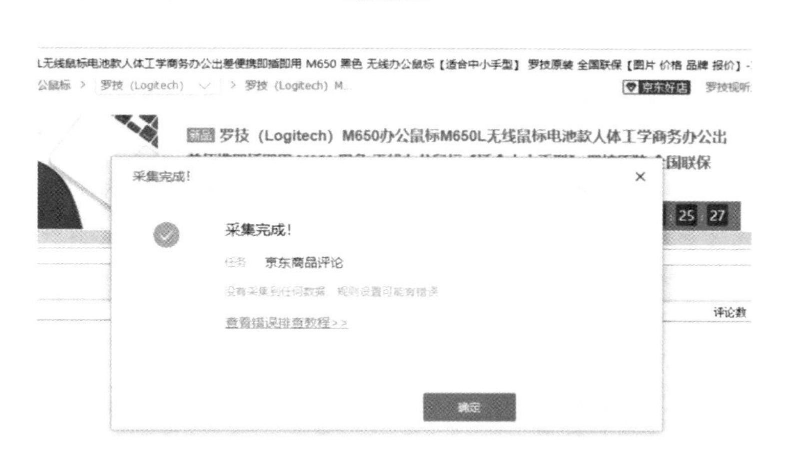

图 6-9　采集完成页面

9）最终，便得到了评价内容、时间等一系列数据存储在 Excel 中，如图 6-10 所示。

	会员	级别	评价星级	评价内容	时间	点赞数	评论数	追评时间	追评内容	商品属性	页面网址
2	欣***7	PLUS会员	star5	这款鼠标大小刚好，磨砂的	2022-02-1	0	0			M650L 黑色 无	https://item.jd.co
3	幸***1		star5	鼠标??好用，外观大气，手	2022-01-2	1	1			M650L 黑色 无	https://item.jd.co
4	****M		star5	鼠标非常好用，外观大气，	2022-01-2	0	0			M650 黑色 无	https://item.jd.co
5	1***放		star5	鼠标质量很好，外观颜值高	2022-02-0	0	0			M650 黑色 无	https://item.jd.co
6	1***好		star5	小巧轻便手感也非常好，响	2022-01-3	0	0			M650L 黑色 无	https://item.jd.co
7	留***笑		star5	货收到了，物流很快，质量	2022-01-1	2	1			M650 黑色 无	https://item.jd.co
8	****U		star5	鼠标收到了，用着很顺手，	2022-01-2	0	1			M650L 黑色 无	https://item.jd.co
9	****p		star5	宝贝收到了，物流超级快，	2022-02-1	0	0			M650L 白色 无	https://item.jd.co
10	****G		star5	质量很好，价格实惠，做工	2022-01-2	1	1			M650 黑色 无	https://item.jd.co
11	****8		star5	无线鼠标收到了物流很快，	2022-01-3	0	0			M650 黑色 无	https://item.jd.co
12	r***3		star5	鼠标使用后，手感特别好，	2022-02-1	0	0			M650L 白色 无	https://item.jd.co
13	h***T		star5	很好，好好好好好的很，太	2022-02-1	0	0			M650 黑色 无	https://item.jd.co
14	u***p		star5	收到了，物流超快，鼠标很	2022-01-2	0	1			M650 黑色 无	https://item.jd.co
15	m***蒙	PLUS会员[试用	star5	是正品！反应很灵敏，和原	2022-01-2	1	1			M650 黑色 无	https://item.jd.co
16	f***e		star5	到货很迅速，鼠标质量很好	2022-01-2	0	0			M650L 黑色 无	https://item.jd.co
17	****j		star1	罗技M650左侧二个键不知道	2022-02-1	0	0			M650 黑色 无	https://item.jd.co
18	李***0		star5	物流很快瞒意，质量很好，	2022-01-2	1	1			M650 黑色 无	https://item.jd.co
19	爱***妮		star5	鼠标收到了，物流很快，质	2022-02-0	0	0			M650L 黑色 无	https://item.jd.co
20	****1		star5	质量很好，反应很快，外观	2022-01-2	1	1			M650 黑色 无	https://item.jd.co
21	1***珍		star5	质量很好，外型好看，好用	2022-01-1	0	1			M650 黑色 无	https://item.jd.co
22	****a		star5	不错，用着很合适，喜欢	2022-02-1	0	0			M650 黑色 无	https://item.jd.co
23	爱***宝		star5	材质做工精致，款式很好，	2022-01-2	0	1			M650 黑色 无	https://item.jd.co
24	诚***凡		star5	性价比高，使用灵敏，安装	2022-01-2	0	0			M650L 黑色 无	https://item.jd.co
25	丽***1		star5	物流很快，卖家服务态度很	2022-01-2	0	1			M650L 黑色 无	https://item.jd.co
26	****8		star5	物美价廉，做工可以值得购	2022-01-2	0	0			M650L 黑色 无	https://item.jd.co
27	****e		star5	做工精细漂亮，操控性好，	2022-01-1	0	1			M650 黑色 无	https://item.jd.co
28	****f		star5	非常耐用，比我想的好，漂	2022-01-2	0	0			M650L 黑色 无	https://item.jd.co
29	****2		star5	东西收到了质量很好物流很	2022-01-2	0	0			M650L 黑色 无	https://item.jd.co
30	豆***d		star5	很好用，而且商家还送了很	2022-01-3	0	0			M650 粉色 无	https://item.jd.co

图 6-10　数据存储展示

2. 自定义采集

假设采集豆瓣网中某电影的评论，利用自定义采集方式的步骤如下：

1）单击“自定义采集”下的“立即使用”，如图 6-11 所示。

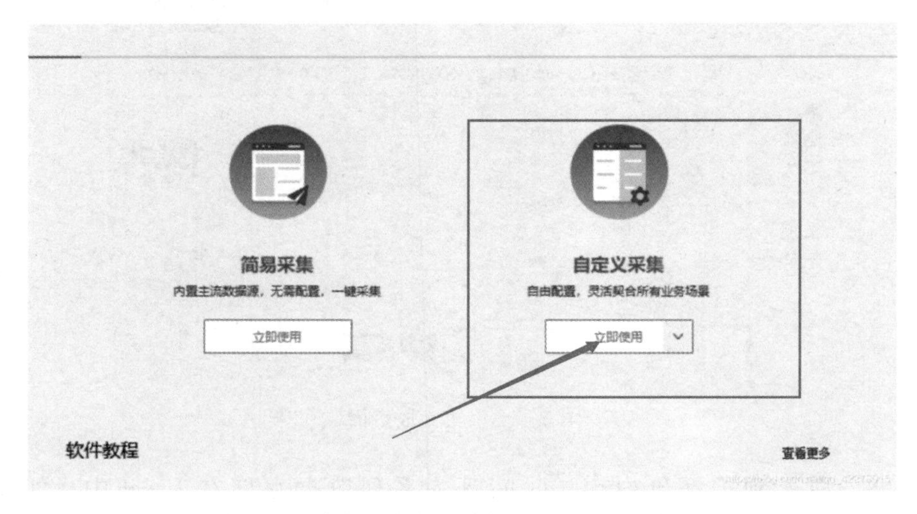

图 6-11　单击“自定义采集”下的“立即使用”

2）输入豆瓣网某电影评论的网址并保存，如图 6-12 所示。

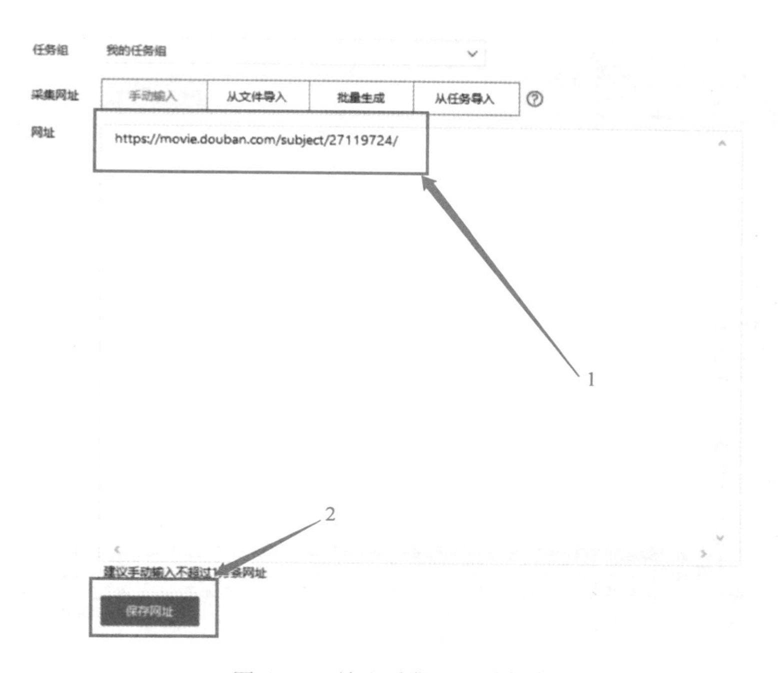

图 6-12　输入采集网址并保存

3）单击采集“流程”，如图 6-13 所示。

图 6-13　单击采集“流程”

4）单击下面的某个评论，就会弹出本页面的所有评论内容，如图 6-14 所示。

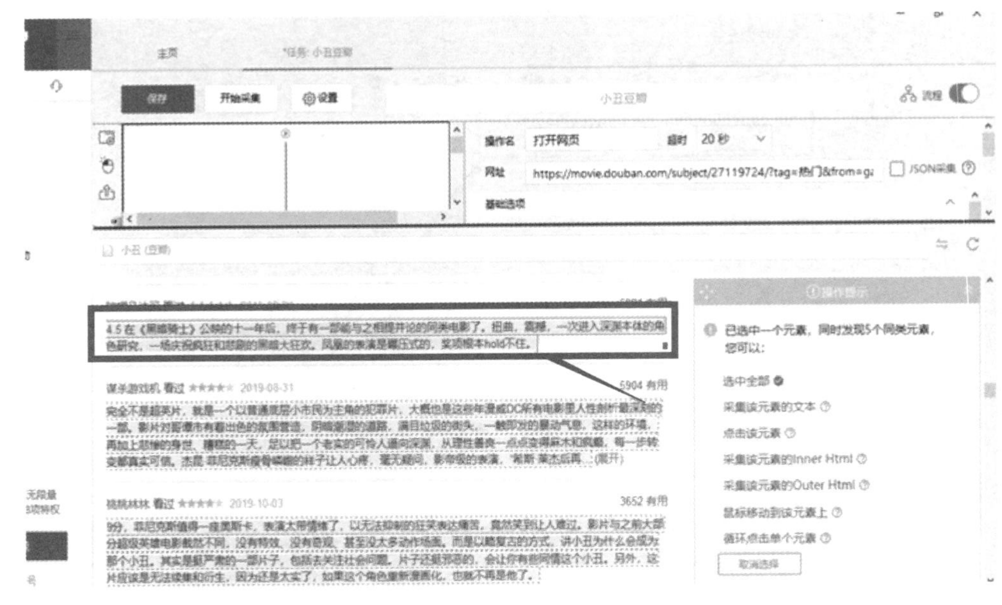

图 6-14　查看评论内容

5）单击鼠标，便可以选中全部内容，如图 6-15 所示。

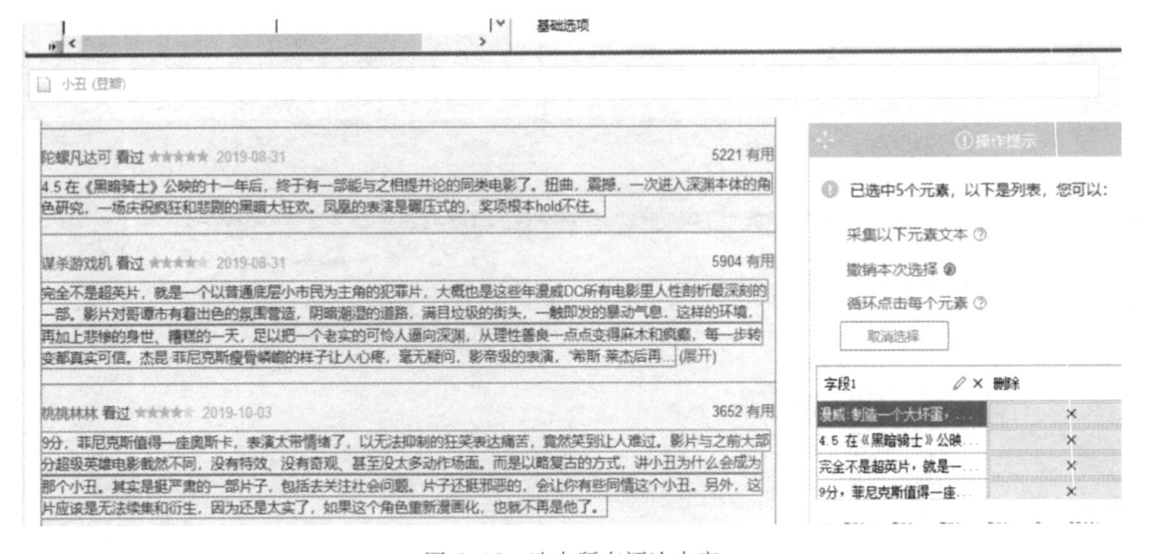

图 6-15　选中所有评论内容

6）单击“保存并开始采集”，便可以把所有评论都采集下来了，如图 6-16 所示。

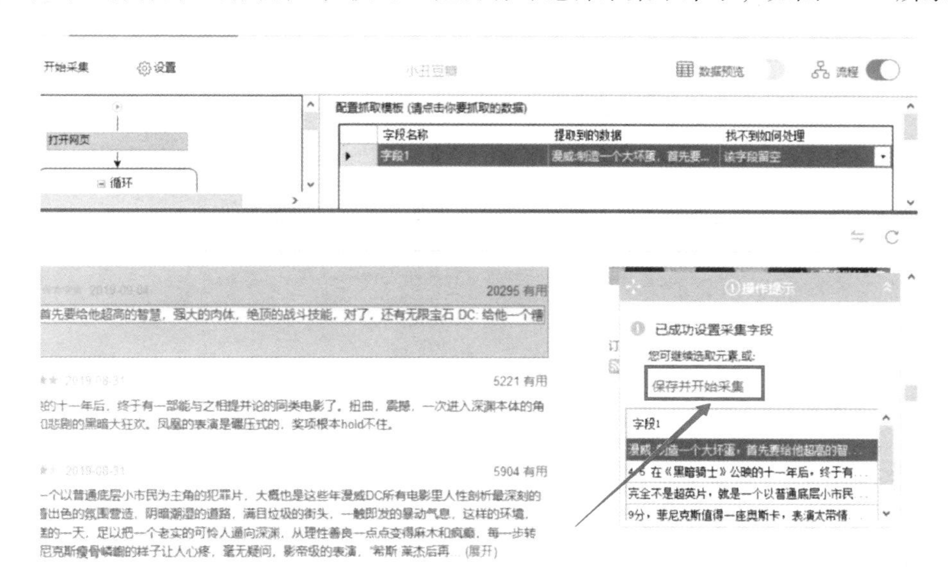

图 6-16　保存采集的所有评论

7）单击“启动本地采集”，如图 6-17 所示。

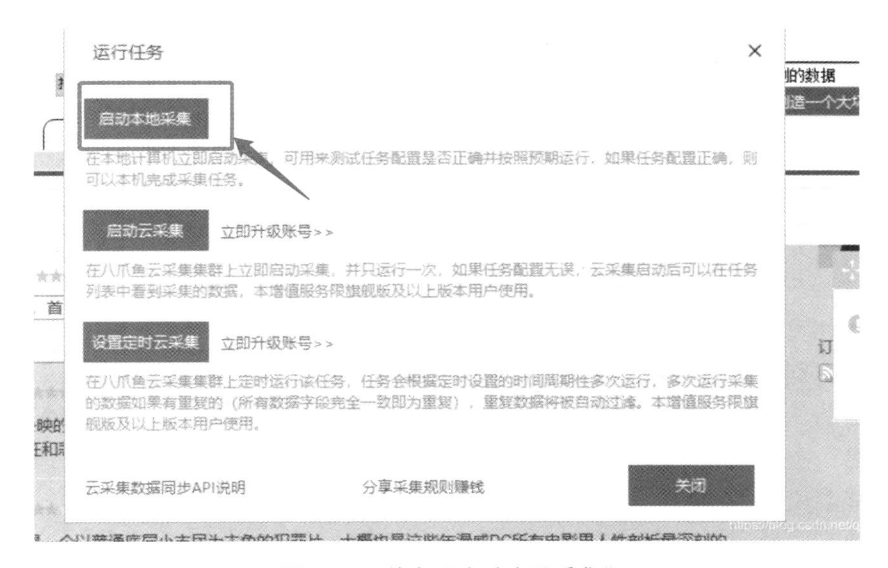

图 6-17　单击“启动本地采集”

8）采集完成，导出 Excel 表格即可，如图 6-18 所示。

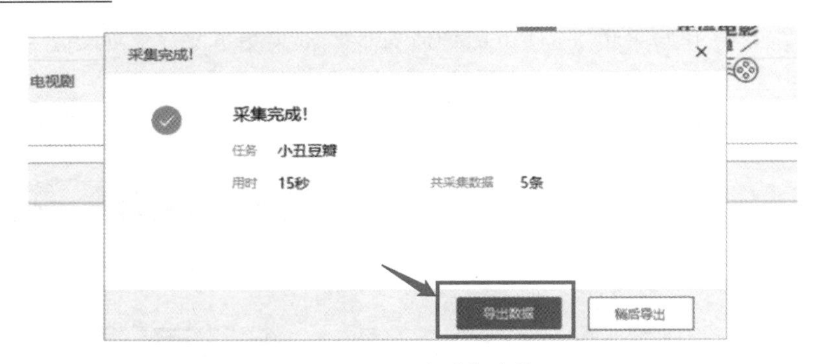

图 6-18　导出采集表格

6.2.3　分词技术

分词就是将句子、段落、文章这种长文本，分解为以字词为单位的数据结构，方便后续的处理分析工作。对于中文文本和英文文本的分词过程存在差异，英文有天然的空格作为分隔符，但是中文没有。对英文文本而言，由于英文单词存在丰富的变形变换，因此需要对其进行词还原（Lemmatization）和词干提取（Stemming）。

由于中文文本没有像英文的单词那样有空格，使得词与词之间可以隔开，需要把每句话分成无数个孤立的词作为最小的信息单位，比如“我们经常有意见分歧”，需要对这句话进行分词处理“我们/经常/有/意见/分歧”。对中文文本分词时需要考虑粒度问题。粒度越大，表达的意思就越准确，但也会导致召回比较少，所以中文需要不同的场景和要求来选择不同的粒度。中文分词主要有没有统一的标准、歧义词如何切分、新词的识别等难点。

歧义切分指的是通过词典匹配给出的切词结果和原来语句所要表达的意思不相符或差别较大，在机械切分中比较常见，比如“这梨不大好吃”，通过机械切分的方式会有两种切分结果：①“这梨/不大/好吃”；②“这梨/不大好吃”。将两种切分方式对比可以发现，两者表达的意思不相符，即单纯的机械切分很难避免这种问题。

未登录词识别也称作新词发现，指的是在词典中没有出现过的一些词，比如一些新的网络词汇“尾款人”“杠精”；命名实体，包括人名、地名、组织结构名等；专有名词，如新出现的电影名、书籍名等。解决该问题最简单的方法是可以在词典中增加词，但是随着字典的增大，可能会出现一些其他的问题，并且系统的运算复杂度也会增加。

目前，典型的分词方法大致分为三类。

1. 基于字符串匹配的分词方法

基于字符串匹配的分词方法又称为机械分词方法或字典匹配方法，其基本思想是基于词典匹配，将待分词的中文文本根据一定规则切分和调整，然后跟词典中的词语进行匹配，匹配成功则按照词典的词分词，匹配失败则进行调整或者重新选择，如此反复循环即可。但是基于词典的机械切分会遇到多种问题，最为常见的包括歧义切分问题和未登录词识别问题。

为了解决歧义切分的问题，在中文分词上有很多优化的方法，常见的包括基于正向最大匹配法、基于逆向最大匹配法、双向最大匹配法、最少切分分词法等。

（1）基于正向最大匹配法及基于逆向最大匹配法

基于正向最大匹配法和基于逆向最大匹配法依据词典以及设定的最大长度划分词语。

例如，我们经常有意见分歧。

词典："我们""经常""有""意见""分歧"。

假定 max-len=5，在正向最大匹配中首先划分的词语为"我们经常有"，对照词典发现不存在这个词语，接着划分的词语为"我们经常"，对照词典发现仍然没有该词语，以此类推，对照词典直至划分出来的词语在词典中出现；逆向最大匹配则是从句子的结尾开始选择"有意见分歧"，与正向最大匹配的处理方法一样，对照词典划分词语。这种方法得到的结果属于局部最优，效率低且不能考虑语义。

（2）双向最大匹配法

这种方法侧重于分词过程中检错和纠错的应用，其基本原理是对待切分字符串采用正向最大匹配和逆向最大匹配分别进行正向和逆向扫描与初步切分，并将正向最大匹配初步切分结果和逆向最大匹配初步切分结果进行比较，如果两组结果一致，则判定分词结果正确；如果存在不一致，则判定存在着切分歧义，需要进一步采取技术手段来消解歧义。

（3）最少切分分词法

该分词算法依据最少切分原则，从几种分词算法切分结果中取切分词数最少的一种。比如，从正向最大匹配和逆向最大匹配两者中选择词数较少的方案，当词数相同时，采取某种策略，选择其中一个。

2. 基于统计模型的分词方法

基于统计的中文分词算法通常使用序列标注模型建模。在一段文字中，可以将每个字按照它们在词中的位置进行标注，常用的标记有以下四个：B（Begin），表示这个字是一个词的首字；M（Middle），表示这是一个词中间的字；E（End），表示这是一个词的尾字；S（Single），表示这是单字成词。分词的过程就是将一段字符输入模型，然后得到相应的标记序列，再根据标记序列进行分词。

词是固定的字的组合，在文本中相邻的字同时出现的次数越多，越有可能是一个词，因此计算上下文中相邻的字联合出现的概率，可以判断字成词的概率。通过对语料中相邻共现的各个字的组合频度进行统计，计算它们的互信息。简单来说，互信息就是两个事件集合之间的相关性，它体现了字之间结合关系的紧密程度，当紧密程度高于某一个阈值时，可判定该字组构成一个词。这种方法的优点是不受待处理文本领域的限制，不需要专门的词典。统计分词以概率论为理论基础，将上下文中字组合串的出现抽象成随机过程，随机过程的参数可以通过大规模语料库训练得到。

基于统计的分词可以采用统计模型，包括隐马尔可夫模型（Hidden Markov Model，HMM）、条件随机场（CRF）模型、神经网络（Neural Network，NN）模型及最大熵模型（Maximum Entropy Model，MaxEnt）等。以 CRF 为例，基本思路就是对汉字进行标注训练，不仅考虑了词语出现的频率，还考虑上下文，具备较好的学习能力。因此针对基于词典的机械切分所面对的问题，尤其是未登录词识别，使用基于统计模型的分词方法能够取得更好的效果。

3. 基于深度学习方式的分词方法

随着深度学习技术的发展，许多中文分词算法会采用神经网络模型。分词的基础思想还是使用序列标注问题，将一个句子中的每个字标记成 BEMS 四种标记。例如，将双向循环神经网络（Bidirectional LSTM，Bi-LSTM）和 CRF 结合使用进行分词处理。基于 Bi-LSTM+CRF 的神经网络分词模型是融合了 LSTM 和 CRF 的一种常用于序列标注任务的框架，可以有效结合结构化学习和神经网络的特点，在分词应用上可以取得很好的效果，提高分词的准确率。

6.2.4 词的表示形式

文本是一种非结构化的数据信息，是不可以直接被计算的。文本表示的作用就是将这些非结构化的信息转化为结构化的信息，这样就可以针对文本信息做计算，来完成我们日常所能见到的文本分类、情感判断等任务。文本表示的方法主要有三类，如图 6-19 所示。

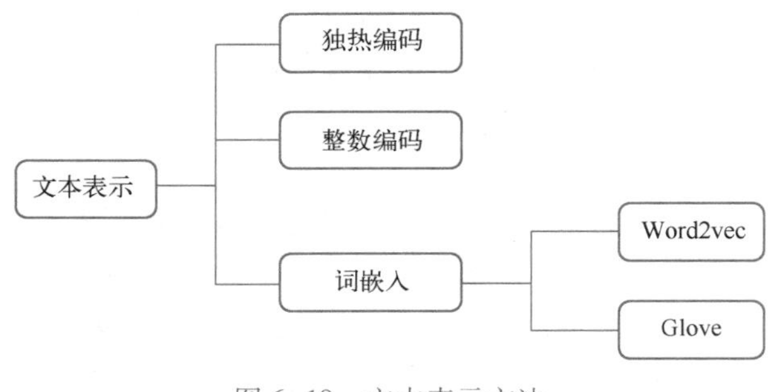

图 6-19　文本表示方法

词向量最初是用“one-hot representation”表征的，也就是向量中每一个元素都关联着词库中的一个单词，指定词的向量表示为：其在向量中对应的元素设置为 1，其他元素设置为 0。独热编码和整数编码正是基于词典将词语用向量来表示，这两种方法都无法表达词语之间的关系且过于稀疏的向量容易导致计算和存储的效率不高，后来就出现了分布式表征。

在 Word2vec 中就是采用分布式表征，在向量维数比较大的情况下，每一个词都可以用元素的分布式权重来表示，因此，向量的每一维都表示一个特征向量，作用于所有的单词，而不是简单的元素和值之间的一一映射。这种方式抽象地表示了一个词的“意义”。

历史上先后提出了词袋（Bag of Words）模型和词嵌入（Words Embedding）模型。词袋模型的基本思想是假定一篇文档中的词之间是相互独立的，只需要将其视为一组词的组合，就像一个袋子一样，无须考虑次序、句法、语法。词袋只是记录了词的出现次数，并没有先后关系；而词嵌入模型是词袋模型的改进版，其基本实现会根据中心词预测上下文词或者根据上下文词预测中心词，所以词嵌入模型训练出来的特征表示有一个特点就是语义相近的词其分布式向量距离也相似。Word2vec 模型中最重要的两个模型是 CBOW（Continuous Bag of Words）模型和 Skip-gram 模型。其中，CBOW 模型的作用是已知当前词 W_t 的上下文环境（$W_{t-2}, W_{t-1}, W_{t+1}, W_{t+2}$）来预测当前词；Skip-gram 模型的作用是根据当前词 W_t 来预测上下文（$W_{t-2}, W_{t-1}, W_{t+1}, W_{t+2}$）。这两个模型都包含三层：输入层、投影层、输出层。Word2vec 模型如图 6-20 所示。

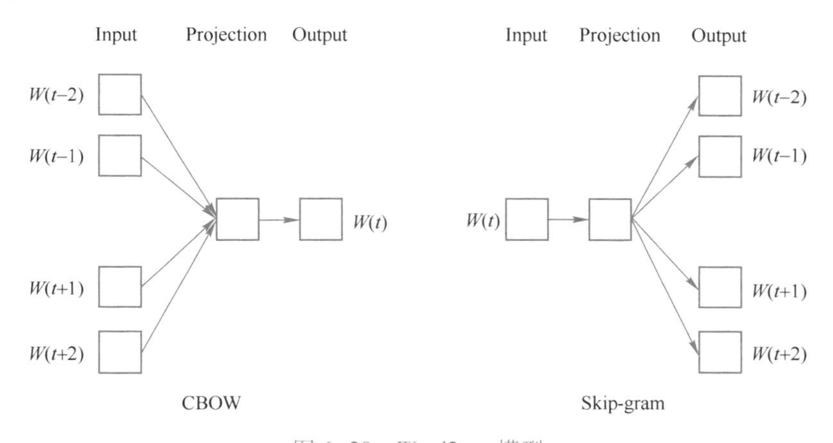

图 6-20　Word2vec 模型

使用 Word2vec 模型进行关键特征提取，其原理是将每一个词映射到一个特定维度的实数空间中，越相似的词在向量空间中越相近，将每个词看作一个随机 k 维向量通过训练后输出对应每个词的最优向量。这种方法不仅能避免使用向量空间模型带来的特征向量“维度灾难”，同时考虑了文本中的同义词问题。

6.2.5　文本特征属性处理

文本被分词之后存在这样的问题：并不是所有的词都是有用的，语料库的词量非常大而传统的文本挖掘方法又是基于向量空间模型表示的，会造成数据过于稀疏。比如对词语或者句子向量化可以用独热编码来表示，但这种方法不能具体表达出一个词语的含义且会造成维度灾难。

在文章中有些单词出现的频率高，有些单词出现的频率却很低，但并不是出现的越多就越重要，相反在文章中出现频率低的单词往往是重要的单词，比如几乎所有文本中都会出现的“to”其词频虽然高，但是重要性却比词频低的“China”和“Travel”要低。因此，在用向量表示的时候需要把单词的权重考虑进来，常用的方法是 TF-IDF（Term Frequency-Inverse Document Frequency）。其中，TF 表示词频，IDF 则反映了一个词在所有文本中出现的频率。如果一个词在很多的文本中出现，那么它的 IDF 值应该低，比如上面提到的“to”；而反过来如果一个词在比较少的文本中出现，那么它的 IDF 值应该高，比如一些专业的名词，如“Machine Learning”。一个极端的情况是，如果一个词在所有的文本中都出现，那么它的 IDF 值应该为 0。这里给出一个词 w 的 TF-IDF 的公式为

$$\text{TF-IDF}(w)=\text{TF}(w)\,\text{IDF}(w) \tag{6-1}$$

$$\text{IDF}(w)=\log\frac{N}{N(w)} \tag{6-2}$$

式中，N 为语料库中的文档数；$N(w)$ 为词语 w 出现在多少个文档中。

但此处存在一个问题：如果一个词语在所有文档中都没有出现，则式（6-2）的分母为 0，此时就需要对 IDF 做平滑处理。平滑的方法有很多种，最常见的 IDF 平滑后的计算公式为

$$\text{IDF}=\log\frac{N+1}{N(w)+1}+1 \tag{6-3}$$

有了每段文本的 TF-IDF 的特征向量，我们就可以利用这些数据建立分类模型或者聚类模型了，或者进行主题模型的分析。

除了上述介绍的特征选择方法外，常见的方法还有以下几种。

（1）词频方法

词频是一个词在文档中出现的次数。通过词频进行特征选择就是将词频小于某一阈值的词删除，从而降低特征空间的维数。这个方法是基于这样一种假设，即出现频率小的词对过滤的影响也较小。但是在信息检索的研究中认为，有时频率小的词含有更多的信息。因此，在特征选择的过程中，不宜简单地根据词频大幅度删词。

（2）文本频率（Document Frequency，DF）

DF 指的是统计特征词出现的文档频率，用来衡量某个特征词的重要性。如果某些特征词在文档中经常出现，那么这个词就可能很重要。而对于在文档中很少出现的特征词携带了很少的信息量，甚至是“噪声”，这些特征词对分类器学习影响就很小。DF 特征选择方法属于无监督的学习算法，仅考虑了频率因素而没有考虑类别因素。因此，DF 特征选择方法将会引入一些没有意义的词。如中文的“的”“是”“个”等，常常具有很高的 DF 分，但是对分类并没有多大的意义。

（3）互信息法

互信息法用于衡量特征词与文档类别直接的信息量。特征词和类别的互信息体现了特征词与类别的相关程度，是一种广泛用于建立词关联统计模型的标准。

（4）信息增益法

信息增益法是机器学习的常用方法，它是衡量某个特征划分数据集所能获得的收益大小。通过计算信息增益可以得到那些在正例样本（属于某一类别的样本）中出现频率高而在反例样本（不属于某一类别的样本）中出现频率低的特征，以及那些在反例样本中出现频率高而在正例样本中出现频率低的特征。

（5）CHI（Chi-square）

CHI 特征选择方法利用了统计学中的“假设检验”的基本思想。首先假设特征词与类别直接不相关，如果利用 CHI 分布计算出的检验值偏离阈值越大，那么就有更多信息否定原假设，接受原假设的备择假设，即特征词与类别有着很高的关联度。CHI 特征选择方法综合考虑了文档频率与类别比例两个因素。

6.3　LDA 主题模型

扫码看视频

主题模型是对文本中隐含主题的一种建模方法，每个主题其实是词表上单词的概率分布。主题模型其实是一种生成模型，一篇文章的每个词都是通过“以一定概率选择了某个主题，并从这个主题中以一定概率选择某个词语这样一个过程”得到的。主题模型的基本假设是：文章和主题是多对多的关系，每一个主题又由一组词进行表示。经常使用的主题模型包括：潜在语义分析（Latent Semantic Analysis，LSA）、概率潜在语义分析（Probabilistic Latent Semantic Analysis，PLSA）、隐含狄利克雷分布（Latent Dirichlet Allocation，LDA）、层次狄利克雷过程（Hierarchical Dirichlet Process，HDP）、主题模型向量化（Latent Dirichlet Allocation Vector，LDA2vec）。

6.3.1　LDA 主题模型介绍

LDA 主题模型全称为隐含狄利克雷分布模型，它是由文档与主题、主题与特征词、前两者的联合分布三种元素所构成的三层贝叶斯概率模型。构建该模型的基本思路是根据文档集分析出主题分布，然后根据各主题归类出该主题下特征词的分布，最终得到文本集的主题分布及各主题的特征词分布。

6.3.2　吉布斯采样

计算 LDA 主题模型中未知的隐含变量的主要方法分为精确推断和近似推断两类。LDA 用精确推断解起来很困难，所以常常采用近似推断方法。近似推断方法的其中一类便是采样（Sampling），它是通过使用随机化方法完成近似推断。吉布斯采样（Gibbs Sampling）是近似推断方法中最常使用的一种方法。它使用马尔可夫链读取样本，通过条件分布采样模拟联合分布，再通过模拟的联合分布直接推导出条件分布，以此循环。通俗地说，就是以一定的概率分布来预测要发生什么事件。下面举一个关于吉布斯采样的例子，以便于更好地理解吉布斯采样。

1. 吉布斯采样示例（见表 6-1）

表 6-1　吉布斯采样示例

活动 E	时间 T	天气 W
吃饭	上午	晴朗
学习	下午	刮风
打球	晚上	下雨

现已知了三件事（活动）的条件分布，即 $p(E|T,W)$，$p(T|E,W)$，$p(W|E,T)$，利用吉布斯采样求三件事的联合分布矩阵。

首先随机初始化一个组合，如“学习+晚上+刮风”，然后依条件概率改变其中的一个变量。具体说，假设知道“晚上+刮风”发生的概率后，给 E 生成一个变量，如将“学习”变为“吃饭”，求“吃饭+晚上+刮风”的概率。再依条件概率改变下一个变量，类似地，由“学习+晚上+刮风”求得“吃饭+上午+刮风”的概率。以此类推，求得三件事发生的联合分布矩阵。

2. 吉布斯采样过程

初始时，随机给文本中的每个单词 w 分配主题 $Z(0)$；然后统计每个主题 z 下出现 w 的数量分布以及每个文档 m 下主题 z 的数量分布；接下来排除当前词的主题分配，根据其他所有词的主题分配，来估计当前词的主题；用同样的方法不断更新下一个词的主题，直至每个文档下主题的分布以及每个主题下词的分布均收敛，算法停止；吉布斯采样就是利用计算公式，来根据其他所有词的主题分配估计当前词的主题。

6.3.3　LDA 主题模型训练过程

假设语料库 D 为由 M 篇文档构成的文档集合，该文档被挖掘出 K 个主题。第 m 篇文档中包含词汇 $W_{m,n}$，其中 $m=1,2,\cdots,M$，$n=1,2,\cdots,N_m$，N_m 为第 m 篇文档的词汇总数且 $\sum_{m=1}^{M} N_m = N$。LDA 主题模型中，文档中词项的生成过程如图 6-21 所示。

对于图 6-21 中 LDA 主题模型的文档中词项生成过程，具体步骤解释如下。该模型中所有取样均依据吉布斯取样原理。

1）$\vec{\alpha} \to \vec{\theta}_m$。这个过程表示从狄利克雷分布 $\vec{\alpha}$ 中取样生成文档 m 的主题分布 $\vec{\theta}_m$，即 $\vec{\theta}_m \sim$

Dirichlet(α)。其中，$\vec{\theta}_m$是第 m 篇文档对应的主题分布，即“文档-主题”矩阵；$\vec{\alpha}$为每篇文档下主题的多项分布的狄利克雷先验参数。

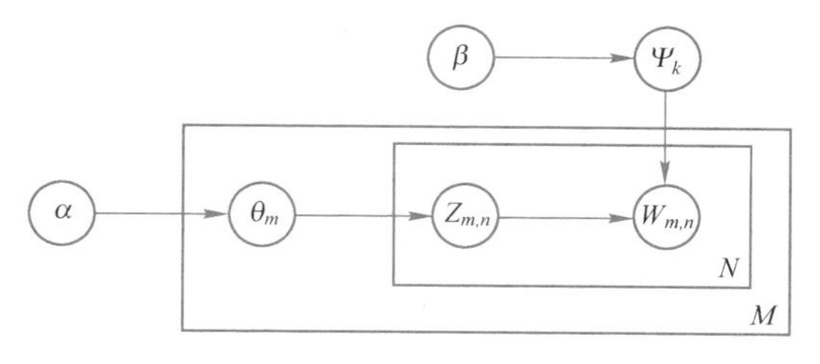

图 6-21　LDA 主题模型中文档中词项的生成过程

2）$\vec{\theta}_m \rightarrow Z_{m,n}$。这个过程是从“文档-主题”矩阵$\vec{\theta}_m$中利用吉布斯采样理论，取样生成文档 m 中第 n 个词的主题 $Z_{m,n}$。

3）$\vec{\beta} \rightarrow \vec{\Psi}_k$。这个过程是从狄利克雷分布$\vec{\beta}$中取样生成主题 k 的词分布，即$\vec{\Psi}_k \sim$ Dirichlet(β)。其中，$\vec{\Psi}_k$是第 k 个主题对应的词分布，即“主题-词语”矩阵；$\vec{\beta}$为每个主题下特征词的多项分布的狄利克雷先验参数。

4）$\vec{\Psi}_k \rightarrow W_{m,n} | Z_{m,n}$。首先，依据 2）确定第 m 篇文档中第 n 个词的主题 $Z_{m,n}=k$；然后由“词语-主题”矩阵$\vec{\psi}_k$中取样生成对应的词 $W_{m,n}$（$W_{m,n}$为第 m 篇文档中的第 n 个词），至此便可以将词 $W_{m,n}$归类到对应主题中。最后，重复此过程，遍历文档集合中所有的词。

6.4　基于 LDA 主题模型的客户需求挖掘案例分析

随着互联网、大数据、人工智能的飞速发展，互联网应用正在不断创新和演化。在这个过程中，互联网的普及使得网民的规模不断扩大，网络购物的群体更是在不断壮大，互联网已经成为人们生活中不可或缺的重要部分。同时，随着各种各样的网络社交平台的建立，人们越来越倾向于在各大社交平台及网购平台上发布评论信息，这样每天都将会生成大量的用户评论数据，而这些数据有着十分重要的用户需求信息，有着十分重要的价值。这些文本数据，一方面给用户提供了发表意见的途径，另一方面用户也可以在社交平台上了解到相关的信息，同时企业可以通过用户的在线评论以及用户的特征对产品进行改进，从而生产出更加符合用户需求的产品。然而，这些在线评论的数据数量庞大、结构混乱、更新快捷，传统的文本处理方法不能从中快速地获取有价值的信息。因此，通过文本挖掘与处理数据，从在线评论中获取用户需求，可以帮助企业准确地把握用户的需求，为企业后续发展提供一定的依据。

1. 客户需求挖掘

D 公司是一家智能网联汽车（Intelligent Connected Vehicle，ICV）制造厂商，主要从事

ICV 整车制造及其车联网系统的自主研发。为了提升公司的行业竞争力与服务保障能力，D公司考虑将市场定位从 ICV 制造厂商升级为集 ICV 整车制造、车联网系统研发及其配套服务系统为一体的制造服务型厂商。它不仅为客户提供 ICV，还搭建从 ICV 产品支持、车联网系统技术培训到 ICV 汽车服务系统的全产业链营销策略。其中，该公司研发的智能服务系统采用车联网技术，通过车身的传感器、摄像头等零件对客户的 ICV 进行监控，获取大量汽车运行、车辆周围环境、驾驶员行为等数据，并上传至云端进行运算分析，来监控汽车安全驾驶状态，进而制定智慧出行、安全驾驶、维修保养等全方位服务方案。2018年，D 公司成立了 ICV 服务系统事业部，针对公司不同类型的 ICV，为客户提供了一系列高附加值的增值服务，如终身免费道路救援服务、安全辅助驾驶、出行路线规划、云端检测平台、定向定期车辆数据报告、车联网系统升级、故障维修方案制定、配件智能查询预订等。

（1）客户在线评论数据收集

D 公司自主开发的社群化交互平台鼓励购买 ICV 的客户对 ICV 服务系统进行评论，由于评论均是车主使用后的真实感受，所以在平台获取的评论质量普遍较高，符合本章基于 LDA 主题模型获取客户需求的研究需要。因此，这里选取 D 公司社群化交互平台中车主的评价作为数据源。

然后，对研究需要的评论数据进行爬取。这里利用“八爪鱼采集器”从 D 公司社群化交互平台中爬取 D 公司的汽车驾驶、服务等评论数据。爬取的具体信息包括用户 ID、产品属性（购买车型）、评论内容、评论时间、评价星级等。通过对 D 公司四款 ICV 服务系统的线上评论进行爬取，得到 6782 条评论，其中各用户的评论内容用作后续的主题提取数据。表 6-2 中展示了采集的部分评论信息。

表 6-2　部分评论信息

用户 ID	产品属性	评论时间	评价星级	评 论 内 容
成为负累	ES6	2021-10-17 19:26	Star5	自动驻车的功能可以说是很实用了，利用高科技帮助我们及时刹车，便捷好用，力度刚刚好，对于新手司机来说非常友好了
重庆车友 j5cpe	ES6	2021-10-18 14:23	Star3	高科技配置特别多，座椅加热、记忆功能、全速续航、全景环视等，好用又实在。而且 ** 车还拥有超同级别车的超长续航，400 多接近 500 公里的续航，家用旅游杠杠的
不要说出 f 来	ES6	2021-10-23 19:34	Star5	老婆平时开这辆车的机会更多一些，虽然它的车身尺寸这么大，但是 ** 车还是很好上手的，主要是得益于丰富的辅助性操控配置，360 度全景影像和倒车车侧预警系统以及自动泊入车位功能都是非常实用的，同时主动刹车以及并线辅助等在我这台车上也应有尽有
如常人家	ES6	2021-10-14 12:24	Star4	科技感很强，尤其体现在配置上。全景影像、L2 级别自动驾驶、NFC 钥匙等，新鲜功能挺多的

（续）

用户 ID	产品属性	评论时间	评价星级	评 论 内 容
为我心碎 r	ES6	2021-10-19 09:59	Star5	最满意这款车的就是 ** 汽车官方的一些售后服务，如终身免费道路救援和免费流量等，感觉都是比较接地气的，能够比较实在地降低用车成本，感觉非常厚道，非常满意
若晴 o	ES6	2021-10-21 14:16	Star5	对语音智能比较满意，基本上日常操作都是以直接对话方式完成，包括播放音乐、调节空调、升降窗户，甚至尾箱自动开关都可以很好地完成

（2）数据预处理

首先，对爬取到的线上评论文本进行数据清洗，去除重复、与产品无关的词语；其次，在 Python 3 环境中利用 jieba 对清洗后的文本数据进行分词；最后，采用哈工大停用词表去除无实际意义的词语，从而得到 LDA 主题模型中需要输入的有效文本数据。预处理后的部分客户评论文本数据如图 6-22 所示。

科技 免费 换电 续航 焦虑 服务 贴心驾驶 360 全景影像 倒车 车侧 预警 系统 自动 泊入 车位 功能 非常实用 主动刹车 并线辅助 车上 应有尽有
人机 交互 温馨 科技 语音 遥控 省事 省心 app 解锁 开窗 通风 提前 开启 空调 前提 夏天 提前 分钟 打开 空调 上车 舒适 服务 整车 终身 质保 终身
车胎 主动 监测 预约 上门 免费 补胎 强大 功能 半小时 搞定 对蔚来 服务 空间 内饰 换电 节省时间 节约 充电 费用 身材 中等 空间 感觉 后背 滑步
并线 辅助 加速 踏板 平稳 线性 输出 数不多 冬天 换电 座椅 加热 免费 上网 坐久会 感觉 噪音 空调 舒适
智能 语音 憨憨的 感觉 对话 聊天 辅助 驾驶 市区 驾车 轻松 补能 方式 电池 持续 升级 终身 质保 堪比 海底捞 服务
高速 自动 驾驶 省心 省力 服务 交给 一键 加电 一键 维保 体验 很好
加速 按键 依赖 高智能 雷达 传感器 辅助 科技感 很强 尤其 体现 配置 NFC钥匙 新鲜 功能 挺多
辅助 驾驶 技术 更是 欲罢不能 堵车 高速 80% 时间 辅助 驾驶 解放 双脚 回不去 年代 造型 喜欢 科技 长宽 比例 均衡 忠粉 上海 几十家 官方 拥有

图 6-22 预处理后的部分客户评论文本数据

（3）基于 LDA 主题模型的主题提取

在 Python 3 环境中，调用预处理后的线上评论文本数据作为语料库，利用工具包 Gensim 建立 LDA 主题模型。计算各主题个数下的困惑度，如图 6-23 所示。由图 6-23 可以看出在 Topic = 10 时困惑度最小，故该语料库合适的主题个数为 10。

然后设定每个主题下显示 10 个特征词，运算后得到“主题-特征词”的概率分布，见表 6-3。

表 6-3 基于 LDA 主题模型提取的“主题-特征词”概率分布

主题序号	每个主题下的主要特征词及其概率分布
Topic1	词：开车 操作 简单 行驶 手感 轻松 灵敏 上手 自动 舒服 概率：0. 0762，0. 0652，0. 0631，0. 05047，0. 0375，0. 0232，0. 0187，0. 0066，0. 0058，0. 00032
Topic2	词：电池 寿命 换电 免费 充电 时间 终身 省钱 快速 电站 概率：0. 1937，0. 1596，0. 1383，0. 0998，0. 0917，0. 0901，0. 0895，0. 0672，0. 0609，0. 0493

（续）

主题序号	每个主题下的主要特征词及其概率分布
Topic3	词：回答 声音 说话 聪明 语音 互动 有趣 播放 电话 聊天 概率：0.0846，0.0741，0.0711，0.0709，0.0658，0.0605，0.0596，0.0582，0.0577，0.0559
Topic4	词：服务 售后 客服 态度 及时 维修 师傅 预约 满意 上门 概率：0.0854，0.0705，0.0652，0.0648，0.0574，0.0571，0.0559，0.0557，0.0508，0.0506
Topic5	词：导航 位置 定位 终点 路线 拥堵 地点 超级 准确 地图 概率：0.0887，0.0778，0.0664，0.0648，0.0568，0.0542，0.0514，0.051，0.0457，0.0456
Topic6	词：平稳 提速 驾驶 刹车 安全 影像 全景 辅助 性能 预警 概率：0.2617，0.1751，0.137，0.1005，0.0915，0.0804，0.0647，0.0445，0.0322，0.0348
Topic7	词：高速 续航 能耗 新能源 电池 充电 公里 质保 电量 不错 概率：0.1811，0.1637，0.1483，0.0958，0.0858，0.0649，0.0646，0.0641，0.0536，0.0506
Topic8	词：维修 检测 车辆 故障 预测 诊断 分析 高端 出行 安全 概率：0.1288，0.1145，0.0983，0.0951，0.0897，0.0795，0.0697，0.058，0.058，0.0531
Topic9	词：智能 功能 触碰 屏幕 交互 非常 灵敏 空调 娱乐 反应 概率：0.1082，0.0994，0.0869，0.0837，0.0724，0.0632，0.0556，0.0531，0.0527，0.0507
Topic10	词：距离 控制 信号 远 公里 遥控 温度 门锁 手机 中断 概率：0.0801，0.0678，0.0677，0.0651，0.0609，0.059，0.0578，0.0578，0.0567，0.0521

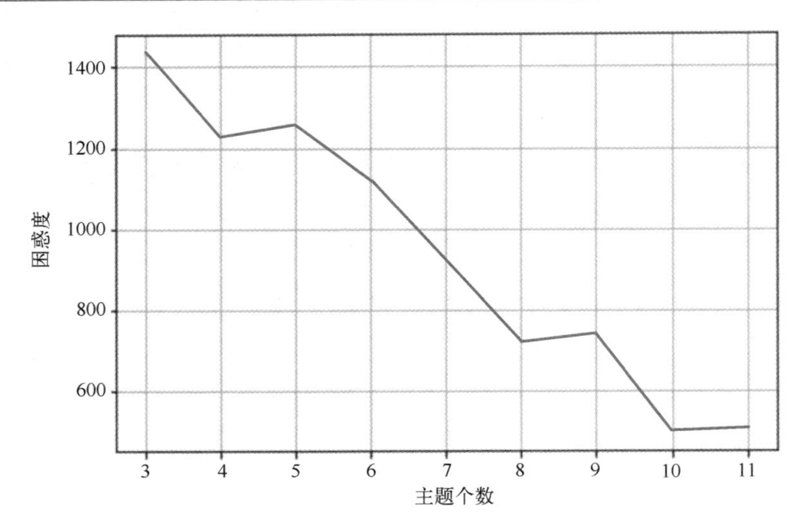

图 6-23　困惑度与主题个数的分布图

（4）主题向客户需求转化

在表 6-4“主题-特征词”概率分布中，在各主题中出现频率高的词语具有较高的概率，从这些较高概率的主题词中可以较为直观地看出每个主题隐藏的含义。例如主题3中出现了较多有关语音交互的词，如语音、互动、聊天等，说明该主题与ICV的语音操控功能关联较大。专家团队根据挖掘到的各主题下的特征词分布，分析归纳得出与主题对应的客户需求，见表6-4。

表6-4 D公司ICV服务系统客户需求及内容描述

客户需求	内容描述
操作简单 CR_1	车辆驾驶、服务系统操作简单
充电、换电服务方便快捷 CR_2	换电站全自动更换电池，并提供一键加电服务
语音操作便捷 CR_3	车内NOMI语音助手提供沉浸语音交互Beta功能
售后服务到位 CR_4	提供道路支援、上门维修、官方零部件订购等服务
路线导航准确 CR_5	ICV自带车辆定位、地图导航功能
驾驶安全性高 CR_6	具有驾驶辅助预警系统，并提供智能驾驶技术
电池续航能力强 CR_7	提供电池租用服务，终身免费换电
车辆故障检测系统完善 CR_8	系统提供车辆行驶数据检测、故障检测等服务
人机交互界面设计合理 CR_9	触碰车内交互屏幕实现车辆的多功能控制
远程可控距离远 CR_{10}	开发的手机端应用可以远程调节车内温度、座椅温度等

2. 基于LDA主题模型的客户需求权重确定

利用LDA主题模型得到的“主题-特征词”概率分布，通过计算各主题中特征词的概率可以得到相应客户需求 CR_i 的客观权重。这里选取前6个特征词的概率值相加作为该主题对应的客户需求客观权重，见表6-5。

表6-5 基于LDA主题模型的客户需求权重

主题序号	特征词1权重	特征词2权重	特征词3权重	特征词4权重	特征词5权重	特征词6权重	主题权重
Topic1	0.0762	0.0652	0.0631	0.05047	0.0375	0.0232	0.3157
Topic2	0.1937	0.1596	0.1383	0.0998	0.0917	0.0901	0.7732
Topic3	0.0846	0.0741	0.0711	0.0709	0.0658	0.0605	0.4270
Topic4	0.0854	0.0705	0.0652	0.0648	0.0574	0.0571	0.4004
Topic5	0.0887	0.0778	0.0664	0.0648	0.0568	0.0542	0.4087
Topic6	0.2617	0.1751	0.137	0.1005	0.0915	0.0804	0.8462
Topic7	0.1811	0.1637	0.1483	0.0958	0.0858	0.0649	0.7396

（续）

主题序号	特征词 1 权重	特征词 2 权重	特征词 3 权重	特征词 4 权重	特征词 5 权重	特征词 6 权重	主题权重
Topic8	0.1288	0.1145	0.0983	0.0951	0.0897	0.0795	0.6059
Topic9	0.1082	0.0994	0.0869	0.0837	0.0724	0.0632	0.5138
Topic10	0.0801	0.0678	0.0677	0.0661	0.0609	0.059	0.4016

对主题权重进行归一化处理后，得出客户需求 CR_i 的客观权重 $\boldsymbol{w}_i' = (0.058, 0.142, 0.079, 0.074, 0.075, 0.156, 0.136, 0.112, 0.095, 0.074)^{\mathrm{T}}$。

3. 案例总结

D 公司开发的手机客户端中的社群化交流平台支持享用 ICV 服务系统的车主进行评论交流，这些内容中反映了客户用车的真实需求。本例对线上社群化交流平台的评论信息通过 LDA 主题模型进行挖掘分析，总结归纳出客户的真实需求。结果显示，权重最大的客户需求为“驾驶安全性高（CR_6）”，说明 D 公司日后应开发更多辅助驾驶服务以增强客户用车时的安全性。所提方法分析客户真实使用感受，避免了问卷调查、访谈等形式的主观不确定性问题，得到的结果可以帮助 D 公司的 ICV 服务系统根据客户需求进行改善。

习题

1. 文本挖掘的流程有哪些?
2. 词性标注的方法有哪些?
3. 分词方法有哪些?
4. 文本表示的方法有哪些?
5. 文本特征选择方法有哪些?
6. 机器学习模型常用的评估指标有哪些?
7. 使用八爪鱼软件爬取京东网站上华为手机的在线评论。

参考文献

[1] FELDMAN R, DAGAN I, HIRSH H. Mining Text Using Keyword Distributions [J]. Journal of Intelligent Information Systems, 1998, 10(3): 281-300.

[2] 廖玉清. 基于文本挖掘的我国绿色金融政策研究 [J]. 上海理工大学学报（社会科学版），2023，45(2)：219-226.

[3] 孙宝生，敖长林，王菁霞，等. 基于网络文本挖掘的生态旅游满意度评价研究 [J]. 运筹与管理，2022，31(12)：165-172.

[4] 张敏，罗梅芬，张艳. 国际文本挖掘研究主题群识别与演化趋势分析 [J]. 图书馆学研究，2017(2)：15-21.

[5] 史航，高雯珺，崔雷．生物医学文本挖掘研究热点分析 [J]．中华医学图书情报杂志，2016，25(2)：27-33.

[6] 李建兰，潘岳，李小聪，等．基于 CiteSpace 的中文评论文本研究现状与趋势分析 [J]．计算机科学，2021，48(S2)：17-21.

[7] 饶毓和，凌志浩．一种结合主题模型与段落向量的短文本聚类方法 [J]．华东理工大学学报（自然科学版），2020，46(3)：419-427.

[8] 穆晓霞，董星辉，柴旭清，等．融合 LDA 主题模型和支持向量机的商品个性化推荐方法 [J]．郑州大学学报（理学版），2022，54(3)：34-39.

[9] 孙茂松，李涓子．自然语言处理研究前沿 [M]．上海：上海交通大学出版社，2019.

第7章 启发式算法

启发式算法是一种通过模拟自然现象或人类的经验、知识和智慧，来寻求解决方案最优或近似最优的问题求解方法。它能够在有限时间内找到接近最优解的可行解，具有计算效率高、适应性强、鲁棒性强、可并行化等特点，被广泛应用于组合优化、机器学习、图论等实际问题中。

7.1 启发式算法的基本原理

启发式算法通过引入启发式准则和寻找合适的搜索策略，可以在多个领域获得较好的解决方法。它不仅可以提供快速的问题求解，还能够在复杂问题中找到最优解，并且具有较高的适应性和可拓展性。因此，启发式算法在实际问题中有着广泛的应用前景。

启发式算法的应用领域非常广泛，例如：

1）组合优化问题：如旅行商问题、背包问题、调度问题等。

2）人工智能领域：如机器学习、模式识别、智能游戏等。

3）数学优化领域：如线性规划、非线性规划、网络流问题等。

4）数据挖掘和模式识别领域：如聚类、分类、关联规则挖掘等。

5）图论问题和网络优化：如最短路径、最小生成树、网络设计等。

6）调度和资源分配问题：如作业调度、车辆路径规划、资源分配等。

7）多目标优化问题：如多目标优化、多目标决策等。

启发式算法的原理主要分为两个方面：启发式函数和搜索策略。

7.1.1 启发式函数

启发式函数是启发式算法中非常重要的一个组成部分。启发式函数是一种评估函数，它根据特定问题的信息来评估解的质量，并指导算法搜索解空间。在搜索空间中，每个状态都有一个相应的评估值，而启发式函数本身可以根据搜索问题的特点来设计和选择。在实践中，设计好的启发式函数可以在找到最优解或接近最优解的同时，有效降低搜索空间的大小，从而使算法具有更快的搜索速度。

一个好的启发式函数应该满足以下条件：

1）启发式函数应该准确地评估每个状态，以便在搜索空间中找到最优解或接近最优值。

2）启发式函数应该能够快速计算，以便算法具有较快的搜索速度。

3）启发式函数应该合理有效地指导算法搜索，以便算法能够充分利用先前找到的最优解。

常用的启发式函数包括曼哈顿距离（Manhattan Distance）、欧几里得距离（Euclidean Distance）、切比雪夫距离（Chebyshev Distance）等。这些启发式函数可以用于许多优化问题，如旅行商问题、路径规划等。

7.1.2　搜索策略

除了启发式函数之外，搜索策略作为一种指导搜索过程的规则集合，也是启发式算法的重要组成部分。搜索策略是指在解空间中进行搜索，并从中选择有可能是最优解的解。搜索策略是启发式算法中的一大难点，因为搜索空间非常庞大，在搜索空间中寻找最佳解是很困难的。搜索策略不仅影响了求解质量，还直接决定了算法的运行效率。

搜索策略根据其实现方式不同，可以分为三类：随机搜索、局部搜索和全局搜索。随机搜索指的是通过随机选择搜索策略，如随机游走和随机冲突解决等方式进行搜索。虽然随机搜索可以避免陷入局部最优解的问题，但往往效率低下，需要长时间的搜索过程。局部搜索指的是通过搜索当前解附近的区域来得到最优解的搜索策略。通常的局部搜索算法包括梯度下降法、模拟退火法和基于局部搜索的遗传算法等。全局搜索是在解空间中尝试找到全局最优解的搜索策略。常见的全局搜索算法包括遗传算法、蚁群算法、粒子群算法和人工鱼群算法等。相较于局部搜索，全局搜索的解质量更高，但往往计算量也更大。

除此之外，搜索策略还可以按照搜索顺序划分为深度优先搜索（Depth-First Search）、广度优先搜索（Breadth-First Search）、A*搜索（A-Star Search）等。不同的搜索策略具有不同的优缺点和适用范围，因此需要根据具体的问题和启发式函数来选择最合适的搜索策略。

综上所述，启发式算法通过综合使用启发式函数和搜索策略，来实现较快、较优的问题求解方法。在实际应用中，根据不同的问题特点选取适合的启发式算法，能够大大提高问题求解的效率和准确性。

7.2　启发式算法的类型

启发式算法的类型中，仿动物类的算法是模拟动物的行为、交流和适应环境的过程。例如，蚁群算法模拟了蚂蚁在寻找食物和建立路径时的行为，鸟群算法模拟了鸟群在寻找食物和迁徙时的行为，仿植物类的算法是模拟植物的生长、繁殖和适应环境的过程。例如，植物的分支生长可以用分支生长算法模拟，植物的花粉传播可以用粒子群算法模拟。这些算法都是通过模拟生物的行为和适应能力来解决实际问题的，具有较强的自适应性和鲁棒性。

7.2.1 仿动物类启发式算法

仿动物类启发式算法利用生物进化、个体行为、群体行为等动物的特征来进行优化求解，如蚂蚁、蜜蜂、鸽子、鱼类、灰狼等，其最主要的特点是能够考虑群体的可行性，解决局部最优的问题，提高搜索算法的效率。其中，最常用的几种算法包括蚁群算法、粒子群算法、蜂群算法、鱼群算法、蝙蝠算法等。

1. 蚁群算法（Ant Colony Optimization，ACO）

蚁群算法是由意大利学者 Dorigo[1] 提出，是一种基于蚁群行为的启发式优化算法。该算法是基于蚂蚁的运动规律，通过模拟蚂蚁在搜索过程中沿路径释放信息素、挥发信息素等行为模式，来搜索全局最优解或局部最优解。

蚁群算法的基本思想是将问题抽象成一个图，蚂蚁在图上移动，每个节点表示问题的一个解，蚂蚁通过选择路径来移动，移动过程中会释放一种叫作信息素的化学物质，路径上的信息素浓度越高，表示该路径被蚂蚁选择的概率就越大。同时，蚂蚁会受到信息素浓度和路径长度的影响，更倾向于选择信息素浓度高且路径长度短的路径。

蚁群算法在解决组合优化问题、路径规划问题、调度问题等方面有广泛的应用。它能够在复杂的搜索空间中找到较好的解，并且具有一定的鲁棒性和自适应性。然而，蚁群算法也存在一些问题，如收敛速度较慢、易陷入局部最优等，需要结合其他优化算法进行改进和优化。

2. 粒子群算法（Particle Swarm Optimization，PSO）

粒子群算法是由美国社会心理学家 Kennedy 和 Bratton[2] 提出的一种群体智能算法。粒子群算法是基于鸟类在寻找食物等过程中的觅食行为而设计的，这种算法通过模拟鸟类协作寻找最优优化结果。

粒子群算法的基本思想是将待优化问题转化为一个多维搜索空间中的优化问题，每个粒子代表一个可能的解，并根据自身的经验和群体的经验来更新自己的位置和速度。粒子的位置表示解的值，速度表示解的搜索方向和步长。在算法的每一次迭代中，粒子根据自身的经验和群体的经验来更新自己的速度和位置。更新速度的过程包括两部分：一部分是根据自身的经验来更新速度，即粒子向自己的历史最优位置靠近；另一部分是根据群体的经验来更新速度，即粒子向群体的历史最优位置靠近，然后根据更新后的速度来更新粒子的位置。

粒子群算法可以用于解决各种优化问题，无论是函数优化、组合优化、参数优化还是非线性优化问题，都可以通过粒子群算法进行求解。但是粒子群算法在解决某些优化问题时具有一定的局限性，需要根据具体问题的特点进行调整和优化。

3. 蜂群算法（Bee Algorithm）

蜂群算法是由国外学者 Karaboga[3] 于 2005 年首次提出，是一种基于蜜蜂觅食行为的启发式优化算法。蜜蜂觅食行为中包含了一系列的搜索、选择和通信过程，这些行为被模拟为算法的操作。

蜂群算法的基本思想是通过模拟蜜蜂在搜索食物源时的行为来寻找问题的最优解。算法中的蜜蜂分为三种角色：工蜂、侦查蜂和觅食蜂。工蜂负责在搜索空间中随机选择一些位置，并在这些位置附近进行局部搜索。侦查蜂负责在搜索空间中随机选择一些位置，并在这些位置附近进行全局搜索。觅食蜂负责在搜索空间中选择一个位置，并在该位置附近进行局部搜索。

蜂群算法的搜索过程是一个迭代的过程，每一次迭代中，蜜蜂们根据一定的规则进行搜索，并根据搜索结果更新自己的位置和状态。在搜索过程中，蜜蜂们通过相互之间的通信，交换搜索到的信息，以加速搜索过程。

蜂群算法在解决优化问题时具有较好的全局搜索能力和收敛性能。它可以应用于多种优化问题，如函数优化、组合优化、路径规划等。蜂群算法的优点是简单易实现，但也存在一些缺点，如对问题的参数设置较为敏感、容易陷入局部最优解等。

4. 鱼群算法（Fish School Search，FSS）

鱼群算法是由李晓磊博士[4]提出，是一种基于模拟自然界鱼群的食物搜索行为的启发式优化算法。该算法受到鱼群行为的启发，模拟了鱼群中鱼的个体行为和群体行为，用于解决优化问题。鱼群算法基于鱼群在寻找食物和避开危险时的集体行为，通过模拟鱼群的移动和交流来搜索最优解。

鱼群算法的基本思想是通过个体之间的相互作用和信息交流，以及对环境的感知和适应，实现问题的求解。通过模拟鱼群的行为，鱼群算法能够在搜索空间中快速找到最优解，具有较强的全局搜索能力和较快的收敛速度。

鱼群算法可以应用于各种需要寻找最优解的问题，尤其是那些复杂、高维、非线性的优化问题。鱼群算法的并行性强、全局搜索能力强、适应性强、算法简单易实现。但是鱼群算法也存在参数选择困难的问题，有一些参数需要根据具体问题进行选择，而参数的选择对算法的性能有较大的影响，选择不当可能导致算法效果不佳。

5. 蝙蝠算法（Bat Algorithm）

蝙蝠算法是由英国科学家 Yang 教授[5]提出的一种模拟蝙蝠群体行为的启发式优化算法。蝙蝠算法的基本思想是模拟蝙蝠在寻找食物和繁殖过程中的行为。蝙蝠在夜间通过发出超声波信号来探测周围环境，并根据接收的回声来判断目标的位置。当蝙蝠发现目标后，它会朝着目标飞去，并通过调整频率和声音的强度来调整自己的飞行方向和速度。

蝙蝠算法可以应用于各种优化问题，特别是连续优化问题，通过模拟蝙蝠的行为和交流方式寻找问题的最优解。蝙蝠算法不依赖于问题的具体形式，适用于各种类型的优化问题，并且算法基本思想简单，易于理解和实现。但是蝙蝠算法中存在多个参数需要去设置，如蝙蝠个体的速度、频率等，参数的选择对算法的性能有较大的影响，需要经验或者试验来确定最佳参数。算法对初始解敏感，不同的初始解可能导致不同的搜索结果，因此需要在实际应用中进行多次试验以获得较好的结果。

7.2.2 仿植物类启发式算法

仿植物类启发式算法是一类基于植物生长原理和结构特点的启发式算法。这类算法模拟了植物的生长过程，主要是根据植物生长、追光、反应压力等特征来进行优化求解。植物常常在固定的环境中能找到其生存的最佳位置，快速适应环境，通过模拟植物的生长规律和结构特点来解决优化问题，此类启发式算法主要对于工程问题中的优化求解较有用。常见的算法有向光性算法、杂草优化算法和模拟植物生长算法等。

1. 向光性算法（Phototaxis Algorithm）

向光性算法是由美国加州大学伯克利分校的研究团队，包括 Raghunathan、Chakravarty、Ghosh 和 Roy 等人于 2015 年提出的一种用于解决优化问题的算法，也称为光子算法。它是受到自然界中光的传播和反射规律的启发而提出的。该算法模拟了光在环境中的传播和反射过程，通过光的传播路径来搜索最优解。

向光性算法的基本思想是通过模拟生物体对光的感知和移动来解决优化问题。该算法基于生物体对光源的向光性行为，通过调整个体的位置和方向来寻找最优解。在更新位置和方向的过程中，个体根据光源的方向和强度调整自身位置和方向。这个过程通常使用一些启发式规则来模拟生物体的行为，如向光源移动、避光源移动等。个体的位置和方向的更新通常包括随机扰动和局部搜索等操作，以增加搜索的多样性和局部探索能力。通过不断迭代更新个体的位置和方向，向光性算法能够逐步优化个体的适应度，并最终找到满足要求的最优解。该算法适用于各种优化问题，特别适用于连续优化问题和多模态优化问题。它在解决优化问题方面具有一定的优势，但也需要根据具体问题的特点进行调整和改进。

2. 杂草优化算法（Weed Optimization Algorithm，WOA）

杂草优化算法是由 Mehrabian 和 Lucas[6] 提出的一种基于仿生学的优化算法。这种算法的灵感来源于杂草的生长行为，杂草在环境中寻找养分和水源的过程中，具有自适应、自我调节的能力，能够适应不同的环境条件。

杂草优化算法的基本思想是通过模拟杂草的生长过程来求解优化问题。算法中的每个个体被称为“杂草”，每个杂草的位置表示解空间中的一个候选解。算法通过不断地更新杂草的位置，来逐步优化目标函数的值。杂草优化算法已经在多个领域（如机器学习、图像处理、电力系统优化等）得到应用。通过模拟杂草的生长行为，该算法能够有效地解决各种优化问题。该算法简单易实现，不需要过多的参数设置，能够适应不同的优化问题，具有全局搜索能力，能够在较短的时间内找到较优解。

3. 模拟植物生长算法（Plant Growth Simulation Algorithm，PGSA）

模拟植物生长算法是由我国学者李彤等[7] 首次提出的一种以植物向光性机理（形态素浓度理论）为启发准则的智能优化算法。该算法从植物向光性机理出发，将优化问题的可行域作为植物的生长环境，根据各可行解目标函数的变化情况动态地确定植物的形态素浓度，进而模拟出向全局最优解迅速生长的植物生长动力模型。

模拟植物生长算法的基本思想是通过模拟植物的生理机制和生长规律来解决问题，可以应用于多种问题的求解。它具有并行性和自适应性的特点，能够在搜索空间中进行全局搜索，并且能够根据问题的特点自动调整生长规则和种子的初始状态，从而提高求解效率。模拟植物生长算法在解决多种优化问题上都取得了良好的效果，如函数优化、组合优化、图像处理等。它可以作为一种有效的启发式优化算法，用于解决复杂的实际问题。

7.3　遗传算法及其实现

7.3.1　遗传算法的原理

霍兰德（Holland）在 1975 年首次提出了遗传算法的概念。遗传算法（Genetic Algorithm，GA）起源于对生物系统所进行的计算机模拟研究，是一种随机全局搜索优化方法。遗传算法通过模拟自然选择和遗传中发生的复制、交叉和变异等现象，从任一初始种群出发，通过随机选择、交叉和变异操作，产生一群更适合环境的个体，使群体进化到搜索空间中越来越好的区域，这样一代一代不断繁衍进化，最后收敛到一群最适应环境的个体，从而求得问题的优质解。在求解较为复杂的组合优化问题时，相对于一些常规的优化算法，遗传算法通常能够较快地获得较好的优化结果[8]。遗传算法已广泛地应用于车间调度、机器仿真、信号处理等领域。

由于遗传算法是由进化论和遗传学机理而产生的搜索算法，所以在这个算法中会用到一些生物遗传学知识，下面是会用到的一些术语。

1）染色体（Chromosome）：染色体又可称为基因型个体（Individuals），一定数量的个体组成了群体（Population），群体中个体的数量叫作群体大小（Population Size）。

2）位串（Bit String）：个体的表示形式，对应于遗传学中的染色体。

3）基因（Gene）：基因是染色体中的元素，用于表示个体的特征。例如，有一个位串（即染色体）$S=1011$，则其中的 1、0、1、1 这 4 个元素分别称为基因。

4）特征值（Feature）：在用串表示整数时，基因的特征值与二进制数的权一致，例如，在位串 $S=1011$ 中，基因位置 3 中的 1，它的基因特征值为 2；基因位置 1 中的 1，它的基因特征值为 8。

5）适应度（Fitness）：各个个体对环境的适应程度叫作适应度。为了体现染色体的适应能力，引入了对问题中的每一个染色体都能进行度量的函数，叫作适应度函数。这个函数通常会被用来计算个体在群体中被使用的概率。

6）基因型（Genotype）：或称遗传型，是指基因组定义遗传特征和表现，对应于 GA 中的位串。

7）表现型（Phenotype）：指的是生物体的基因型在特定环境下的表现特征，对应于 GA 中的位串解码后的参数。

7.3.2 遗传算法的步骤

遗传算法流程图如图 7-1 所示。

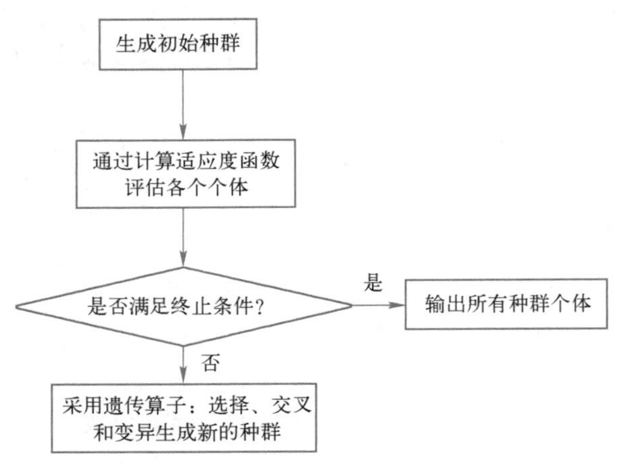

图 7-1 遗传算法流程图

1）初始化种群：随机生成一组初始个体，形成初始种群。设置最大进化代数 T，群体大小 M，交叉概率 P_c，变异概率 P_m，随机生成 M 个个体作为初始化群体 P_0。

2）评估适应度：适应度函数表明个体或解的优劣性。对于不同的问题，适应度函数的定义方式不同。可以根据具体问题计算群体 $P(t)$ 中各个个体的适应度。

适应度尺度变换：一般来讲，适应度尺度变换是指算法迭代的不同阶段，能够通过适当改变个体的适应度大小，进而避免群体间适应度相当而造成的竞争减弱，导致种群收敛于局部最优解。尺度变换选用的经典方法包括：线性尺度变换、乘幂尺度变换和指数尺度变换。

3）采用遗传算子：遗传算法使用以下三种遗传算子。

① 选择操作。选择操作从旧群体中以一定概率选择优良个体组成新的种群，以繁殖得到下一代个体。个体被选中的概率跟适应度值有关，个体适应度值越高，被选中的概率越大。当个体选择的概率给定后，产生[0,1]之间的均匀随机数来决定哪个个体参加交配。若个体的选择概率大，则有机会被多次选中，那么它的遗传基因就会在种群中扩大；若个体的选择概率小，则被淘汰的可能性会大。

② 交叉操作。交叉操作是指从种群中随机选择两个个体，通过两个染色体的交换组合，把父串的优秀特征遗传给子串，从而产生新的优秀个体。在实际应用中，使用率最高的是单点交叉算子，该算子在配对的染色体中随机地选择一个交叉位置，然后在该交叉位置对配对的染色体进行基因位变换。其他的交叉算子包括双点交叉或多点交叉、均匀交叉、算术交叉。

③ 变异操作。为了防止遗传算法在优化过程中陷入局部最优解，在搜索过程中，需要对个体进行变异，在实际应用中，主要采用单点变异，也叫位变异，即只需要对基因序列中

某一个位进行变异，以二进制编码为例，即 0 变为 1，而 1 变为 0。群体 $P(t)$ 经过选择、交叉、变异操作后得到下一代群体 $P(t+1)$。

4）终止判断条件：若 $t \leqslant T$，则 $t \leftarrow t+1$，转到步骤 2)；否则以进化过程中所得到的具有最大适应度的个体作为最好的解输出，终止运算。

从遗传算法流程可以看出，进化操作过程简单，容易理解，它给其他各种遗传算法提供了一个基本框架。

需要注意的是，遗传算法有 4 个运行参数需要预先设定，包括：

- M：种群大小。
- T：遗传算法的终止进化代数。
- P_c：交叉概率，一般为 0.4~0.99。
- P_m：变异概率，一般取 0.001~0.1。

7.3.3　遗传算法的计算机实现

遗传算法可以用多种计算机软件实现，以下是一些常用的软件。

1）MATLAB：MATLAB 是一种高级的数学计算软件，它提供了丰富的工具箱和函数，可以方便地实现遗传算法。

2）Python：Python 是一种通用的编程语言，拥有丰富的科学计算库，如 NumPy、SciPy 和 DEAP 等，可以用于实现遗传算法。

3）Java：Java 是一种广泛使用的编程语言，它提供了强大的面向对象的编程能力，可以用于实现遗传算法。

实际上，遗传算法可以用任何能够进行数值计算和编程的软件实现。具体选择哪种软件，由具体的需求来决定。

本节用 Python 软件对遗传算法进行实现。问题描述：在一个长度为 n 的数组 nums 中选择 10 个元素，使得 10 个元素的和与原数组的所有元素之和的 1/10 无限接近。

例如，设 $n=50$，sum(nums)= 1000，选择元素列表 answer 要满足 $|$sum(answer)-100$|<e$，e 尽可能小。

1）初始化种群。生成 50 个范围为 0~1000 的随机数，如图 7-2 所示。

```
1  import random
2  def create_answer(number_set, n):  # 随机选择n个数作为答案，据题意选择n=10
3      result = []
4      for i in range(n):
5          result.append(random.sample(number_set, 10))
6      return result
7
8  number_set = random.sample(range(0, 1000), 50)
9  middle_answer = create_answer(number_set, 100)  # 随机选择100个答案（种群）
```

图 7-2　初始化种群

2）优胜劣汰。计算每个答案与正确答案的偏离程度，计算适应度，如图 7-3 所示。

```
10  def error_level(new_answer, number_set):  # 计算错误率，错误率越小，遗传的概率越大
11      error = []
12      right_answer = sum(number_set) / 10
13      for item in new_answer:
14          value = abs(right_answer - sum(item))
15          if value == 0:
16              error.append(10)
17          else:
18              error.append(1 / value)
19      return error
```

图 7-3　优胜劣汰

3）根据优胜劣汰的结果，交配生殖、变异，如图 7-4 所示。

```
def variation(old_answer, number_set, pro):  # 0.1的变异概率
    for i in range(len(old_answer)):
        rand = random.uniform(0, 1)
        if rand < pro:
            rand_num = random.randint(0, 9)
            old_answer[i] = old_answer[i][:rand_num] + random.sample(number_set, 1) + old_answer[i][rand_num+1:]
    return old_answer

def choice_selected(old_answer, number_set):  # 交叉互换模拟交配生殖的结果
    result = []
    error = error_level(old_answer, number_set)
    error_one = [item / sum(error) for item in error]
    for i in range(1, len(error_one)):
        error_one[i] += error_one[i - 1]
    for i in range(len(old_answer) // 2):
        temp = []
        for j in range(2):
            rand = random.uniform(0, 1)
            for k in range(len(error_one)):
                if k == 0:
                    if rand < error_one[k]:
                        temp.append(old_answer[k])
                else:
                    if rand >= error_one[k-1] and rand < error_one[k]:
                        temp.append(old_answer[k])
        rand = random.randint(0, 6)
        temp_1 = temp[0][:rand] + temp[1][rand:rand+3] + temp[0][rand+3:]
        temp_2 = temp[1][:rand] + temp[0][rand:rand+3] + temp[1][rand+3:]
        result.append(temp_1)
        result.append(temp_2)
    return result
```

图 7-4　交配生殖、变异

4）生物遗传进化，如图 7-5 所示。

```python
number_set = random.sample(range(0, 1000), 50)
middle_answer = create_answer(number_set, 100)
first_answer = middle_answer[0]
greater_answer = []
for i in range(1000): #
    error = error_level(middle_answer, number_set)  # 计算适应度
    index = error.index(max(error))
    middle_answer = choice_selected(middle_answer, number_set)
    middle_answer = variation(middle_answer, number_set, 0.1)
    greater_answer.append([middle_answer[index], error[index]])

greater_answer.sort(key=lambda x: x[1], reverse=True)
print("正确答案为", sum(number_set) / 10)
print("给出最优解为", greater_answer[0][0])
print("该和为", sum(greater_answer[0][0]))
print("选择系数为", greater_answer[0][1])
print("最初解的和为", sum(first_answer))

for i in greater_answer[0][0]:
    if i in number_set:
        print(i)
```

图 7-5　生物遗传进化

7.4　粒子群算法及其实现

扫码看视频

7.4.1　粒子群算法的原理

粒子群算法被提出的灵感来源于鸟群觅食，鸟群觅食过程中，每只鸟沿着各个方向飞行去寻找食物，每只鸟儿都能记住到目前为止自己在飞行过程中最接近食物的位置，同时每只鸟儿之间也有信息共享，它们会比较到目前为止各自与食物之间的最近距离，从各自的最近距离中，选择并记忆整体的一个最近距离位置。由于每只鸟儿都是随机往各个方向飞行，各自的最近距离位置与整体的最近距离位置不断被更新，也即它们记忆中的最近位置越来越接近食物，当它们飞行到达的位置足够多之后，它们记忆的整体最近位置也就达到了食物的位置。

抽象成数学模型，每只鸟儿就是一个粒子，食物的位置也就是问题的最优解，鸟儿与食物的距离也即当前粒子的目标函数值。比如要求 $z=x^2+y^2$ 的最优解，设置粒子数为 6 个，相

当于各个粒子在曲面上滚动，每个粒子 i（$0 \leqslant i \leqslant 5$）记住自己在滚动过程中（迭代）的最低位置（位置越低，z 值越小）Z_i（$0 \leqslant i \leqslant 5$），同时不同粒子之间也有交流，它们会比较 $Z_0 \sim Z_5$，从中取得一个最小值作为当前的全局最低位置。

7.4.2 粒子群算法的步骤

粒子群算法流程图如图 7-6 所示。

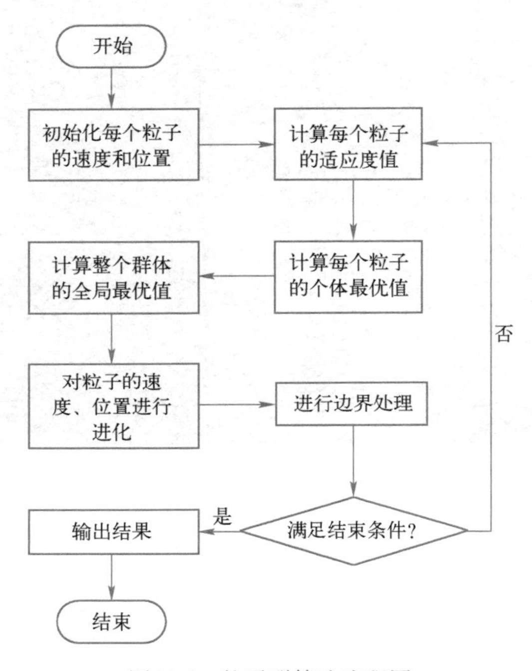

图 7-6　粒子群算法流程图

假设目标函数有 n 个输入参数：$f(x_1, x_2, \cdots, x_n)$。

对于每个粒子，它包含的元素如下：

- 当前时刻位置：$(x_1, x_2, \cdots, x_n)$。
- 当前时刻的目标函数值（也称为适应度）：$f(x_1, x_2, \cdots, x_n)$。
- 该粒子的历史最优位置：$(x_1\_\text{pbest}, x_2\_\text{pbest}, \cdots, x_n\_\text{pbest})$。
- 该粒子的历史最优目标函数值：$f\_\text{pbest} = f(x_1\_\text{pbest}, x_2\_\text{pbest}, \cdots, x_n\_\text{pbest})$。

对于全部粒子，它们共有的元素如下：

- 粒子总数：num。
- 迭代总次数：cnt。粒子群算法也是一个迭代的过程，需要多次迭代才能获取理想的最优解。

- 全局最优位置：(x_1_gbest, x_2_gbest, …, x_n_gbest)。
- 全局最优目标函数值：f_gbest = f(x_1_gbest, x_2_gbest, …, x_n_gbest)。
- 位置随机化的上下限：$x_{\min}$，$x_{\max}$。迭代开始的时候以及迭代的过程中，均需要对粒子的位置进行随机分布，需要设置随机分布的上下限，不然随机分布偏离得太远，会严重影响优化结果。
- 速度的上下限：$V_{\min}$，$V_{\max}$。迭代过程中，速度也具有一定的随机性，需要限制速度的大小在一定范围内，如果速度值太大也会严重影响优化结果。
- 速度计算参数：c_1、c_2。通常取 1.0～1.8 的值。

为了加快收敛速度，根据速度具有惯性的原理，后来人们提出了在速度计算中增加惯性，也即加上上一轮迭代时该位置参数的速度。公式为

- 速度更新：$V_i = wV_i + c_1\text{rand}()(\text{pbest}_i + x_i) + c_2\text{rand}()(\text{gbest} - x_i)$。
- 位置更新：$x_i = x_i + V_i$。

其中 w 为 0～1 的惯性权重，用于控制前一次速度对当前更新的影响。通常随着迭代次数的增加，逐渐减小 w，因为越到后面，可能解就越接近真实解，迭代收敛就越慢，所以需要减小 w 来放慢速度，否则容易错过最优解。

7.4.3　粒子群算法的计算机实现

和遗传算法类似，粒子群算法也可以在 MATLAB、Python、Java 等计算机软件中实现。本节用 Python 软件对粒子群算法进行实现，问题描述：求 $y = x^2 - 4x + 3$ 的最小值。

1）设定粒子群算法初始参数，如图 7-7 所示。

```
class PSO():
    def __init__(self, pN, dim, max_iter):
        self.w = 0.8
        self.c1 = 2
        self.c2 = 2
        self.pN = pN  # 粒子数量
        self.dim = dim  # 搜索维度
        self.max_iter = max_iter  # 迭代次数
        self.X = np.zeros((self.pN, self.dim))  # 所有粒子的位置和速度
        self.V = np.zeros((self.pN, self.dim))
        self.pbest = np.zeros((self.pN, self.dim))  # 个体经历的最佳位置和全局最佳位置
        self.gbest = np.zeros((1, self.dim))
        self.p_fit = np.zeros(self.pN)  # 每个个体的历史最佳适应值
        self.fit = 1e10  # 全局最佳适应值
```

惯性因子（指向 self.w = 0.8）

学习因子（指向 self.c1、self.c2）

图 7-7　设定粒子群算法初始参数

2）设定目标函数及初始化种群，如图 7-8 所示。

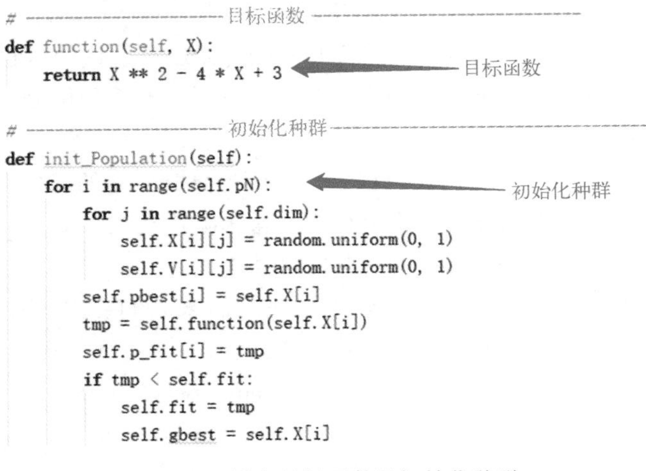

```
# ----------------------- 目标函数 ------------------------------
def function(self, X):
    return X ** 2 - 4 * X + 3

# ----------------------- 初始化种群 ---------------------------------
def init_Population(self):
    for i in range(self.pN):
        for j in range(self.dim):
            self.X[i][j] = random.uniform(0, 1)
            self.V[i][j] = random.uniform(0, 1)
        self.pbest[i] = self.X[i]
        tmp = self.function(self.X[i])
        self.p_fit[i] = tmp
        if tmp < self.fit:
            self.fit = tmp
            self.gbest = self.X[i]
```


图 7-8　设定目标函数及初始化种群

3）更新粒子速度和位置，如图 7-9 所示。

```
            if self.p_fit[i] < self.fit:  # 更新全局最优
                self.gbest = self.X[i]
                self.fit = self.p_fit[i]
        for i in range(self.pN):
            self.V[i] = self.w * self.V[i] + self.c1 * self.r1 * (self.pbest[i] - self.X[i]) + \
                        self.c2 * self.r2 * (self.gbest - self.X[i])
            self.X[i] = self.X[i] + self.V[i]
        fitness.append(self.fit)
```

更新粒子速度

更新粒子位置

图 7-9　更新粒子速度和位置

4）图形可视化，如图 7-10 所示。

```
plt.figure(1)
plt.title("Figure1")
plt.xlabel("iterators", size=14)
plt.ylabel("fitness", size=14)
t = np.array([t for t in range(0, 100)])
fitness = np.array(fitness)
plt.plot(t, fitness, color='b', linewidth=3)
plt.show()
```

图 7-10　图形可视化

运行结果如图 7-11 所示，从图中可以看出，函数的最小值为-1。

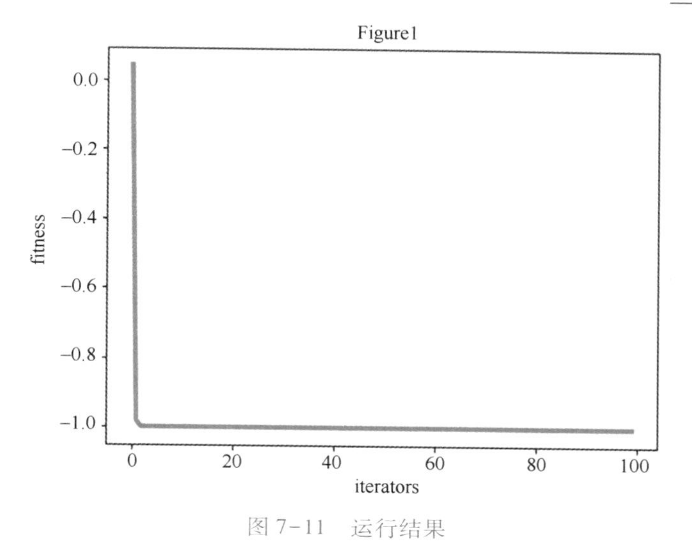

图 7-11　运行结果

7.5　物流配送中心选址案例分析

配送中心是物流系统网络中的关键节点和重要的基础设施，在整个物流系统网络规划中起着枢纽性的作用。本节用遗传算法来求解物流配送中心选址问题，一共有五个配送中心候选节点，其建设成本和坐标见表 7-1。供应点有 13 个，其坐标和运输量见表 7-2，通过遗传算法分析配送中心可覆盖的供应点。

表 7-1　配送中心数据表

配送中心候选节点	建设成本（万元）	坐　　标
1	5495.7	(58.9,45.2)
2	3458.8	(54.9,117)
3	4226.7	(114,135)
4	7294.2	(67.7,195)
5	8560.2	(176,149)

表 7-2　供应点数据表

供　应　点	坐　　标	运　输　量
1	(106,74.1)	67.57
2	(105,117)	107.15
3	(74.9,91.5)	221.56
4	(81.8,147)	293.93

（续）

供应点	坐标	运输量
5	(136,161)	105.53
6	(192,43.4)	191.16
7	(39.9,63.0)	285.48
8	(37.7,85.3)	197.07
9	(41.7,152)	304.24
10	(12.4,100)	217.82
11	(31.7,9.80)	100.96
12	(32.9,189)	61.47
13	(159,218)	258.3

为了方便模型计算，提出如下假设：

1）在一定备选范围内进行配送中心的选取。

2）供应点数目多于配送中心数目。

3）一个供应点仅由一个配送中心提供配送服务，但一个配送中心可覆盖多个供应点。

4）配送中心容量可满足各供应点的总需求量。

5）各供应点配送需求一次性运输完成且假设匀速行驶。

6）只考虑配送中心建设成本、运输成本。

符号及定义：

- I：表示供应点集合。
- J：表示配送中心集合。
- C_{ij}：从供应点 i 到配送中心 j 的运输成本。
- q_{ij}：供应点 i 到配送中心 j 的运输量。
- f_j：配送中心 j 的建设成本。
- D_j：配送中心 j 的需求量。
- P：配送中心的最大建设数量。
- M_j：配送中心 j 的最大容量。

目标函数：$\min\ C=X_j f_j+X_j Z_{ij} C_{ij} D_{ij}$，表示总费用最小。

约束条件 1：$\max\ P=2$，配送中心的数量为 2 个。

约束条件 2：$\sum_{i\in I} q_{ij} \geqslant D_j$，$j\in J$，从供应点到配送中心的数量大于等于配送中心的需求量。

约束条件 3：$\sum_{j\in J} D_j < M_j$，配送中心容纳能力限制。

约束条件 4：$X_j \in (0,1)$，$Z_{ij} \in (0,1)$，$q_{ij}, D_j, M_j>0$，变量取值。

在 Python 里面运行显示如图 7-12~图 7-14 所示。

```
30      %% 遗传算法优化
31 —    gen=1;
32 —    figure;set(gcf,'position',[680   192   560   786]);
33 —    hold on;box on
34 —    xlim([0,MAXGEN])
35 —    ObjV=calObj(Chrom,demand_num,center_fixi,demand_amount,dist);        %计算种群目标函数值
36 —    preObjV=min(ObjV);
37 —    while gen<=MAXGEN
```

图 7-12　基于物流配送中心选址的遗传算法优化

```
38          %% 计算适应度
39 —        ObjV=calObj(Chrom,demand_num,center_fixi,demand_amount,dist);%计算种群目标函数值
40 —        subplot 211;
41 —        line([gen-1,gen],[preObjV,min(ObjV)]);drawnow;
42 —        title('优化过程');
43 —        xlabel('代数');
44 —        ylabel('最优值');
45 —        preObjV=min(ObjV);
46 —        FitnV=Fitness(ObjV);
47          %% 选择
48 —        SelCh=Select(Chrom,FitnV,GGAP);
49          %% OX交叉操作
50 —        SelCh=Recombin(SelCh,Pc);
51          %% 变异
52 —        SelCh=Mutate(SelCh,Pm);
53          %% 重插入子代的新种群
54 —        Chrom=Reins(Chrom,SelCh,ObjV);
55          %% 删除种群中重复个体，并补齐删除的个体
56 —        Chrom=(Chrom);
57          %% 打印当前最优解
58 —        ObjV=calObj(Chrom,demand_num,center_fixi,demand_amount,dist);        %计算种
59 —        [minObjV,minInd]=min(ObjV);
60 —        disp(['第',num2str(gen),'代最优化值:',num2str(minObjV)])
61 —        [bestVC,bestNV]=decode(Chrom(minInd(1),:),demand_num);
62 —        subplot 212;
63 —        draw_Best_num(bestVC,bestNV,demand_pos,center_pos,vertexs);
64 —        drawnow;
65          %% 更新迭代次数
66 —        gen=gen+1 ;
67 —    end
```

图 7-13　基于物流配送中心选址的遗传算法优化的适应度计算和算子选择

运行结果如图 7-15 和图 7-16 所示。

由配送中心 2 配送的供应点有：3，7，8，9，10，11，12。

由配送中心 3 配送的供应点有：1，2，4，5，6，13。

```
68     %% 画出最优解的路线图
69 -   ObjV=calObj(Chrom,demand_num,center_fixi,demand_amount,dist);          %计算种群目标函数值
70 -   [minObjV,minInd]=min(ObjV);
71     %% 输出最优解的路线和总距离
72 -   disp('最优解:')
73 -   bestChrom=Chrom(minInd(1),:);
74 -   [bestVC,bestNV]=decode(bestChrom,demand_num);
75     %% 画出最终路线图
76 -   figure;draw_Best_num(bestVC,bestNV,demand_pos,center_pos,vertexs);
77 -   toc
```

图 7-14　画图

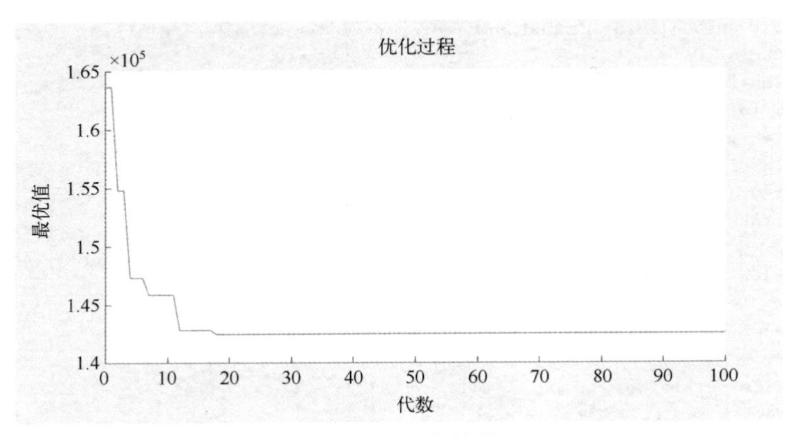

图 7-15　运行结果

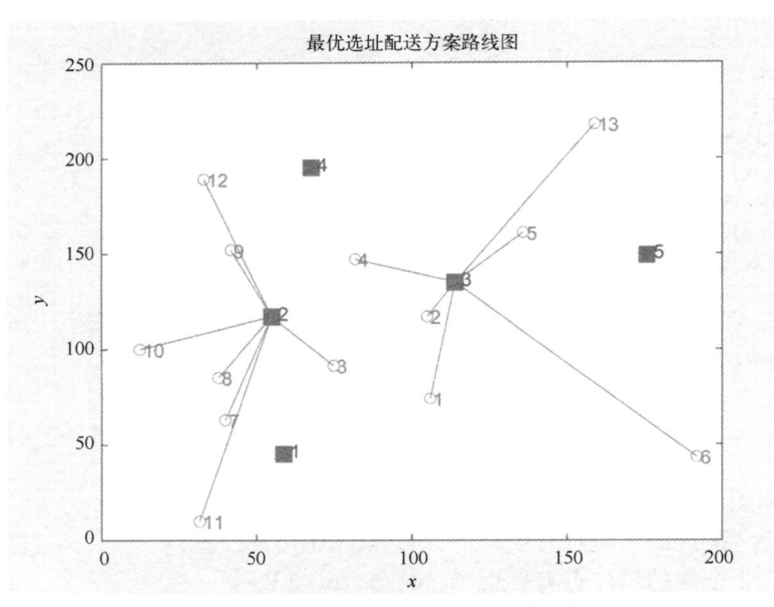

图 7-16　最优选址配送方案结果图

习题

1. 使用遗传算法求解函数 $f(x,y)=-x^2-y^2+10$ 在 $[-10,10]$ 区间内的最大值，种群大小为 10，交叉概率为 0.8，变异概率为 0.2，最大迭代次数为 100。

2. 使用粒子群算法求解函数 $f(x,y)=x^2+y^2$ 在 $[-5,5]$ 区间内的最小值，种群大小为 10，惯性权重 $w=0.7$，个体学习因子 $c_1=1.5$，社会学习因子 $c_2=2$，最大迭代次数为 100。

3. 使用遗传算法求解背包问题，有 5 个物品，重量分别为 2、3、4、5、6，价值分别为 3、4、5、6、7，背包的最大承重为 10。求出背包能装下的最大总价值以及装入的物品。

参考文献

[1] COLORNI A, DORIGO M, MANIEZZO V. Distributed optimization by ant colonies [C]//Proceedings of the first European conference on artificial life. 1991, 142: 134-142.

[2] BRATTON D, KENNEDY J. Defining a standard for particle swarm optimization [C]//2007 IEEE swarm intelligence symposium. New York: IEEE, 2007: 120-127.

[3] KARABOGA D. An idea based on honey bee swarm for numerical optimization [R]. Technical report-tr06, Erciyes university, engineering faculty, computer engineering department, 2005.

[4] 李晓磊，邵之江，钱积新. 一种基于动物自治体的寻优模式：鱼群算法 [J]. 系统工程理论与实践，2002，22(11)：32-38.

[5] YANG X S. A new metaheuristic bat-inspired algorithm [M]//Nature inspired cooperative strategies for optimization (NICSO 2010). Berlin, Heidelberg: Springer Berlin Heidelberg, 2010: 65-74.

[6] MEHRABIAN A R, LUCAS C. A novel numerical optimization algorithm inspired from weed colonization [J]. Ecological Informatics, 2006, 1(4): 355-366.

[7] 李彤，王众托. 模拟植物生长算法的原理及应用 [J]. 系统工程理论与实践，2020，40(5)：1266-1280.

[8] 张丽萍，柴跃廷. 遗传算法的现状及发展动向 [J]. 信息与控制，2001(6)：531-536.

[9] 丁军，古愉川，黄霞，等. 基于改进遗传算法优化人工神经网络的 304 不锈钢流变应力预测准确性研究 [J]. 机械工程学报，2022，58(10)：78-86.

第 8 章 支持向量机

支持向量机（Support Vector Machine，SVM）是一种强大的监督学习算法，用于分类和回归问题。它是以统计学习为基础，较好地解决传统统计学习理论不能解决的非线性、高维数、局部极小点等问题的算法。它在机器学习领域非常流行，并被广泛应用于各种领域，如文本分类、图像识别、生物信息学和金融预测等。本章将系统地介绍支持向量机的由来和原理，以及支持向量机的算法优化，其中包括模糊支持向量机、最小二乘支持向量机、粒子群优化算法支持向量机等。

8.1 支持向量机的原理

扫码看视频

SVM 是一种经典的机器学习算法，由 Vapnik 和 Chervonenkis 在 20 世纪 60 年代末和 70 年代初提出[1]。SVM 最初被引入是作为一种用于解决二分类问题的线性分类器，如今已发展成为一种强大的非线性分类和回归方法。由于原理清晰明确，功能强大，SVM 得到了很广泛的应用。

8.1.1 支持向量机的由来

SVM 的早期发展始于统计学习理论，该理论是由 Vapnik 和他的同事们开发的。统计学习理论是一种使用统计的方法专门研究小样本情况下机器学习规律的理论。该理论针对小样本问题建立了一套全新的理论体系，其统计推理规则不仅考虑了对渐进性能的要求，而且追求在现有有限信息的条件下得到最后结果。Vapnik 在该理论中提出了结构风险最小化（Structural Risk Minimization，SRM）的概念，该概念强调在进行模型选择时需要平衡模型的经验误差和模型的复杂性，以实现更好的泛化性能。具体来说，结构化风险可以分为结构风险和置信风险。结构风险指的是给定样本上的分类误差，而置信风险是指在未知样本上的分类误差。我们在训练模型时会让结构风险变得很小，但是这个模型能否预测未知样本则需关注置信风险。训练样本数越多，置信风险也越小。而分类函数越复杂，则会导致其普适性变差，增加置信风险。SVM 的研究意义就是让结构风险与置信风险的和最小。

SVM 的核心思想是在特征空间中找到一个最优的超平面，将不同类别的数据点分开，并且使得超平面与最近的数据点之间的间隔尽可能大。这些最近的数据点被称为“支持向量”，因为它们对于定义分类边界非常重要。

在 20 世纪 90 年代初，Vapnik 与他的合作者将 SVM 的理论进一步发展成为非线性分类器，引入了核函数的概念，以实现在高维特征空间中的非线性分类[2]。这一重要改进被称为“Kernel Trick”。

SVM 因其优秀的分类性能、泛化能力和扎实的理论基础而受到广泛关注，并被广泛应用于许多领域，如图像识别、文本分类、生物信息等。在机器学习领域，SVM 被认为是经典的学习算法之一，并与神经网络、决策树等一同发展为机器学习领域的重要组成部分。

8.1.2　支持向量机的发展

支持向量机作为一个经过广泛研究和应用的监督学习算法，它在解决分类和回归问题上取得了显著的成就。最早的 SVM 是用于线性可分数据的，研究主要集中在找到最大间隔超平面和支持向量的数学推导与算法优化上。Vapnik 和 Cortes 于 1995 年首次提出了现代形式的线性 SVM，其基本思想是通过拉格朗日乘数法将线性可分问题转化为凸优化问题，并利用对偶问题求解得到支持向量[3]。而针对现实世界中存在的线性不可分数据，研究者又提出了软间隔 SVM，引入松弛变量来容忍一定的误分类[4]。软间隔 SVM 的出现扩展了 SVM 在实际应用中的适用范围，并且对相应的算法进行了优化。此外，由于实际数据往往是复杂、非线性可分的，研究者提出了核函数的概念，将数据映射到高维特征空间，并在高维空间中寻找线性可分的超平面。这种非线性 SVM 扩展了 SVM 的表现能力，让它能够应用在更广泛的问题上。虽然一开始的 SVM 是针对二分类问题的，但实际中存在多类别分类的需求。针对这个问题，研究者又提出了一对多（One-vs-Rest）和一对一（One-vs-One）等策略来处理多类别分类问题。

经过多年的研究和发展，SVM 在线性和非线性分类问题上均取得了显著的成就。针对不同场景下的实际问题，研究者在 SVM 的基础上进行改进和创新，使其更加适应现实世界中复杂的数据环境。同时，随着技术的发展，SVM 的应用场景和算法也在不断扩展和优化，在人像识别、故障诊断[5]、模式识别[6]等流行问题中都有应用。

8.2　支持向量机算法

扫码看视频

支持向量机的本质是通过在样本空间中找到一个超平面，将不同类别的样本分开，同时使得两个点集到此平面的最小距离最大，两个点集中的边缘点到此平面的距离最大。在线性可分时，就是在原空间寻找两类样本的最优分类超平面。在线性不可分时，加入松弛变量并通过非线性映射将低维度空间的样本映射到高维度空间中使其变为线性可分，这样就可以在该特征空间中寻找最优分类超平面，完成样本分类。

8.2.1 支持向量机的模型算法

给定训练样本集：

$$D=\{(x_1,y_1),\cdots,(x_m,y_m)\} \tag{8-1}$$

式中，$x_i\in\boldsymbol{R}^n$；$y_i\in\{-1,+1\}$；$i=1,2,\cdots,m$；$\boldsymbol{R}^n$表示 n 维欧氏空间。分类学习最基本的思想就是基于训练样本集 D 在样本空间中找到一个超平面，将不同的样本分开。划分超平面的线性方程描述如下：

$$\boldsymbol{\omega}^{\mathrm{T}}\boldsymbol{x}+\boldsymbol{b}=0 \tag{8-2}$$

对于一个线性可分的训练集，SVM 认为存在$(\boldsymbol{\omega}\cdot\boldsymbol{b})$使得 $y_i[\boldsymbol{\omega}^{\mathrm{T}}x_i+\boldsymbol{b}]\geqslant\boldsymbol{0}$。同时根据点到平面之间距离的公式，可以得出样本空间中任意一点到超平面的距离为

$$d=\frac{|\boldsymbol{\omega}^{\mathrm{T}}\boldsymbol{x}_0+\boldsymbol{b}|}{\|\boldsymbol{w}\|} \tag{8-3}$$

而距离超平面最近的几个点被称为支持向量，两类异类向量的距离则为样本中的间隔 D，可以用如下公式描述。

$$D=\frac{2}{\|\boldsymbol{w}\|} \tag{8-4}$$

找到最大间隔则可以找到最优超平面。SVM 示意图如图 8-1 所示，由此 SVM 优化模型表述如下：

$$\begin{aligned}&\min\ \frac{1}{2}\|\boldsymbol{w}\|^2\\&\text{s. t.}\ \ y_i[\boldsymbol{\omega}^{\mathrm{T}}\boldsymbol{x}_i+\boldsymbol{b}]\geqslant 0\end{aligned} \tag{8-5}$$

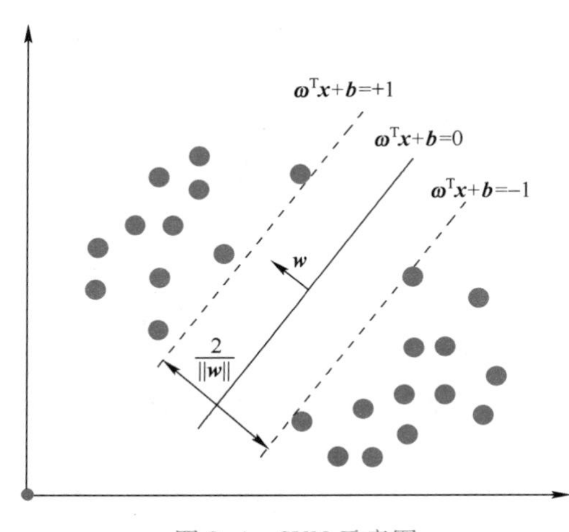

图 8-1　SVM 示意图

对于非线性问题来说，往往无法在原始样本空间中寻找到一个超平面把训练样本正确分类。SVM 的做法是在将原始样本空间映射到一个更高的特征空间，以期可以找到一个超平面，使得样本集在这个空间内可分。具体做法是令 $\varphi(x)$ 表示 x 映射在特征空间的向量。

特征空间的超平面可以表示为

$$\boldsymbol{\omega}^{\mathrm{T}}\boldsymbol{\varphi}(x)+\boldsymbol{b}=0 \tag{8-6}$$

则 SVM 优化模型为

$$\begin{gathered}\min \frac{1}{2}\|\boldsymbol{\omega}\|^2\\ \text{s. t. } y_i[\boldsymbol{\omega}^{\mathrm{T}}\boldsymbol{\varphi}(x_i)+\boldsymbol{b}]\geqslant 1\end{gathered} \tag{8-7}$$

而高维映射 $\varphi(x)$ 的线性表达式不易求出，往往使用如下核函数使得 SVM 的优化模型仍然可解。

$$K(x_1,x_2)=\boldsymbol{\varphi}(x_1)^{\mathrm{T}}\boldsymbol{\varphi}(x_2) \tag{8-8}$$

同时训练集中可能存在一些特异点，在特征空间中也找不到线性可分的超平面的情况下，去掉这些特异点后，剩下的大部分训练数集是线性可分的。

线性不可分意味着某些样本点 (x_i,y_i) 不能满足间隔大于等于 1 的条件，样本点落在超平面与边界之间。为解决这一问题，可以对每个样本点引入一个松弛变量 $\xi_i\geqslant 0$，使得间隔加上松弛变量大于等于 1，这样约束条件变为

$$\begin{gathered}y_i[\boldsymbol{\omega}^{\mathrm{T}}\boldsymbol{x}_i+\boldsymbol{b}]\geqslant 1-\xi_i\\ \xi_i\geqslant 0\end{gathered} \tag{8-9}$$

SVM 的优化模型则变成

$$\begin{gathered}\frac{1}{2}\|\boldsymbol{w}\|^2+C\sum_{j=1}^{N}\xi_i\\ \text{s. t. } y_i[\boldsymbol{\omega}^{\mathrm{T}}\boldsymbol{x}_i+\boldsymbol{b}]\geqslant 1-\xi_i\\ \xi_i\geqslant 0\end{gathered} \tag{8-10}$$

式中，$C>0$ 为惩罚参数，C 值大时对误分类的惩罚增大，C 值小时对误分类的惩罚减小。C 的主要作用在于使得间隔足够大，同时使误分类点的个数尽量少，用于调和两者的系数。

8.2.2　支持向量机模型优化算法

SVM 的优化模型本身是一个凸的二次型问题，使用原问题的对偶问题可以使得优化模型可解。原问题的模型为

$$\begin{gathered}\min f(\boldsymbol{w})\\ \text{s. t. } g_i(\boldsymbol{w})\leqslant 0(i=1,2,\cdots,k)\\ h_i(\boldsymbol{w})=0(i=1,2,\cdots,m)\end{gathered} \tag{8-11}$$

原问题的对偶问题定义为

$$L(\boldsymbol{w},\alpha,\beta)=f(\boldsymbol{w})+\sum_{j=1}^{K}\alpha_i g_i(\boldsymbol{w})+\sum_{j=1}^{K}\beta_i h_i(\boldsymbol{w}) \tag{8-12}$$

对偶问题的优化模型为

$$\begin{aligned}&\max\ \theta(\alpha,\beta)=\inf\{L(\boldsymbol{w},\alpha,\beta)\}\\&\text{s.t.}\ \ \alpha_i\geqslant 0(i=1,2,\cdots,k)\end{aligned} \tag{8-13}$$

根据对偶问题的原问题，SVM 的优化模型为

$$\begin{aligned}&\min\ \frac{1}{2}\|\boldsymbol{w}\|^2-C\sum_{j=1}^{N}\xi_i\\&\text{s.t.}\ \ 1+\xi_i-y_i\boldsymbol{\omega}^{\mathrm{T}}\boldsymbol{x}_i-y_i\boldsymbol{b}\leqslant 0\\&\xi_i\leqslant 0\end{aligned} \tag{8-14}$$

其对应的对偶问题优化模型为

$$\begin{aligned}&\max\ \theta(\alpha,\beta)=\inf\left\{\frac{1}{2}\|\boldsymbol{w}\|^2-C\sum_{i=1}^{N}\xi_i+\sum_{i=1}^{K}\alpha_i[1+\xi_i-y_i\boldsymbol{\omega}^{\mathrm{T}}\boldsymbol{x}_i-y_i\boldsymbol{b}]+\sum_{i=1}^{K}\beta_i\xi_i\right\}\\&\text{s.t.}\ \ \alpha_i\geqslant 0(i=1,2,\cdots,k)\\&\beta_i\geqslant 0(i=1,2,\cdots,k)\end{aligned} \tag{8-15}$$

然后根据强对偶关系定理，若 $f(\boldsymbol{w})$ 为凸函数且 $g(\boldsymbol{w})=A\boldsymbol{w}+b$，$g(\boldsymbol{w})=C\boldsymbol{w}+d$，则此优化问题的原问题与对偶问题的间距为 0，即

$$f(\boldsymbol{w}^*)=\theta(\alpha^*+\beta^*) \tag{8-16}$$

SVM 的最终优化模型为

$$\begin{aligned}&\max\ \theta(\alpha,\beta)=\sum_{i=1}^{N}\alpha_i-\frac{1}{2}\sum_{i=1}^{N}\sum_{j=1}^{N}\alpha_i\alpha_j y_i y_j K(x_i,x_j)\\&\text{s.t.}\ \ 0\leqslant\alpha_i\leqslant C(i=1,2,\cdots,k)\\&\sum_{i=1}^{N}\alpha_i y_i=0\end{aligned} \tag{8-17}$$

8.2.3 核函数

核函数是 SVM 中的重要概念，它允许我们在低维空间中进行计算，这样做的好处是避免了直接在高维空间中进行复杂计算，从而节省了计算资源和时间。数学上，核函数是一个将原始特征空间映射到高维特征空间的函数。在高维特征空间中，数据更有可能是线性可分的。核函数可以将原始特征空间中的点对应到高维特征空间中，然后在高维特征空间中计算数据之间的内积，从而实现在原始特征空间中的非线性分类。

在 SVM 的最终优化模型中，$K(x_i,y_i)$ 被称为核函数，它满足 Mercer 条件的任何对称的核函数对应于样本空间的点积。核函数的种类较多，常用的有：

1）线性核（Linear Kernel）：$K(x_i,y_i)=\boldsymbol{x}^{\mathrm{T}}\boldsymbol{y}$，这是最简单的核函数，适用于线性可分问题。

2）多项核（Polynomial Kernel）：$K(x_i,y_i)=(\boldsymbol{x}^{\mathrm{T}}\boldsymbol{y}+c)^{\alpha}$，其中 c 是一个常数项，α 是多项式的阶数。多项核函数可以用于处理一些简单的非线性问题。

3）径向基核（Radial Basia Function Kernel）：$K(x_i,y_j)=\mathrm{e}^{\frac{\|x-y\|^2}{\sigma^2}}$，RBF 核函数是非常常用的核函数，适用于各种非线性问题。

4）Sigmoid 核（Sigmoid Kernel）：$K(x_i,y_i)=\tanh(\beta\boldsymbol{x}^{\mathrm{T}}\boldsymbol{y}+\theta)$，这个核函数的形式基于 Sigmoid 函数，其中 β 和 θ 是参数。Sigmoid 核函数可以用于神经网络的模拟，在 SVM 中被用来解决二分类问题。

8.2.4　支持向量机算法的计算机实现

下面通过实验来介绍支持向量机分类算法的应用，程序在 PyCharm 上基于 sklearn 库进行测试。sklearn（全称 scikit-learn）是基于 Python 语言的一个开源的机器学习库。它建立在 NumPy、SciPy 和 matplotlib 的基础之上，提供了一系列用于数据挖掘和数据分析的工具和算法。sklearn 包含了许多经典的机器学习算法，如回归、分类、迭代、降维等，并提供了丰富的函数和方法来帮助用户完成各种机器学习任务。

支持向量机（SVM）进行分类的步骤和 Python 代码如下。

1）首先需要在 PyCharm 中添加相应的第三方库，即在文件>设置>Python 解释器中单击“+”，如图 8-2 所示。

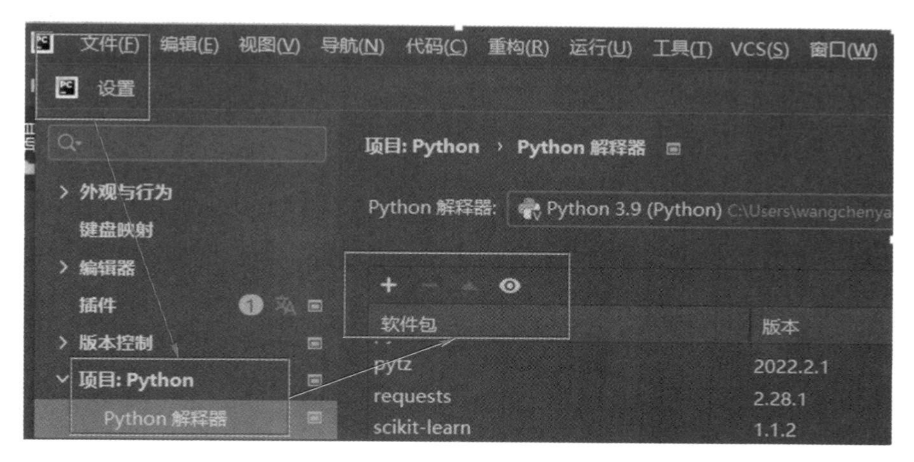

图 8-2　PyCharm 中添加第三方库

2）在新建的 Python 文件中，书写相应的代码，如图 8-3 所示。

3）最后单击运行得到分类结果，如图 8-4 所示。

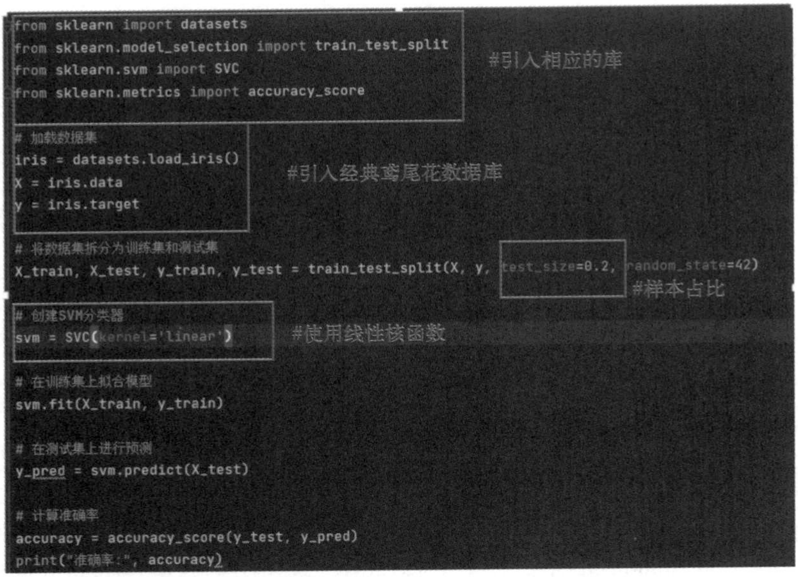

```
from sklearn import datasets
from sklearn.model_selection import train_test_split
from sklearn.svm import SVC
from sklearn.metrics import accuracy_score          #引入相应的库

# 加载数据集
iris = datasets.load_iris()
X = iris.data                                        #引入经典鸢尾花数据库
y = iris.target

# 将数据集拆分为训练集和测试集
X_train, X_test, y_train, y_test = train_test_split(X, y, test_size=0.2, random_state=42)
                                                     #样本占比
# 创建SVM分类器
svm = SVC(kernel='linear')                           #使用线性核函数

# 在训练集上拟合模型
svm.fit(X_train, y_train)

# 在测试集上进行预测
y_pred = svm.predict(X_test)

# 计算准确率
accuracy = accuracy_score(y_test, y_pred)
print("准确率:", accuracy)
```

图 8-3　代码示例

```
运行:   SVM分类
C:\Users\wangchenyang\Desktop\Python\venv\Scripts\python.exe
准确率: 1.0

进程已结束,退出代码0
```

图 8-4　运行代码

8.3　支持向量机算法参数优化

尽管 SVM 的性能在许多实际问题的研究中得到了验证，但是传统的 SVM 算法在计算上仍存在一些问题，包括训练算法速度慢、检测阶段运算量大、SVM 抗击噪声及孤立点能力差等。所以在 SVM 的研究中，针对这些问题也提出了许多方法来优化。

8.3.1　模糊支持向量机

由于支持向量机对于离群点和噪点的敏感性，Lin 和 Wang[7] 提出了一种模糊支持向量机模型（Fuzzy Support Vector Machine，FSVM），用于有噪声或离群点的分类。FSVM 通过对每个输入的样本点赋予模糊隶属度值，使不同的样本点对最优分类超平面的构建具有不同的贡献，降低了噪声或离群点对最优决策的影响。其中 FSVM 的关键问题在于如何确定隶属度函数，目前没有统一的标准去选择一个相对较为合适的隶属度，往往需要依据经验来选择较为合适的隶属度函数。

对于给定的一组训练样本集 $S=\{(x_1,y_1,S_1),(x_2,y_2,S_2),\cdots,(x_m,y_m,S_m)\}$，其中 x_m 是样本空间的样本点，y_m 是样本对应的标签，S_m 是模糊隶属度值，代表样本点 x_m 归属于某一类 y_m 的权重。与标准的 SVM 算法一样，模糊支持向量机也是寻找一个能最大化分类间隔的超平面 $\boldsymbol{\omega}^{\mathrm{T}}\boldsymbol{\varphi}(x)+\boldsymbol{b}=0$，使得高维的求解最优解分类问题转化成如下所示的最优化问题。

$$
\begin{aligned}
&\min \frac{1}{2}\boldsymbol{w}^2 + C\sum_{j=1}^{N}\xi_i S_m \\
&\text{s. t. } y_m[\boldsymbol{\omega}^{\mathrm{T}}\boldsymbol{x}_m + \boldsymbol{b}] \geqslant 1 - \xi_i \\
&\xi_i \geqslant 0
\end{aligned}
\tag{8-18}
$$

式中，ξ_i 是松弛变量；C 是正则化参数用于平衡分类最大间隔和分类误差之间的平衡；$\xi_i S_m$ 为重要性不同变量的错分程度。当 S_m 越小，ξ_i 的影响就越小，则对应的 $\varphi(x)$ 对于分类的作用就越小。$S_m C$ 则是衡量样本 x_i 在训练 FSVM 算法时的重要程度，$S_m C$ 的值越大，表示样本 x_i 被正确分类的可能性越大，反之表示样本 x_i 被正确分类的可能性越小。要解决上述优化问题，如同 SVM 的标准型一样，构造出原问题的对偶问题，如下所示。

$$
\begin{aligned}
&\max \theta(\alpha,\beta) = \inf\left\{\frac{1}{2}\|\boldsymbol{w}\|^2 - C\sum_{i=1}^{N}\xi_i S_m + \sum_{i=1}^{K}\alpha_i[1+\xi_i - y_i\boldsymbol{\omega}^{\mathrm{T}}\boldsymbol{\varphi}(x_i) - y_i\boldsymbol{b}] + \sum_{i=1}^{K}\beta_i\xi_i\right\} \\
&\text{s. t. } \alpha_i \geqslant 0(i=1,2,\cdots,k) \\
&\beta_i \geqslant 0(i=1,2,\cdots,k)
\end{aligned}
\tag{8-19}
$$

根据强对偶关系定理，最后得出

$$
\begin{aligned}
&\max \theta(\alpha,\beta) = \sum_{i=1}^{N}\alpha_i - \frac{1}{2}\sum_{i=1}^{N}\sum_{j=1}^{N}\alpha_i\alpha_j y_i y_j K(x_i,x_j) \\
&\text{s. t. } 0 \leqslant \alpha_i \leqslant S_m C(i=1,2,\cdots,k) \\
&\sum_{i=1}^{N}\alpha_i y_i = 0
\end{aligned}
\tag{8-20}
$$

对于如何确定隶属度函数的难点问题，下面归纳了几种确定隶属度函数的方法。

1）基于距离确定隶属度函数。该方法是将样本分为正类和负类，分别在两个类中找到中心，通过各个样本到类中心的距离来确定隶属度。样本点到类中心的距离越小，表示该样本点的隶属度越大，反之，则表示该样本点的隶属度越小。找到两个类的中心后，基于类中心的超平面到各个样本点的距离来度量隶属度函数的大小。

2）基于 K 近邻法确定隶属度函数。该方法是在样本数据中找到一个集合包含其附近的 K 个点，计算样本点到这个集合中所有点的距离的平均值 d_i，找到其中的最远距离 $d_{\max}$ 和最近距离 $d_{\min}$，代入下式，即为隶属度函数。

$$
\mu(x_i)=1-(1-\alpha)\left(\frac{d_i-d_{\min}}{d_{\max}-d_{\min}}\right) \tag{8-21}
$$

8.3.2 最小二乘支持向量机

支持向量机往往针对小样本问题，基于结构风险最小化，较好地解决了以往机器学习模型中的过学习、非线性、维数灾难以及局部最优等问题，具有较好的泛化能力。然而，该方法在大规模训练样本时，存在训练速度慢、稳定性差等缺点，并且在学习过程中需要求解二次规划问题，从而制约了使用范围。1999 年，Suykens 和 Vandewalle[8] 等人在 SVM 的基础上提出最小二乘支持向量机（Least Square Support Vector Machine，LSSVM），该算法的计算复杂度大大降低，使得训练速度得到提高。LSSVM 方法是在标准支持向量机的基础上的一种扩展，该算法将支持向量机的求解从二次规划问题转化为线性方程组。它与支持向量机的不同之处在于它把不等式约束改成等式约束，并把经验风险由偏差的一次方改为二次方。

给定训练样本集 $D=\{(x_1,y_1),(x_2,y_2),\cdots,(x_m,y_m)\},y_i\in\{-1,+1\}$，首先用非线性 $\boldsymbol{\varphi}(x)$ 把样本空间映射到高维特征空间之中，在这个高维空间中，划分样本空间的超平面用 $\boldsymbol{\omega}^{\mathrm{T}}\boldsymbol{\varphi}(x)+\boldsymbol{b}=0$ 表示。根据最小二乘支持向量机，利用结构风险最小化原则，将传统的支持向量机中的不等式约束问题转化为等式约束问题，将二次规划问题转化为线性方程组来求解，具体如下所示。

$$\min \frac{1}{2}\boldsymbol{w}^2 - C\sum_{j=1}^{N} e_k^2 \qquad (8\text{-}22)$$

$$\text{s.t.}\ \ 1 + e_k - y_i\boldsymbol{\omega}^{\mathrm{T}}\boldsymbol{x}_i - y_i\boldsymbol{b} = 0$$

最小二乘支持向量机是一个带有等式约束的二次规划问题，根据强对偶关系定理变形化简，最后得出最小二乘法支持向量机的非线性预测模型为

$$f(x) = \sum_{i=1}^{N} \alpha_i K(x_i,x_j) + \boldsymbol{b} \qquad (8\text{-}23)$$

8.3.3 粒子群算法优化支持向量机

1. 粒子群算法

粒子群算法（Particle Swarm Optimization，PSO）由鸟群觅食习惯发展而来，其优化原理是先初始化待优化的问题，以原始输入数据为起点进行循环迭代，直到得到能够评价数据适应度的输出数据，然后根据输出数据开展寻优活动，最终实现模型解集的优化目的。

粒子群算法的数学描述为：在假定的 D 维空间中，有 M 个粒子，每个粒子代表一个解。设第 i 个粒子的坐标为 $X_{id}=(x_{i1},x_{i2},x_{i3},\cdots,x_{id})$；第 i 个粒子的速度（粒子移动的距离和方向）为 $V_{id}=(v_{i1},v_{i2},v_{i3},\cdots,v_{id})$；第 i 个粒子搜索到的最优位置为 $P_{id}=(p_{i1},p_{i2},p_{i3},\cdots,p_{id})$；群体搜索到的最优位置为 $P_{gd}=(p_{g1},p_{g2},p_{g3},\cdots,p_{gd})$，则粒子下一步迭代的速度和粒子坐标结果表示为

$$v_{i,d}^{k+1}=\omega v_{i,d}^{k}+c_1r_1(p_{i,d}^{k}-x_{i,d}^{k})+c_2r_2(p_{g,d}^{k}-x_{i,d}^{k}) \qquad (8\text{-}24)$$

$$x_{i,d}^{k+1}=x_{i,d}^{k}+x_{i,d}^{k+1} \qquad (8\text{-}25)$$

式中，ω 为惯性因子；c_1，c_2表示学习因子，一般取 $c_1=c_2$；r_1，r_2表示随机参数。

2. 粒子群优化 SVM

由于 SVM 的分类效果对核函数因子 σ 和惩罚因子 C 这两个参数的选取有着极高的依赖性且 SVM 无法对这两个参数阈值进行定义，而 σ 趋于∞或 σ 趋于 0 均不会产生优质的学习效果，且当 C 的取值不恰当时会引起模型训练失败。为了取得更好的效果，通过 PSO 优化 SVM 模型中的惩罚因子 C 和核函数因子 σ。最后将最优参数代入 SVM 模型中进行分类预测。PSO 优化 SVM 参数过程如图 8-5 所示，具体步骤如下：

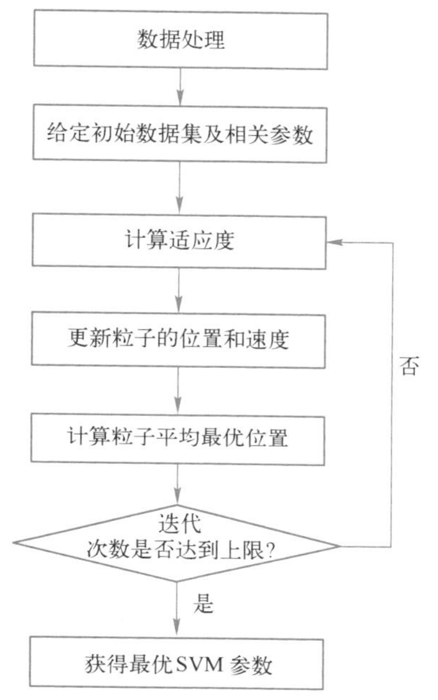

图 8-5　PSO 优化 SVM 参数过程

1）处理数据，提取特征值。数据集的数量级相差较大，需进行标准化处理。

2）给定初始数据集 Q，确定 PSO 初始参数，如粒子群的数量、参数的取值范围等。

3）设定适应度函数。将数据集 Q 作为 PSO 的输入，通过当前例子的位置向量，训练 SVM 模型，并计算适应度值，更新每个粒子的最优值 P_{id}和全局最优值 P_{gd}。

4）更新每个粒子的位置和速度，产生新一代的种群。

5）判断结束条件。当寻优达到最大迭代次数时，则寻优结束；否则转至步骤 3)，继续寻优。

6）将得到的粒子最优位置，即将最优参数（C,σ）赋给 SVM。

8.4　算法应用及案例分析

本例将支持向量机算法应用于产品配置方案的求解，研究的重点是基于 SVM 模型的产品配置。为提高 SVM 模型的预测能力，采用粒子群算法对 SVM 的参数进行优化。

1. 案例背景

A 公司是国内一家大型电器制造商，专注于空调产品，面临市场份额下降和智能化趋势的挑战。为了完成企业转型，公司首先将产品和服务进行升级，以满足智能化需求，但在这个过程中，面临的问题如下：

1）智能化推荐方法不成熟，仍然使用传统的人工推荐方法。

2）服务模块中的售后维修和保养等基本服务与竞争对手相比没有明显优势。

3）缺乏系统性的产品和服务设计，整合经验有限。

4）传统机器学习算法推荐精度低，模型性能差，缺乏研发和优化。

为了实现智能化服务化转型，A 公司需要解决这些问题。在产品配置方面，公司不仅要提供满意的产品，还要优化相关服务。此外，公司还需加强技术人员培训和招聘，提高推荐精度，研发新的配置模型，增强客户满意度，加强与客户的联系。

为了进一步推进智能化服务化转型，A 公司需要优化空调产品配置方案，使其更加灵活和可持续。同时，与人工推荐方案进行对比，验证机器学习算法的推荐准确性，为未来将机器学习算法作为辅助推荐工具做好准备。

2. 数据集的收集

根据公司相关手册、产品目录以及以往客户的需求条件，共收集了 8 种关于空调的客户需求，包括环保性、稳定性、智能性、简便性、能耗性、适应性、可靠性、舒适性。客户需求及内容描述见表 8-1。

表 8-1　客户需求及内容描述

客户需求	内容描述
环保性	空调节能环保等
稳定性	空调运作稳定、不容易出现故障等
智能性	空调自身功能的智能性等
简便性	操作简便等
能耗性	空调自身的散热性等
适应性	能够适应不同海拔、不同环境等
可靠性	操作系统的可靠性等
舒适性	空调调节温度的舒适性等

其中每种需求有 5 个等级{L, ML, M, MH, H}，具体意义为{低，较低，中，较高，高}，为了便于计算机解读，用{-2,-1,0,1,2}进行代替。客户需求及编码见表 8-2。

表 8-2　客户需求及编码

客户需求	可选值	编码
环保性	{L,ML,M,MH,H}	{-2,-1,0,1,2}
稳定性	{L,ML,M,MH,H}	{-2,-1,0,1,2}
智能性	{L,ML,M,MH,H}	{-2,-1,0,1,2}
简便性	{L,ML,M,MH,H}	{-2,-1,0,1,2}
能耗性	{L,ML,M,MH,H}	{-2,-1,0,1,2}
适应性	{L,ML,M,MH,H}	{-2,-1,0,1,2}
可靠性	{L,ML,M,MH,H}	{-2,-1,0,1,2}
舒适性	{L,ML,M,MH,H}	{-2,-1,0,1,2}

为了编码产品，首先要确定产品模块和服务模块。通过查找相关的资料，我们了解到中央空调包括了 9 个产品组件，每个组件都有一个或多个实例，见表 8-3。在服务模块中，一

共有 5 个模块，每个模块都有多个实例，见表 8-4。

表 8-3　产品模块及编码

产品模块名称	模 块 实 例	编　码
压缩机	高压腔涡旋压缩机	A_1
	滚动转子式压缩机	A_2
	低温增焓压缩机	A_3
冷凝器	水冷式冷凝器	B_1
	空气冷却式冷凝器	B_2
	水和空气联合冷却时冷凝器	B_3
节流部件	毛细管	C_1
	节流阀	C_2
风机	FGR35/C	D_1
	FGR72PD/CNA	D_2
气流分离器	气流分离器	E
储液器	单向	F_1
	双向	F_2
	立式	F_3
	卧式	F_4
油气分离器	油气分离器	G
干燥过滤器	松散填充型干燥过滤器	H_1
	块状干燥过滤器	H_2
	压紧型珠状干燥过滤器	H_3
冷却塔	干式冷却塔	I_1
	温式冷却塔	I_2

表 8-4　服务模块描述

服务模块名称	模 块 实 例	编　码
知识支持	远程在线服务	J_1
	远程电话服务	J_2
	工人现场服务	J_3
维护保养	年度保养	K_1
	半年保养	K_2
	季度保养	K_3
	每月保养	K_4

（续）

服务模块名称	模块实例	编　码
备品备件供应	原厂配件供应	L_1
	非原厂配件供应	L_2
	故障备件替换	L_3
	备件升级	L_4
空调安装调试	远程异地安装调试	M_1
	现场安装调试	M_2
	全权委托安装调试	M_3
控制技术	位置和天气自适应	N_1
	需求自调节	N_2
	预判自诊断	N_3

不同的产品模块和服务模块组成不同的产品配置方案。由于客户的需求各异，最终确定了6种产品配置方案以满足不同客户的需求。例如，产品配置方案“1”可表示为$\{A_3, B_2, C_2, D_2, E, F_1, G, H_2, I_1, J_2, K_1, L_1, M_1, N_1\}$。

3. 划分训练集与测试集

首先，从公司设计和销售数据库中提取52个数据样本，见表8-5。

表8-5　输入与输出数据样本

样本	输入								输出标签
	CR_1	CR_2	CR_3	CR_4	CR_5	CR_6	CR_7	CR_8	
01	2	2	2	3	−2	2	1	3	1
02	3	2	3	2	−1	3	2	−1	3
03	3	3	2	1	−2	3	2	0	6
⋮	⋮	⋮	⋮	⋮	⋮	⋮	⋮	⋮	⋮
50	2	3	2	3	−1	1	1	−1	5
51	2	2	2	3	−2	2	1	3	1
52	3	3	3	2	0	2	2	−1	4

将52个样本划分为训练集和测试集，训练集的样本数量为40个，测试集的样本数量为12个。利用粒子群算法找出SVM模型的最优核函数参数和惩罚因子参数，最后将最优参数代入SVM模型中进行预测。SVM模型的输入为需求特征，输出为产品服务系统配置方案。

4. 基于SVM的模型建立与预测

通过一对一（One Vs One，OVO）方法构造多类SVM模型。对于由OVO方法创建的每个可能的二进制SVM模型，将高斯RBF函数选择为内核函数。然后，利用粒子群算法进行

5-fold CV 的参数寻优，找出最优参数对（C,$б$）代入多分类 SVM 模型对产品配置进行预测。在 PSO 中，参数设置为：种群数量为 50，粒子维度为 2，迭代次数设置为 100 次，适应度函数为 5-fold CV 下的分类精度，算法停止条件为迭代次数大于 100 次。通过每一次迭代得出一个参数对（C,$б$），反复迭代到最大的迭代次数，输出最优的参数对（C,$б$）。粒子群算法参数设置见表 8-6。

表 8-6　粒子群算法参数设置

参 数 名 称	设　定　值
粒子数量	50
粒子维度	2
最大迭代次数	100
惯性因子	0.8
学习因子	2
参数最大值	50
参数最小值	0.01
适应度函数	5-fold CV 下的分类精度
算法停止条件	迭代次数>100

构建 PSO-SVM 模型后，为了能够找出最优的核函数参数和惩罚因子，使用训练精度作为评价指标，在训练精度最高情况下对应的核函数参数值和惩罚因子值为最优值。模型训练结果如图 8-6 所示。

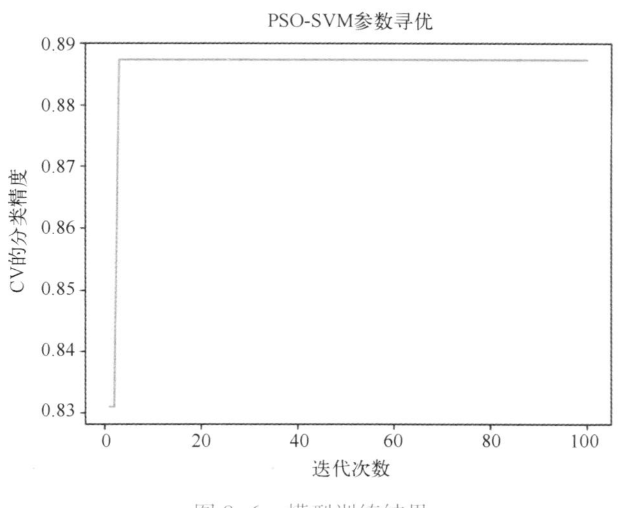

图 8-6　模型训练结果

通过粒子群算法得出，当迭代次数到 95 次的时候，5-fold CV 下的分类精度（即 88.84%）达到最高，此时得出最优参数值 $C=15.1922$，$\sigma=0.2264$。将最优的参数代入多分类 SVM 模型中，将 12 个用于测试集的样本输入模型中来测试模型的分类精度。PSO-SVM 测试结果如图 8-7 所示。

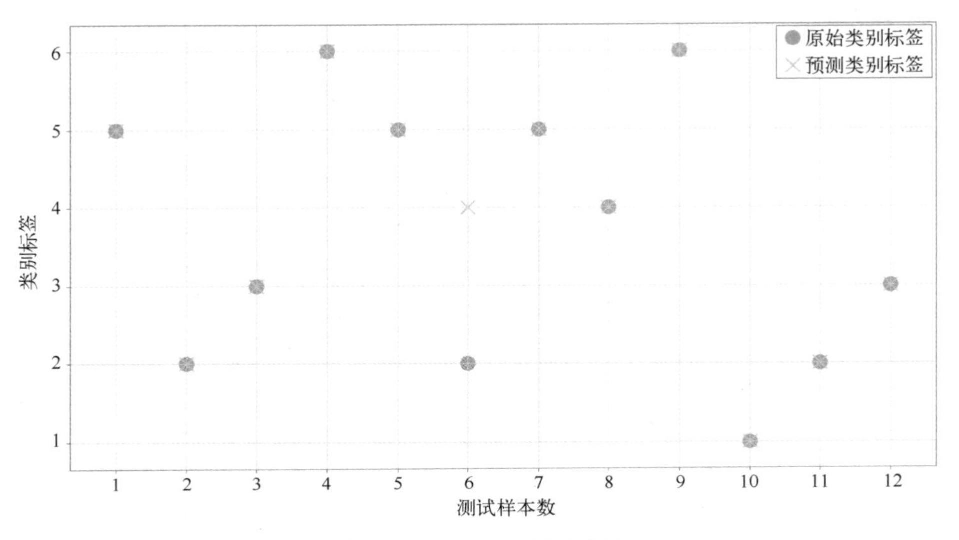

图 8-7　PSO-SVM 测试结果

从图 8-7 可以看出，只有一个最初归类为“2”的样本被误归类为“4”，其分类的精度为 91.67%。

为了验证该模型解决实际问题的可靠性，将测试两个新客户的需求所提供的产品配置与实际的吻合性。第一个新客户需要为医院配置中央空调，其需求是能够除菌、噪声低（即环保性非常高），并且舒适性要求也非常高。其输入为$\{3,3,2,1,-2,3,2,0\}$，输出的结果为配置方案“6”，即$\{A_1,B_1,C_2,D_1,E,F_2,G,H_1,I_2,J_3,K_3,L_1,M_2,N_3\}$。在实际中，$A_1$有降噪功能，$D_1$有除细菌的功能，而在配置方案“6”中正包含以上的需求，验证了该模型的可靠性。第二个新用户由于在高海拔的地段，海拔较高，所以需要适应性非常高，其次稳定性要求也非常高。其输入为$\{3,2,2,3,-2,0,1,3\}$，输出的结果为配置方案“1”，即$\{A_3,B_2,C_2,D_2,E,F_1,G,H_2,I_1,J_2,K_1,L_1,M_1,N_1\}$。在实际中，$A_3$有海拔自适应、低功耗的功能，$D_2$有节能的功能，$N_1$为位置和天气自适应，而在配置方案“1”中正包含以上的需求，再次验证了模型的可靠性。

5. 结果分析

为了对比所提方法的优越性，将 PSO-SVM 模型与传统的 SVM 模型的精度进行对比，见表 8-7。

表 8-7　PSO-SVM 模型与 SVM 模型的精度对比

模　　型	PSO-SVM	SVM
训练样本数	40	40
训练样本识别率（%）	88.84	83.09
测试样本数	12	12
测试样本识别率（%）	91.67	83.33

由于测试样本的数量较少，并且受样本可区分度的影响，测试样本的识别率普遍高于训练样本的识别率。从表 8-7 可看出，PSO-SVM 模型的训练识别率和测试识别率都高于传统的 SVM 模型，PSO-SVM 模型训练样本的识别率达到了 88.84%，测试样本的识别率达到了 91.67%，可看出 PSO-SVM 模型有更好的分类精度，也说明了该模型的优越性。

习题

1. SVM 算法的性能与什么因素有关？
2. 对于在原空间中线性不可分问题，支持向量机如何解决？
3. 支持向量机中硬间隔和软间隔的区别是什么？
4. 支持向量机有哪些常用的核函数？
5. 以上各类核函数各有哪些优缺点？
6. 假定现在有一个四分类问题，要用 One-vs-All 策略训练一个 SVM 的模型，那么需要训练几个 SVM 模型？
7. 如果一个样本空间线性可分，那么能找到多少个平面来划分样本？
8. SVM 中的泛化误差代表什么？
9. 设计并实现一个简单的用于数据集的 SVM 分类模型。

参考文献

[1] VAPNIK V, CHERVONENKIS A. A note on one class of perceptrons [J]. Automation and Remote Control, 1964, 25 (1): 144-152.

[2] BOSER B E, Guyon I M, VAPNIK V N. A training algorithm for optimal margin classifiers [C]//Proceedings of the fifth annual workshop on Computational learning theory. [S. l.: s. n.], 1964: 103-109.

[3] CORTES C, VAPNIK V. Support-Vector Networks [J]. Machine Learning. 1995, 20 (3): 273-297.

[4] SMITH F W. Pattern classifier design by linear programming [J]. IEEE Transactions on Computers, 1968, 100 (4): 367-372.

[5] 王忆之，丁强，江爱朋，等．基于 PCA-AWOCSVM 的冷水机组故障检测方法［J］．电力科学与工程，2020，36（7）：53-60.

[6] 张志政，王冬捷，张勇亮．基于 PSO 改进 KPCA-SVM 的故障监测和诊断方法研究［J］．现代制造工程，2020（9）：101-107.

[7] LIN C F，WANG S D. Fuzzy support vector machines［J］. IEEE Transactions on Neural Networks，2002，13（2）：464-471.

[8] SUYKENS J A K，VANDEWALLE J. Least squares support vector machine classifiers［J］. Neural Processing Letters，1999，9：293-300.

第9章 神经网络

神经网络是一种模拟人脑神经元网络结构与功能的信息处理模型，它通过学习和训练，能够实现自我学习和知识积累，具有强大的信息处理和模式识别能力。随着计算机技术的发展和应用的深入，神经网络已成为人工智能领域备受关注的前沿方向，并在语音识别、图像处理、自然语言处理等领域取得了显著的成果。

在本章中将逐步介绍神经网络的发展历程、基础模型以及目前被广泛应用的神经网络。同时为了读者能更好地理解和掌握神经网络的核心思想与技术，我们将通过案例分析来展示神经网络在解决实际问题中的应用。这些案例涉及自然语言处理与信号分解等热门领域，帮助读者了解神经网络在人工智能领域的实际应用和前沿进展。

9.1 发展历程

神经网络从1943诞生以来，经历过若干次的热潮与低谷。

1. 第一次热潮：诞生

第一个阶段为1943—1969年，是神经网络发展的第一个热潮。在此期间，来自诸多领域的研究人员提出了许多神经元模型和学习规则。而神经网络以其独特的结构和处理信息的方法，在许多实际应用领域（如自动控制领域、模式识别等）中取得了显著的成效。

1943年，McCulloch和Pitts最早描述了一种理想化的人工神经网络，并构建了一种基于简单逻辑运算的计算机制。他们提出的神经网络模型称为MP（McCulloch and Pitts）模型。这也揭开了神经网络研究的序幕。

1958年，Rosenblatt最早提出可以模拟人类感知能力的神经网络模型，并称之为感知器（Perceptron），并提出了一种接近于人类学习过程（如迭代、试错）的学习算法。

2. 第一次低谷：冰河期

第二阶段为1969—1983年，为神经网络发展的第一个低谷期。

1969年，Minsky和Papert出版了《感知器》一书，在书中Minsky指出，感知器只能解决简单的线性问题，解决非线性问题必须使用多层网络，而多层网络的实际作用无法证明。由于Minsky在人工智能领域的巨大影响力，这一观点对人工神经网络的研究造成了直接冲击，相关研究迅速进入低谷。

1974 年，哈佛大学的 Webos 发明反向传播（Back Propagation，BP）算法，但当时未受到应有的重视。

1980 年，Fukushima 提出了一种带卷积和子采样操作的多层神经网络：新知机（Neocognitron）。但新知机并没有采用 BP 算法，而是采用了无监督学习的方式来训练，因此没有引起足够的重视。

3. 第二次热潮：反向传播算法

第三阶段为 1983—1995 年，为神经网络发展的第二个高潮期。这个时期中，反向传播算法的应用使得神经网络重新走入了研究学者的视野。

1982 年，Hopfield 提出了 Hopfield 神经网络（Hopfield Neural Network），并于 1984 年设计出了该网络的电子线路，为模型的可用性提供了物理证明。真正引起神经网络第二次研究高潮的是反向传播算法。1986 年，Rumel-hart 和 McClelland 对于连接主义在计算机模拟神经活动中的应用提供了全面的论述，并重新发明了反向传播算法。Hinton 等人引入多层感知器，人工神经网络又重新引起人们的注意，并开始成为新的研究热点。随后，1989 年，LeCunetal 将反向传播算法引入了卷积神经网络，并在 1998 年，将其运用于手写体数字识别上，取得了很大的成功。反向传播算法是迄今最为成功的神经网络学习算法，不仅用于多层前馈神经网络，还用于其他类型神经网络的训练。

4. 第二次低谷：冷门

第四个阶段为 1995—2006 年，在此期间，支持向量机等方法在机器学习领域的流行度逐渐超过了神经网络。

SVM 是一种经典的机器学习算法，由 Vapnik 和 Chervonenkis 在 20 世纪 60 年代末提出。1995 年，Cortes 和 Vapnik 提出了软边距的非线性 SVM 并将其应用于手写字符识别问题，这份研究在发表后得到了关注和引用，为 SVM 在各领域的应用提供了参考。与之相比，神经网络的理论基础不清晰、优化困难、可解释性差等缺点更加凸显。因此在 BP 算法发展遇到瓶颈时，部分研究人员转向了 SVM 的研究，神经网络的研究又一次陷入低谷。

5. 第三次热潮：深度学习

2006 年，Hinton 提出了深度网络（Deep Network）和深度学习（Deep Learning）概念。近年来，随着大规模并行计算以及 GPU 设备的普及，计算机的计算能力得以大幅提高，可供机器学习的数据规模也越来越大。目前，已经提出的深度网络模型主要有卷积神经网络（Convolution Network Neural，CNN）、循环神经网络（Recurrent Neural Network，RNN）以及长短记忆神经网络（Long and Short-Term Memory Neural Networks，LSTM）、递归神经张量网络（Recursive Neural Tensor Network，RNTN）、自动编码器（Auto Encoder）、生成对抗网络（Generative Adversarial Network，GAN）、图神经网络（Graph Neural Network，GNN）等。深度网络模型可以应用于生产实际，并取得了良好的效果，如人脸支付、自动门禁、自动驾驶等各类应用。根据目前的情况，在计算能力和数据规模的支持下，计算机已经可以训练大规模的人工神经网络。各大科技公司都投入巨资研究深度学习，神经网络迎来第三次高潮，此次研究热潮还将持续一段时间。

9.2　基础模型

9.2.1　神经元

1. 神经元的基本结构

人工神经元（Artificial Neuron），简称神经元（Neuron），是构成神经网络的基本单元，其主要是模拟生物神经元的结构和特性，接收一组输入信号并产生输出。生物学家在 20 世纪初就发现了生物神经元的结构。一个生物神经元通常具有多个树突和一条轴突。树突用来接收信息，轴突用来发送信息。当神经元所获得的输入信号的积累超过某个阈值时，它就处于兴奋状态，产生电脉冲。轴突尾端有许多末梢可以跟其他神经元的树突产生连接（突触），并将电脉冲信号传递给其他神经元。

1943 年，心理学家 McCulloch 和数学家 Pitts 根据生物神经元的结构，提出了一种非常简单的神经元模型，即 MP（McCulloch and Pitts）模型[1]。现代神经网络中的神经元和 MP 神经元的结构并无太多变化。不同的是，MP 神经元中的激活函数 f 为 0 或 1 的阶跃函数，而现代神经网络的神经元中的激活函数通常要求是连续可导的函数。

假设一个神经元接收 D 个输入 $x_1,x_2,\cdots,x_D$，令向量 $\boldsymbol{x}=[x_1;x_2;\cdots;x_D]$来表示这组输入，净输入也叫作净活性值，并用净输入 $z\in\mathbb{R}$ 表示一个神经元所获得的输入信号 $\boldsymbol{x}$ 的加权和。

$$z=\sum_{d=1}^{D}w_d x_d+b=\boldsymbol{w}^{\mathrm{T}}\boldsymbol{x}+b \quad (9-1)$$

式中，$\boldsymbol{w}=[w_1;w_2;\cdots;w_D]\in\mathbb{R}_D$是 D 维的权重向量，$b\in\mathbb{R}$ 是偏置。净输入 z 在经过一个非线性函数 $f(\cdot)$后，得到神经元的活性值，其中非线性函数 $f(\cdot)$称为激活函数。

图 9-1 给出了一个典型的神经元结构示例。

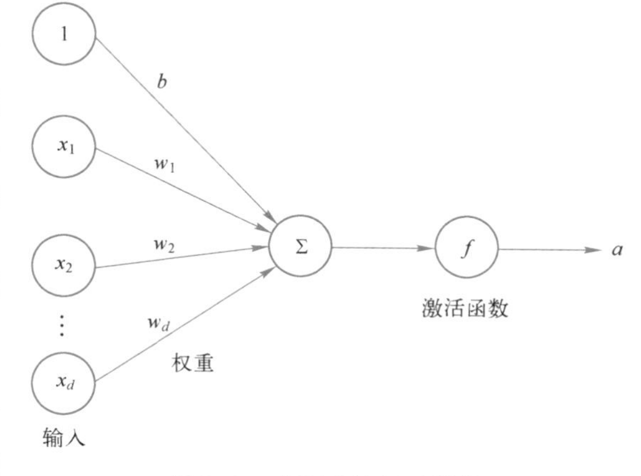

图 9-1　典型的神经元结构

2. 激活函数

激活函数在神经元中非常重要。为了增强网络的表示能力和学习能力，激活函数需要具备以下几点性质：

1）激活函数应是连续并可导（允许少数点上不可导）的非线性函数，可导的激活函数可以直接利用数值优化的方法来学习网络参数。

2）激活函数及其导函数要尽可能简单，有利于提高网络计算效率。

3）激活函数的导函数的值域要在一个合适的区间内，不能太大也不能太小，否则会影响训练的效率和稳定性。

9.2.2 网络结构

一个生物神经细胞的功能比较简单，而人工神经元只是生物神经细胞的理想化和简单实现，功能更加简单。要想模拟人脑的能力，单一的神经元是远远不够的，需要通过很多神经元一起协作来完成复杂的功能。这样通过一定的连接方式或信息传递方式进行协作的神经元可以看作一个网络，就是神经网络。到目前为止，研究者已经发明了各种各样的神经网络结构。目前常用的神经网络结构有以下三种。

（1）前馈网络

前馈网络中各个神经元按接收信息的先后分为不同的组。每一组可以看作一个神经层。每一层中的神经元接收前一层神经元的输出，并输出到下一层神经元。整个网络中的信息是朝一个方向传播，没有反向的信息传播，可以用一个有向无环图来表示。前馈网络包括全连接前馈网络和卷积神经网络等。前馈网络可以看作一个函数，通过简单非线性函数的多次复合，实现输入空间到输出空间的复杂映射。这种网络结构简单，易于实现。图 9-2 给出的是前馈神经网络结构实例，其中圆形节点代表一个神经元。

（2）记忆网络

记忆网络，也称为反馈网络，网络中的神经元不但可以接收其他神经元的信息，也可以接收自己的历史信息。和前馈网络相比，记忆网络中的神经元具有记忆功能，在不同的时刻具有不同的状态。记忆网络中的信息传播可以是单向传递或双向传递，因此可用一个有向循环图或无向图来表示。记忆网络包括循环神经网络、Hopfield 网络、玻尔兹曼机、受限玻尔兹曼机等。记忆网络可以看作一个程序，具有更强的计算和记忆能力。为了增强记忆网络的记忆容量，可以引入外部记忆单元和读写机制，用来保存一些网络的中间状态，称为记忆增强神经网络（Memory Augmented Neural Network，MANN）。图 9-3 给出的是记忆神经网络结构实例，其中圆形节点代表一个神经元。

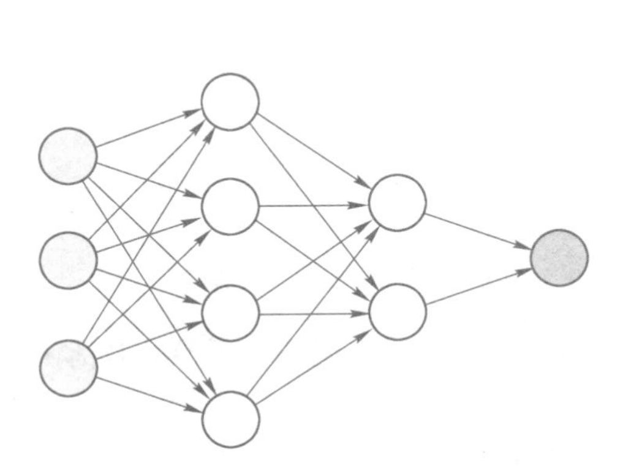

图 9-2　前馈神经网络

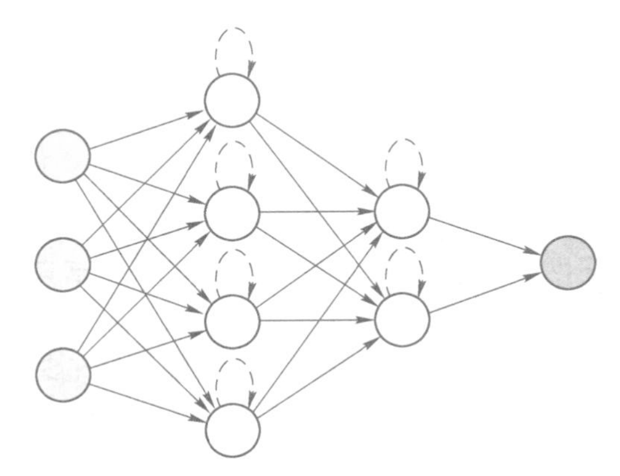

图 9-3　记忆神经网络

（3）图网络

前馈网络和记忆网络的输入都可以表示为向量或向量序列。但实际应用中很多数据是图结构的数据，如知识图谱、社交网络、分子网络等。前馈网络和记忆网络很难处理图结构的数据。而图网络是定义在图结构数据上的神经网络，图中每个节点都由一个或一组神经元构成，节点之间的连接可以是有向的，也可以是无向的，每个节点可以收到来自相邻节点或自身的信息。图网络是前馈网络和记忆网络的泛化，包含很多不同的实现方式，比如：图卷积网络（Graph Convolutional Network，GCN）、图注意力网络（Graph Attention Network，GAT）、消息传递神经网络（Message Passing Neural Network，MPNN）等。图 9-4 给出的是图神经网络的网络结构示例，其中方形节点表示一组神经元。

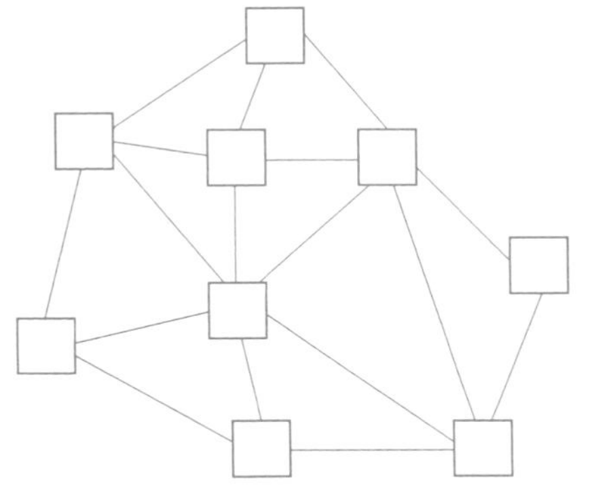

图 9-4　图神经网络

9.3　典型神经网络

9.3.1　反向传播神经网络

1. 反向传播神经网络的历史

反向传播神经网络是 1986 年由 Rumelhart 和 McClelland 为首的科学家小组提出，是一种按误差逆传播算法训练的多层前馈网络[3]。反向传播网络能学习和存储大量的输入-输出模式映射关系，而无须事前揭示描述这种映射关系的数学方程。它的学习规则是使用最速下降法，通过反向传播来不断调整网络的权值和阈值，使网络的误差平方和最小。反向传播神经网络模型拓扑结构包括输入层、隐含层和输出层。

2. 反向传播神经网络的原理

假设采用随机梯度下降进行神经网络参数学习，给定一个样本(x,y)，将其输入到神经网络模型中，得到网络输出为$\hat{\boldsymbol{y}}$。假设损失函数为$L(\boldsymbol{y},\hat{\boldsymbol{y}})$，要进行参数学习就需要计算损失函数关于每个参数的导数。

不失一般性，对第 l 层中的参数 $\boldsymbol{W}^{(l)}$ 和 $\boldsymbol{b}^{(l)}$ 计算偏导数。因为$\frac{\partial L(\boldsymbol{y},\boldsymbol{y})}{\partial \boldsymbol{W}^{(l)}}$的计算涉及矩阵微分，十分烦琐，因此我们先计算偏导数$\frac{\partial L(\boldsymbol{y},\hat{\boldsymbol{y}})}{\partial \boldsymbol{W}_{ij}^{(l)}}$，根据链式法则

$$\frac{\partial L(\boldsymbol{y},\hat{\boldsymbol{y}})}{\partial \boldsymbol{W}_{ij}^{(l)}}=\left(\frac{\partial \boldsymbol{z}^{(l)}}{\partial \boldsymbol{W}_{ij}^{(l)}}\right)^{\mathrm{T}}\frac{\partial L(\boldsymbol{y},\hat{\boldsymbol{y}})}{\partial \boldsymbol{z}^{(l)}} \tag{9-2}$$

$$\frac{\partial L(\boldsymbol{y},\hat{\boldsymbol{y}})}{\partial \boldsymbol{b}^{(l)}}=\left(\frac{\partial \boldsymbol{z}^{(l)}}{\partial \boldsymbol{b}^{(l)}}\right)^{\mathrm{T}}\frac{\partial L(\boldsymbol{y},\hat{\boldsymbol{y}})}{\partial \boldsymbol{z}^{(l)}} \tag{9-3}$$

式（9-2）和式（9-3）中的第二项都为目标函数关于第 l 层的神经元 $z^{(l)}$ 的偏导数，称为误差项，因此可以共用。我们只需要计算三个偏导数，分别为$\frac{\partial \boldsymbol{z}^{(l)}}{\partial \boldsymbol{W}_{ij}^{(l)}}$，$\frac{\partial \boldsymbol{z}^{(l)}}{\partial \boldsymbol{b}^{(l)}}$，$\frac{\partial L(y,\hat{\boldsymbol{y}})}{\partial \boldsymbol{z}^{(l)}}$。

1）计算偏导数$\frac{\partial \boldsymbol{z}^{(l)}}{\partial \boldsymbol{W}_{ij}^{(l)}}$：因为 $\boldsymbol{z}^{(l)}$ 和 $\boldsymbol{W}_{ij}^{(l)}$ 的函数关系为 $\boldsymbol{z}^{(l)}=\boldsymbol{W}^{(l)}\boldsymbol{a}^{(l-1)}+\boldsymbol{b}^{(l)}$，因此偏导数

$$\frac{\partial \boldsymbol{z}^{(l)}}{\partial \boldsymbol{W}_{ij}^{(l)}}=\frac{\partial(\boldsymbol{W}^{(l)}\boldsymbol{a}^{(l-1)}+\boldsymbol{b}^{(l)})}{\partial \boldsymbol{W}_{ij}^{(l)}}=\begin{bmatrix}\frac{\partial(\boldsymbol{W}_{1:}^{(l)}\boldsymbol{a}^{(l-1)}+\boldsymbol{b}^{(l)})}{\partial \boldsymbol{W}_{ij}^{(l)}}\\ \vdots \\ \frac{\partial(\boldsymbol{W}_{i:}^{(l)}\boldsymbol{a}^{(l-1)}+\boldsymbol{b}^{(l)})}{\partial \boldsymbol{W}_{ij}^{(l)}}\\ \vdots \\ \frac{\partial(\boldsymbol{W}_{m^{(l)}}^{(l)}\boldsymbol{a}^{(l-1)}+\boldsymbol{b}^{(l)})}{\partial \boldsymbol{W}_{ij}^{(l)}}\end{bmatrix}=\begin{bmatrix}0\\ \vdots \\ a_j^{(l-1)}\\ \vdots \\ 0\end{bmatrix}\triangleq \mathbb{I}_i(a_j^{(l-1)}) \tag{9-4}$$

式中，$\boldsymbol{W}_{i:}^{(l)}$ 为权重矩阵 $\boldsymbol{W}^{(l)}$ 的第 i 行。

计算偏导数$\frac{\partial \boldsymbol{z}^{(l)}}{\partial \boldsymbol{b}^{(l)}}$：因为 $\boldsymbol{z}^{(l)}$、$\boldsymbol{b}^{(l)}$ 的函数关系为 $\boldsymbol{z}^{(l)}=\boldsymbol{W}^{(l)}\boldsymbol{a}^{(l-1)}+\boldsymbol{b}^{(l)}$，因此偏导数

$$\frac{\partial \boldsymbol{z}^{(l)}}{\partial \boldsymbol{b}^{(l)}}=\boldsymbol{I}_{m^{(l)}} \tag{9-5}$$

式中，$\boldsymbol{I}_{m^{(l)}}$ 为 $m^{(l)}\times m^{(l)}$ 的矩阵。

2）计算误差项$\frac{\partial L(\boldsymbol{y},\hat{\boldsymbol{y}})}{\partial \boldsymbol{z}^{(l)}}$：我们用 $\delta^{(l)}$ 来定义第 l 层神经元的误差项

$$\delta^{(l)}=\frac{\partial L(\boldsymbol{y},\hat{\boldsymbol{y}})}{\partial \boldsymbol{z}^{(l)}}\in\mathbb{R}^{m^{(l)}} \tag{9-6}$$

误差项 $\delta^{(l)}$ 表示第 l 层神经元对最终损失的影响，也反映了最终损失对第 l 层神经元的敏感程度。误差项也间接反映了不同神经元对网络能力的贡献程度，从而可以比较好地解决“贡献度分配问题”。

根据 $\boldsymbol{z}^{(l+1)}=\boldsymbol{W}^{(l+1)}\boldsymbol{a}^{(l)}+\boldsymbol{b}^{(l-1)}$，有

$$\frac{\partial \boldsymbol{z}^{(l+1)}}{\partial \boldsymbol{a}^{(l)}}=(\boldsymbol{W}^{(l+1)})^{\mathrm{T}} \tag{9-7}$$

根据 $\boldsymbol{a}^{(l)}=f_l(\boldsymbol{z}^{(l)})$，其中 f_l 为按位计算的函数，因此有

$$\frac{\partial \boldsymbol{a}^{(l)}}{\partial \boldsymbol{z}^{(l)}}=\frac{\partial f_l(\boldsymbol{z}^{(l)})}{\partial \boldsymbol{z}^{(l)}}=\mathrm{diag}(f_l'(\boldsymbol{z}^{(l)})) \tag{9-8}$$

因此，根据链式法则，第 l 层的误差项为

$$
\begin{aligned}
\delta^{(l)} &\triangleq \frac{\partial L(\boldsymbol{y},\hat{\boldsymbol{y}})}{\partial \boldsymbol{z}^{(l)}} \\
&= \frac{\partial \boldsymbol{a}^{(l)}}{\partial \boldsymbol{z}^{(l)}} \frac{\partial \boldsymbol{z}^{(l+1)}}{\partial \boldsymbol{a}^{(l)}} \frac{\partial L(\boldsymbol{y},\hat{\boldsymbol{y}})}{\partial \boldsymbol{z}^{(l+1)}} \\
&= \mathrm{diag}(f_l'(\boldsymbol{z}^{(l)}))(\boldsymbol{W}^{(l+1)})^{\mathrm{T}}\delta^{(l+1)} \\
&= f_l'(\boldsymbol{z}^{(l)}) \odot ((\boldsymbol{W}^{(l+1)})^{\mathrm{T}}\delta^{(l+1)})
\end{aligned}
\tag{9-9}
$$

式中，$\odot$是向量的点积运算符，表示每个元素相乘。

从式（9-9）可以看出，第 l 层的误差项可以通过第 $l+1$ 层的误差项计算得到，这就是误差的反向传播。反向传播算法的含义是：第 l 层的一个神经元的误差项（或敏感性）是所有与该神经元相连的第 $l+1$ 层的神经元的误差项的权重和。然后，再乘上该神经元激活函数的梯度。

在计算出上面三个偏导数之后，式（9-2）可以写为

$$
\frac{\partial L(\boldsymbol{y},\hat{\boldsymbol{y}})}{\partial \boldsymbol{W}_{ij}^{(l)}} = I_i\ (\boldsymbol{a}_j^{(l-1)})^{\mathrm{T}}\delta^{(l)} = \delta_i^{(l)}\boldsymbol{a}_j^{(l-1)}
\tag{9-10}
$$

进一步，$L(\boldsymbol{y},\hat{\boldsymbol{y}})$关于第 l 层权重 $\boldsymbol{W}^{(l)}$ 的梯度为

$$
\frac{\partial L(\boldsymbol{y},\hat{\boldsymbol{y}})}{\partial \boldsymbol{W}^{(l)}} = \delta^{(l)}(\boldsymbol{a}^{(l-1)})^{\mathrm{T}}
\tag{9-11}
$$

同理可得，$L(\boldsymbol{y},\hat{\boldsymbol{y}})$关于第 l 层偏置 $\boldsymbol{b}^{(l)}$ 的梯度为

$$
\frac{\partial L(\boldsymbol{y},\hat{\boldsymbol{y}})}{\partial \boldsymbol{b}^{(l)}} = \delta^{(l)}
\tag{9-12}
$$

在计算出每一层的误差项之后，我们就可以得到每一层参数的梯度。因此，基于误差反向传播算法的前馈神经网络训练过程可以分为以下三步：

1）前馈计算每一层的净输入 $\boldsymbol{z}^{(l)}$ 和激活值 $\boldsymbol{a}^{(l)}$，直到最后一层。

2）反向传播计算每一层的误差项 $\delta^{(l)}$。

3）计算每一层参数的偏导数，并更新参数。

9.3.2　卷积神经网络

卷积神经网络一般由卷积层、汇聚层和全连接层构成。

1. 卷积与池化

想象你有一块巧克力蛋糕，而你希望找出里面的坚果颗粒。你没有蛋糕的整个图片，而是只有一张覆盖在蛋糕上的小网格纸，你需要使用这张网格纸来找到蛋糕中的坚果。在这个比喻中，蛋糕就是你输入的原始图像，网格纸就是卷积核（也叫作滤波器或过滤器），而最后找到的坚果颗粒则代表卷积操作的结果。

卷积（Convolution）的原理可以用以下的方式描述：假设有两个函数 $f(x)$ 和 $g(x)$，它

们在定义域内的乘积积分表示为

$$(f*g)(x)=\int_{-\infty}^{\infty}f(\tau)g(x-\tau)\mathrm{d}\tau \tag{9-13}$$

式中，$*$ 表示卷积操作；$g(x-\tau)$ 表示函数 $g(x)$ 向右平移 τ 个单位，然后与函数 $f(\tau)$ 进行乘积。积分的上下限是负无穷到正无穷，表示对所有可能的值进行积分。换句话说，卷积操作的结果是将函数 $f(x)$ 和函数 $g(x)$ 在一定范围内进行“重叠”，并将它们的乘积在该范围内积分，得到一个新的函数 $h(x)$。$h(x)$ 描述 $f(x)$ 和 $g(x)$ 的某种关系，通常是它们之间的相似程度或相关程度。

在图像处理和神经网络中，卷积操作通常是指将一个卷积核与输入数据的局部区域进行卷积，得到一个输出值。卷积核通常是一个小的矩阵或张量，可以从输入数据中提取一些特征。通过改变卷积核的大小和形状，我们可以改变从输入数据中提取的特征的类型和数量。

卷积操作的优点在于它可以减少数据的维度，并提取数据中的有用信息，这对于处理大量数据或高维数据非常有用。此外，卷积操作还可以减少计算量，因为它可以在一次操作中处理多个数据点，而不是逐个处理。因此其主要作用是特征提取和信号处理。在图像处理中，卷积操作可以用来提取图像的边缘、纹理和其他特征。在神经网络中，卷积层可以用来提取图像、音频、文本等数据的特征。

卷积操作在实际应用中还可以通过一些技巧来加速计算，如使用快速傅里叶变换（Fast Fourier Transform，FFT）算法或使用卷积定理。卷积操作也可以与其他运算结合使用，如池化操作和激活函数，以构建更复杂的神经网络模型。

池化（Pooling）操作是一种常见的神经网络层，主要作用是减小数据的维度，降低模型的计算量，以及提取输入数据的主要特征。

池化操作的原理可以简单地描述为：将输入数据划分为不重叠的小区域，并对每个小区域进行汇聚操作，将其转换为一个单一的输出值。汇聚操作可以是最大值汇聚（Max Pooling）或平均值汇聚（Average Pooling）等。池化操作通常在卷积层之后使用，以减少特征图的尺寸，并保留特征的主要信息。

最大值池化是一种常见的池化操作，它的原理是将每个小区域内的数值取最大值来作为输出值。最大值池化可以有效地提取图像或其他数据的主要特征，同时减小特征图的尺寸，降低计算量。平均值池化与最大值池化类似，不同之处在于它将每个小区域内的数值取平均值作为输出值。

池化操作可以通过改变池化核（Pooling Kernel）的大小和步幅（Stride）来控制输出特征图的尺寸。通常情况下，池化核的大小和步幅相等，以确保特征图的尺寸减小一半。例如，如果输入特征图的尺寸为28×28，池化核的大小为2×2，步幅为2，那么输出特征图的尺寸将变为14×14。

池化操作的优点在于它可以减少模型的计算量和内存占用，同时保留输入数据的主要特征，从而提高模型的性能。然而，过度使用池化操作可能会导致信息丢失，因此在实际应用中需要根据具体情况进行选择和调整。除了最大值池化和平均值池化，还有其他类型的池化操作，如 L2 范数池化、随机池化、加权池化等。这些池化操作可以根据具体应用场景进行选择和调整，以提高模型的性能。

总之，池化操作是一种重要的神经网络层，它可以通过减小特征图的尺寸、降低计算量、提取输入数据的主要特征等方式来提高模型的性能。不同类型的池化操作具有不同的优缺点和适用场景，需要根据具体问题进行选择和调整。

2. 汇聚层

汇聚层也叫作子采样层，其作用是进行特征选择，降低特征数量，从而减少参数数量。

卷积层虽然可以显著减少网络中连接的数量，但特征映射组中的神经元个数并没有显著减少。如果后面接一个分类器，分类器的输入维数依然很高，很容易出现过拟合。为了解决这个问题，可以在卷积层之后再加上一个汇聚层，从而降低特征维数，避免过拟合。

假设汇聚层的输入特征映射组为 $X \in \mathbb{R}^{M\times N\times D}$，对于其中每一个特征映射 X^d，将其划分为很多区域 $R^d_{m,n}$，$1 \leqslant m \leqslant M'$，$1 \leqslant n \leqslant N'$，这些区域可以重叠，也可以不重叠。汇聚是指对每个区域进行下采样得到一个值，作为这个区域的概括。

常用的汇聚函数有两种。

1）最大汇聚：一般是取一个区域内所有神经元的最大值。

$$Y^d_{m,n} = \max_{i \in R^d_{m,n}} x_i \tag{9-14}$$

式中，x_i 为区域 R^d_k 内每个神经元的激活值。

2）平均汇聚：一般是取区域内所有神经元的平均值。

$$Y^d_{m,n} = \frac{1}{|R^d_{m,n}|} \sum_{i \in R^d_{m,n}} x_i \tag{9-15}$$

对每一个输入特征映射 X^d 的 $M' \times N'$ 个区域进行子采样，得到汇聚层的输出特征映射 $Y^d = \{Y^d_{m,n}\}$，$1 \leqslant m \leqslant M'$，$1 \leqslant n \leqslant N'$。

图 9-5 给出了采样最大汇聚进行子采样操作的示例。可以看出，汇聚层不但可以有效地减少神经元的数量，还可以使网络对一些小的局部形态保持不变性，并拥有更大的感受野。

目前主流的卷积网络中，汇聚层仅包含下采样操作。但在早期的一些卷积网络（比如 LeNet-5）中，有时也会在汇聚层使用非线性激活函数，比如

$$Y'^d = f(w^d Y^d + b^d) \tag{9-16}$$

式中，Y'^d 为汇聚层的输出；$f(\cdot)$ 为非线性激活函数；w^d 和 b^d 为可学习的标量权重和偏置。

典型的汇聚层是将每个特征映射划分为 2×2 大小的不重叠区域，然后使用最大汇聚的方式进行下采样。汇聚层也可以看作一个特殊的卷积层，卷积核大小为 $m\times m$，步长为 $s\times s$，卷积核为 max 函数或 mean 函数。过大的采样区域会急剧减少神经元的数量，会造成过多的信息损失。

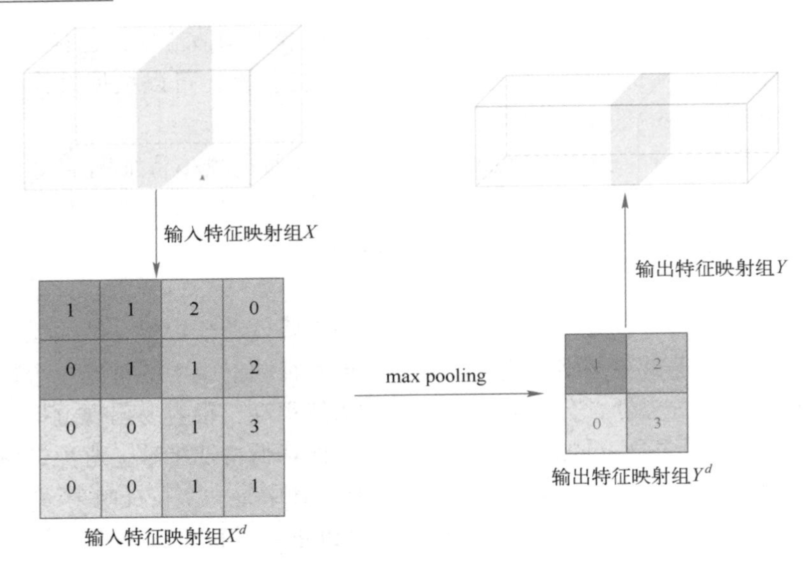

图 9-5　汇聚层中最大汇聚过程示例

3. 整体结构

一个典型的卷积网络是由卷积层、汇聚层、全连接层交叉堆叠而成。典型的卷积网络结构如图 9-6 所示。一个卷积块为连续 M 个卷积层和 b 个汇聚层（M 通常设置为 2~5，b 为 0 或 1）。一个卷积网络中可以堆叠 N 个连续的卷积块，然后是 K 个全连接层（N 的取值区间比较大，如 1~100 或者更大；K 一般为 0~2）。

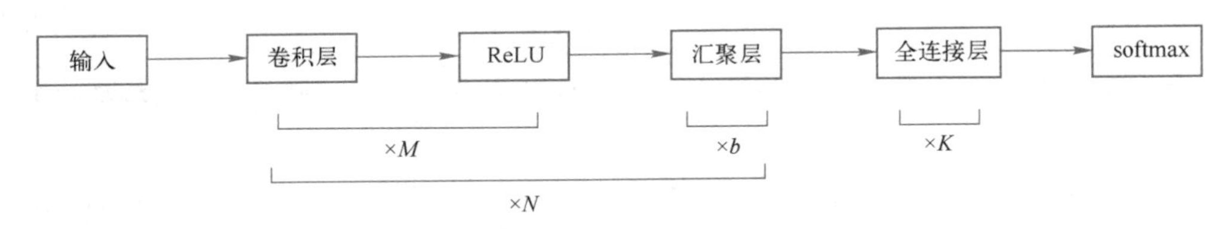

图 9-6　典型的卷积网络结构

目前，整个网络结构趋向于使用更小的卷积核（如 1×1 和 3×3）以及更深的结构（如层数大于 50）。此外，由于卷积的操作性越来越灵活（如不同的步长），汇聚层的作用也变得越来越小，因此目前比较流行的卷积网络中，汇聚层的比例也逐渐降低，趋向于全卷积网络。

9.3.3　长短期记忆网络

长短期记忆网络（Long Short-Term Memory network，LSTM）是循环神经网络的一个变体，它在原先循环神经网络的基础上，主要改进了以下两个方面：新的内部状态和门控机制。

LSTM 网络引入一个新的内部状态（Internal State），$\boldsymbol{c}_t \in \mathbb{R}^D$专门进行线性的循环信息传递，同时（非线性地）输出信息给隐藏层的外部状态 $\boldsymbol{h}_t \in \mathbb{R}^D$。内部状态 $\boldsymbol{c}_t$ 计算如下：

$$\boldsymbol{c}_t = \boldsymbol{f}_t \odot \boldsymbol{c}_{t-1} + \boldsymbol{i}_t \odot \tilde{\boldsymbol{c}}_t \tag{9-17}$$

$$h_t = \boldsymbol{o}_t \odot \tanh(\boldsymbol{c}_t)_t \tag{9-18}$$

式中，$\boldsymbol{f}_t \in [0,1]^D$、$\boldsymbol{i}_t \in [0,1]^D$和 $\boldsymbol{o}_t \in [0,1]^D$为三个门（Gate）来控制信息传递的路径；$\odot$为向量元素乘积；$\boldsymbol{c}_{t-1}$为上一时刻的记忆单元；$\tilde{\boldsymbol{c}}_t \in \mathbb{R}^D$是通过非线性函数得到的候选状态。

$$\tilde{\boldsymbol{c}}_t = \tanh(W_c x_t + U_c h_{t-1} + b_c) \tag{9-19}$$

在每个时刻 t，LSTM 网络的内部状态 $\boldsymbol{c}_t$记录了到当前时刻为止的历史信息。门控机制在数字电路中，门为一个二值变量{0,1}，0 代表关闭状态，不允许任何信息通过；1 代表开放状态，允许所有信息通过。

LSTM 网络引入门控机制（Gating Mechanism）来控制信息传递的路径，从而解决存在的梯度爆炸问题。式（9-17）和式（9-18）中三个“门”分别为遗忘门$\boldsymbol{f}_t$、输入门 $\boldsymbol{i}_t$和输出门 $\boldsymbol{o}_t$。这三个门的作用为：

1）遗忘门$\boldsymbol{f}_t$控制上一个时刻的内部状态 $\boldsymbol{c}_{t-1}$需要遗忘多少信息。

2）输入门 $\boldsymbol{i}_t$控制当前时刻的候选状态$\tilde{\boldsymbol{c}}_t$ 有多少信息需要保存。

3）输出门 $\boldsymbol{o}_t$控制当前时刻的内部状态 $\boldsymbol{c}_t$有多少信息需要输出给外部状态 $\boldsymbol{h}_t$。

LSTM 网络循环结构如图 9-7 所示，整个网络可以建立较长距离的时序依赖关系。

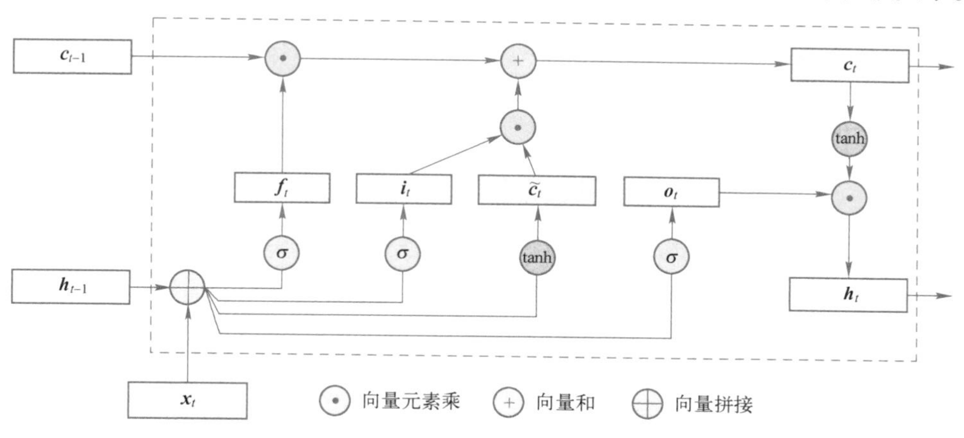

图 9-7　LSTM 网络循环结构

图 9-7 的网络结构与三重门可以简洁地描述为

$$\begin{bmatrix} \tilde{\boldsymbol{c}}_t \\ \boldsymbol{o}_t \\ \boldsymbol{i}_t \\ \boldsymbol{f}_t \end{bmatrix} = \begin{bmatrix} \tanh \\ \sigma \\ \sigma \\ \sigma \end{bmatrix} \left(\boldsymbol{W} \begin{bmatrix} \boldsymbol{x}_t \\ h_{t-1} \end{bmatrix} + \boldsymbol{b} \right) \tag{9-20}$$

$$c_t = f_t \odot c_{t-1} + i_t \odot \tilde{c}_t \tag{9-21}$$

$$h_t = o_t \odot \tanh(c_t) \tag{9-22}$$

式中，$\boldsymbol{x}_t \in \mathbb{R}^M$为当前时刻的输入；$\boldsymbol{W} \in \mathbb{R}^{4D\times(D+M)}$和$\boldsymbol{b} \in \mathbb{R}^{4D}$为网络参数。记忆循环神经网络中的隐状态 $\boldsymbol{h}$ 存储了历史信息，可以看作一种记忆（Memory）。在简单循环网络中，隐状态每个时刻都会被重写，因此可以看作一种短期记忆（Short-Term Memory）。在神经网络中，长期记忆（Long-Term Memory）可以看作网络参数，隐含了从训练数据中学到的经验，其更新周期要远远慢于短期记忆。而在 LSTM 网络中，记忆单元 $\boldsymbol{c}$ 可以在某个时刻捕捉到某个关键信息，并有能力将此关键信息保存一定的时间间隔。记忆单元 $\boldsymbol{c}$ 中保存信息的生命周期要长于短期记忆 $\boldsymbol{h}$，但又远远短于长期记忆，因此称为长短期记忆（Long Short-Term Memory）。

9.4 人工智能的中立性

人工智能（Artificial Intelligence，AI）作为一项革命性的技术，正在改变着人类的生活方式和生产方式。我国已就人工智能产业发展做出长期规划，其中明确了人工智能发展的战略性地位及其发展的不确定性可能带来的社会伦理挑战。如今已经很难找到一款不配备语音助手的智能手机，以智能音箱为代表的智能家居也走入千家万户，可以预见在不久的将来，人工智能将成为人们生活中不可或缺的重要组成部分。然而，近年来一系列的“大数据杀熟”“人工智能侵权”和“算法歧视”等负面事件却将人工智能技术推到了技术中立争论的风口浪尖。更重要的是，随着人们对人工智能依赖的日益加深，人工智能的决策受到其设计者和使用者的影响，同时人工智能的决策也正在改变着人类的决策、行为以及生活方式。在当下这个看似价值中立的智能时代，当我们通过百度等搜索引擎获取信息时，搜索结果却是经过人为干预和选择的；当我们使用亚马逊、滴滴、携程等平台进行消费时，殊不知很可能正在遭遇价格歧视；各个平台和应用所谓的个性化推荐更像是个性化广告，其中隐藏着丰富的算法歧视，根据用户特征投放不同内容，表面上是在为用户服务、为其推荐其感兴趣的个性化内容，实际上却可能是行为诱导与偏见塑造。从人工智能技术的应用角度看，随着人工智能的自主决策权越来越大，其应用过程中决策的公平性与公正性至关重要。人工智能技术在应用过程中所引发的一系列伦理困境受到了社会各界的广泛关注。

1. 人工智能价值非中立性引发的伦理困境与社会矛盾

人工智能从来不乏伦理困境。然而就其价值非中立性引发的伦理困境主要集中在人工智能的价值判断、人工智能决策的责任归属、算法公平以及算法透明等。生活中从来不乏诸如“大数据杀熟”“人工智能侵权”和“算法歧视”等负面事件发生；搜索引擎检索到的内容是不相关的广告；各出行服务平台的“个性化定价”旨在利用大数据来杀熟。Lambrecht 和 Tucker 在一项研究中发现由算法自动推荐的求职广告，表面上看似是无关性别的，实则带有明显的性别歧视倾向。不仅如此，基于算法推荐的新媒体更是将“信息茧房”效应推向了极致。尤其在当下被算法支配的信息时代，如今日头条和抖音等由算法实现的“个性化推荐”信息的APP，为了维系其用户黏性，不断地向用户输入同质化信息，致使出现了严重的群体极化和群体隔离。目前我们或许仅仅担心搜索引擎中的误导或消费过程中的价格歧视，但是很快我们将不得不担心是否还能通过新闻来认识外面的世界，由算法形成的判决与量刑是否也具有算法歧视，甚至自动驾驶汽车是否会在算法的指引下选择牺牲低价值的对象。

2. 人工智能的价值非中立性本质的来源

如前所述，从伦理的角度看，人工智能的决策归根结底是一个价值判断的问题。而价值观就是人们行动时所秉持的价值观念，是人类行为的动因。

（1）数据：规律的载体

机器学习本质上基于这样一个统计学的假设：数据是具有一定的统计学规律性的。这个假设同时也是所有基于数据的科学的最基本的假设。这个假设在经验层面上通常是正确的，然而在操作层面上却是无从保证的。同时，数据作为机器学习的起点，其价值取向中立与否在这一环节便已经为最后机器学习的结果定了性。不论是当下所热议的机器学习、深度学习亦或是强化学习，都是基于统计学思想而实现其功能的。统计学是一门以数据为研究对象的科学。研究人员利用统计分析工具通过对样本（Sample）进行研究，从而推断出关于总体（Population）的某些特征以及规律。从方法论的角度看，统计学不仅贯彻了形而上学的因果决定论，同时又包含着随机性（即不确定性）与必然性之间的辩证关系。而关于现代的统计学思想，其实最早萌芽于人们对不确定现象进行预测的需求，而后融合了古希腊时期的演绎推理、文艺复兴时期培根（Bacon）的经验主义知识论和穆勒（Mill）的归纳法、贝叶斯（Bayes）的逆概率法、高尔顿（Galton）的回归思想、皮尔逊（Pearson）的拟合优度检验等思想，最终形成了如今科研工作中所广泛采纳的统计学思想。

（2）概率：是规律还是信念

在众多的统计学工具当中，条件概率（Conditional Probability）和贝叶斯理论（Bayesian Theory）是人工智能技术处理不确定现象的重要理论工具。其中概率（Probability）是用来量化事物不确定性的一种数学工具，有了它才可以把现实社会中的各种复杂的抽象问题具象化为具体的数学问题，使得这些问题可以被计算，进而进行求解。而条件概率顾名思义即为有条件的概率，它反映的是各种（约束）信息对概率的贡献价值。例如同一件事发生的概率可能因为当事人的性别不同而不同，那么在已知当事人的性别的前提条件下得到的概率即为一个条件概率。所以，条件概率相对的也就更加局限，但是同时也更加精确。此外，贝叶斯理论则另辟蹊径，对经典的统计学思想进行了有力的挑战与补充。贝叶斯理论与经典统计学的本质区别在于它承认先验概率（Prior Probability）的不确定性，并随着新证据的加入而不断更新其后验概率（Posterior Probability）。先验概率，指的是根据以往经验和分析得到的概率；后验概率，则是指在基于先验概率的基础上，结合具体限定条件而得出的概率。换言之，贝叶斯理论背后隐含的是对先验概率的不可知论和后验概率的动态性。经典的统计学思想认为概率是一种不变的规律，而贝叶斯理论则认为概率是一种动态变化的信念，这种信念会随着信息的更新而不断变化。因此，关于数据的假设背后包含着太多人类对于具体事件发生的可能性的信念。从贝叶斯学派的角度看，所谓“概率”只是一个又一个的人们通过对现象进行归纳得到的关于事件发生的信念而已，并不存在任何确定的“规律”。

（3）同类：数据划分的依据

机器学习关于数据的另一个重要的基本假设是“同类数据具有一定的统计规律性”。这是一个难以被论证的假设，但是这个假设却支撑了从数据中学习的思想的可能性。虽然这个假设看似非常直观且易于接受，然而这却是一个复杂的假设。它不仅包括来自统计学知识的先验假设，还包括来自社会环境和物理环境的对数据集的后验修订。更重要的是，它还无法逃离数据工程师也就是人工智能的开发者们和设计者们的人为干预。因此，评价关于什么是“同类的数据”，是什么“类”，则是一个非常复杂且离不开人为价值干预的过程。换言之，不存在绝对意义上的同类的数据，同类与否完全取决于开发者对该“类”的特征的定义。

（4）大数据：人类社会的一面镜子

那么当代人工智能技术所倚重的大数据技术和以往的统计学工具相比又有什么异同呢?大数据技术是针对当代海量、复杂的数据进行分析与利用的一门技术。诚然，作为同样以数据为研究对象的大数据技术，弥补了以往的统计学工具的高成本、高误差、时效低及样本局限性等劣势；但与此同时，大数据技术也在搜索、聚类及拟合等方面依然高度依赖传统的统计学方法。可以说大数据技术是传统统计学方法的改良与拓展，是统计学与计算机科学的完美结合。大数据技术得以实现和流行，离不开互联网技术的高速发展与智能手机的普及。然而，大数据技术却引发了诸如个人隐私、信息安全和数据公平等一系列的伦理问题和社会争论。传统的处理或分析工具不再适用于大数据，从认识论的角度看，数据是人类认识客观世界的标度，大数据技术尽管强调对应关系，但本质上遵循的依然是归纳法。因此不可避免地是，作为与人类社会同构的大数据将成为人类社会的一面镜子，将人类社会中的各种价值偏见以数据的形式如实地反馈到人类社会。换言之，如果人工智能学到的数据不可避免地带有偏见，那么其得出的结果也必然是带有偏见的。从而使得这种价值偏见难以在造成严重的实际后果之前被发现，更无从进行预防。尤其是当大数据技术被加载到网络上时，由于网络上充斥着海量反映扭曲的价值观的数据，因此经常会导致在很短的时间内便能引发极端事件的情况。

例如，2016 年，微软公司曾在推特（Twitter）发布了一款聊天机器人 Tay，它可以通过和人类聊天来不断学习，并且追踪用户的个人信息和了解他们的偏好。Tay 最初被设定为一位 19 岁的清纯少女，然而上线仅一天就“被教坏了”。仅在不到 24 h，Tay 便转变成了一个集反犹太人、性别歧视、种族歧视等诸多问题于一身的“不良少女”。Tay 最终因为严重的种族歧视问题而被迫下线。无独有偶，微软公司开发的另一款聊天机器人小冰也经常因为涉及低俗内容的问题而饱受诟病。

3. 人工智能的价值非中立性的应对

如上所述，在机器学习的各个环节中都潜藏着人类有意或无意的价值偏好，这些价值偏好塑造了人工智能的价值观，在人工智能的学习和决策过程中成为价值判断的标准。人工智能的价值非中立性，实质上便是根源于机器学习算法中各部分的价值偏好。从算法结构的角度看，人工智能的价值非中立性是不可避免的，扎根于机器学习算法的各个重要组成部分之中。因此，总体上看，不存在价值中立的人工智能，人工智能价值观始终被人类的价值偏见所制约。就现阶段的人工智能技术而言，更多的智能也许就意味着更多的偏见。毫无疑问，人工智能技术极大地改善了我们的生活质量，同时再一次革命性地解放了人类的劳动力，但与此同时，我们也要对其可能的负面效应保持持续的警惕。尽管学术界对于人工智能能否成为道德主体依然存在较大争议，但普遍认同应尽快将人工智能纳入道德体系范畴之中。那么，人工智能技术带来的决策风险应该如何评估？人工智能应承担的法律责任与伦理义务又该如何得到保障？

首先，我们不能因其价值非中立性的不可避免便放弃作为。我国早在 2005 年的《中华人民共和国公司法》的修改中便明确提出，公司应当承担社会责任，作为人工智能产品的设计者和部分使用者的人工智能企业因此就显得责任格外重大。2018 年，在北京召开的人工智能标准化论坛发布了《人工智能标准化白皮书（2018 版）》，建议研究制定人工智能产业发展的标准体系。正如偏见是人类社会所固有的一样，价值非中立性是人工智能的固有属性，我们不应该也没有必要回避或畏惧人工智能技术的价值非中立性实质；相反，我们应该正视和承认它的非中立性实质，并在此基础上有针对性地制定合理的规范，将由人工智能技术固有的价值非中立性所引发的负面效应限制在一个可接受的范围之内，所以这是一个需要国家机构、企业、学术界和普通大众共同完成的艰巨任务。一方面，理论与算法研究应秉持开源、透明和可解释的算法价值取向；另一方面，也要为人工智能的决策设置“人为”的边界。

具体而言，在宏观层面上，明晰了算法及其偏见的产生机制，企业便可以在规制上有的放矢，指定符合伦理的算法开发规范，有效地将可预见的偏见扼杀在算法开发阶段，如使用价值敏感设计方法进行概念分析层面的数据伦理概念分析、经验分析层面的实践分析以及技术分析层面的算法伦理分析；国家相关机构则可以根据具体算法的特征，有针对性地推进改进算法公平性、增加算法透明度和设计责任机制等工作，如针对人工智能技术引发的伦理问题，可采用伦理责任分级制进一步细化各责任主体的伦理责任，同时针对共同决策制定完善的责任分担机制。此外，应加强政府部门的监管力度与权限和各高校的人工智能技术伦理与规范教育。最终，由各界协同创建与人类的法律、社会规范、道德伦理相契合的算法和架构。

在微观层面上，用户首先应做到有意识地主动保护个人数据的隐私与安全；更重要的是，若要破除如“信息茧房”之类的顽疾，用户需主动地向算法传递积极的价值取向，与人工智能共同完成每一个选择与决策，而非被动地任由算法左右我们的价值观。唯有在算法层面上理解了当代人工智能技术的运作原理，才能有效地让其为我们服务，进而可以在与人工智能互动的过程中张弛有度，既不会被其牵着鼻子走，亦不会因恐惧迷失其中而对其敬而远之。

综上所述，人工智能的决策取决于它的经验（数据）和价值观（机器学习算法），经验难免有偏误，价值观也免不了有所偏好，致使人工智能技术在算法层面的价值非中立性难以绝对消除，人工智能背后充斥着人类智能的介入。然而我们依然可以通过共同的努力，将人工智能价值非中立性带来的影响限制在可接受的范围之内，最终实现安全、公平、透明、道德、智慧的人工智能技术体系。诚如泰格马克所言，我们并不必担心人工智能会变得邪恶，也不必担心人工智能会拥有意识，实际上我们应该担心的是日益强大的人工智能与我们的目标会不一致，并且经常反思“我们所说的目标，究竟是谁的目标?”

9.5 信息不公

信息不公是指不同信息主体对信息资源的配置和占有的不对等以及使用的不均衡，导致信息霸权、信息垄断等更多的不平等。自古以来，公正就是人类的基本价值追求，也是伦理学重点关注的领域。在信息活动中，保证人们公平、平等地享用信息资源，反对信息资源垄断与排他性是信息伦理的必然要求。然而，大数据技术的迅猛发展，人工智能设备的广泛应用，将导致信息不公持续扩大，和公正与平等的伦理准则相悖。从国际上来看，它源于发达国家与发展中国家在信息化程度、经济实力等方面的巨大差异所形成的信息不对等。它主要表现为信息富有的发达国家利用其在信息技术、科技研发、人力资源等方面的优势地位对信息贫穷的发展中国家形成垄断、操控甚至控制，发展中国家只能屈居于网络信息的附属和边缘地带，遭受信息寡头的霸权威胁；从国内看，它源于地区不平衡、不充分的发展所形成的地区发展差异而导致的信息失衡。信息鸿沟是信息不公的集中表现。胡鞍钢认为信息鸿沟也是经济鸿沟，它是经济不平等和贫富悬殊在信息时代的发展和延续。当前中国社会已进入新时代，但经济发展不平衡的状况依旧存在，东西部地区之间、城乡之间、沿海与内陆之间经济发展仍有明显差距，这也导致我国信息资源配置失衡和不公平现象，尤其是网络资源覆盖率和普及率差别明显，由此导致信息不公持续扩大。

9.6 应用案例

扫码看视频

9.6.1 卷积用于情感分析

文本情感分类是自然语言处理中的一个基本问题，研究方法可分为机器学习方法和深度学习方法。目前比较成熟、应用较广的深度学习模型有卷积神经网络、循环卷积神经网络、深度信念网络等，其中卷积神经网络作为一种深度前馈人工神经网络，具有捕捉空间或时间结构局部相关性的能力，TextCNN 是由 Kim[5] 提出的将卷积神经网络应用在文本分析任务中的深度学习模型，该模型能够结合卷积神经网络参数共享机制，自动选择文本特征，通过增加网络结构挖掘丰富文本语义信息，已经被证明在自然语言处理任务中是有效的。在解决感性评价值计算问题中，基于卷积神经网络的办法不同于传统情感词典仅通过词典中词语极性类别来确定评论中感性词的极性，而是可以充分理解评论上下文语义特征。

其具体步骤如下。首先，获取相关领域的机械产品参数数据和评论数据，根据历史经验和顾客关注程度选取产品属性特征构建产品属性空间，同时利用产品评论数据训练 TextCNN 情感分类模型；然后，通过该情感分类模型并结合程度副词计算产品感性词对的感性评价值，构建产品感性评价空间。最后，基于 BP 神经网络构建产品属性和产品感性评价值之间的关系模型。

1. 模型的结构

基于卷积神经网络的情感分析模型根据产品在线评论训练 TextCNN 情感分析模型，结合程度副词强度计算产品感性评价值，最终构建产品属性与感性评价值的关系模型，此案例的研究框架如图 9-8 所示。

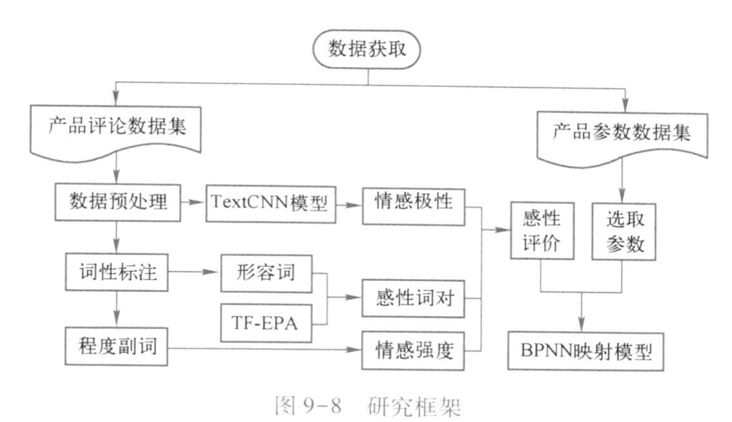

图 9-8　研究框架

1）获取产品在线评论和产品属性数据，划分产品属性集合；预处理产品评论数据，提取评论中的形容词，基于 TF-EPA[6] 方法选取感性词对。

2）设置 TextCNN 模型结构和参数，根据评论数据划分训练集和测试集，训练模型并分析模型情感分类性能。

3）根据 TextCNN 模型判断评论感性词的极性，然后对评论中的感性词赋予相应极性值，结合程度副词强度得到感性词对的感性评价值。

4）最后以产品属性作为输入，产品感性评价值作为输出，构建非线性映射模型，并验证模型的预测性能。

TextCNN 的结构与卷积神经网络相似，主要包括嵌入层、卷积层、池化层、全连接层四层结构。原始文本经嵌入层进行多维度向量编码，经卷积层和池化层充分理解文本的上下文语义关系，通过多个卷积窗口提取并汇总句子重要特征，再传入全连接层实现情感分类任务。

（1）嵌入层和卷积层

首先由嵌入层将句子向量化，转换成一个句子矩阵，矩阵的行是每个标记的单词向量。

例如，若用 d 表示向量的维数，给定句子的长度 s，那么句子矩阵的维数是 $s\times d$。将句子矩阵视为“图像”，并通过线性卷积窗口进行卷积运算。此时卷积核的宽度固定为单词向量的维数，其区域大小由选取相邻单词的个数限定。设卷积窗口的大小为 h，其参数矩阵为 $\boldsymbol{w}$，则此时 $\boldsymbol{w}$ 中待估计参数个数为 hd。句子矩阵用 $\boldsymbol{A}\in\mathbb{R}^{s\times d}$ 表示，则 $\boldsymbol{A}$ 的子矩阵 $\boldsymbol{A}[i:j]$ 表示句子矩阵 $\boldsymbol{A}$ 中第 i 行到第 j 行的单词。依次在子矩阵上进行卷积运算得到的序列 $\boldsymbol{o}_i\in\mathbb{R}^{s-h+1}$ 为

$$\boldsymbol{o}_i=\boldsymbol{w}\cdot\boldsymbol{A}[i:i+h-1] \tag{9-23}$$

式中，$i=1,2,\cdots,s-h+1$，表示在句子长度为 s，卷积核大小为 h 时，遍历所有词向量共需要 $s-h+1$ 次卷积运算。为每次卷积运算结果 $\boldsymbol{o}_i$ 增加一个偏置项 $b\in\mathbb{R}$，和激活函数 f 得到该卷积核的特征映射结果 $\boldsymbol{c}_i\in\mathbb{R}^{s-h+1}$ 为

$$\boldsymbol{c}_i=f(\boldsymbol{o}_i+b) \tag{9-24}$$

ReLU 函数用作激活函数 $f(\cdot)$ 可加快收敛速度。

$$\mathrm{ReLU}(x)=\max(x,0) \tag{9-25}$$

通过设置不同大小的卷积核进行卷积运算，可以在同一区域学习到更全面的特征数据，提高模型性能，在文本分析中表现为充分学习单词间的语义关系。

（2）池化层和全连接层

卷积层输出的特征图传入池化层。每个卷积核生成的特征映射的维度由句子长度和卷积核大小决定，因此，需要将池化函数应用于每个特征映射，以产生固定长度的向量。常用 1-max 池化提取特征图中最大特征值，然后将池化层的输出连接在一起，形成全部由最大特征值组成的“最高层”特征向量。最后将该特征向量连入全连接层以生成最终的分类。

2. 基于 TextCNN 的机械产品感性评价值模型构建

（1）计算机械产品感性评价值

由于用户的评论意见不只是单一的正向或负向，在计算感性评价值时，需考虑感性词的情感强度。程度副词常用来修饰形容词或者副词的程度，常位于被修饰词附近。不同词语表达的情感强度不同，如“特别”的语气强度比“有点”强，本例用程度副词表示感性词的情感强度。依据 HowNet 程度词表将程度副词设置为七个等级，分别用 $\mathrm{A}_1\sim\mathrm{A}_7$ 表示，由高到低依次赋予不同分值，例如，“非常”的强度分值为 5，“比较”的强度分值为 3。

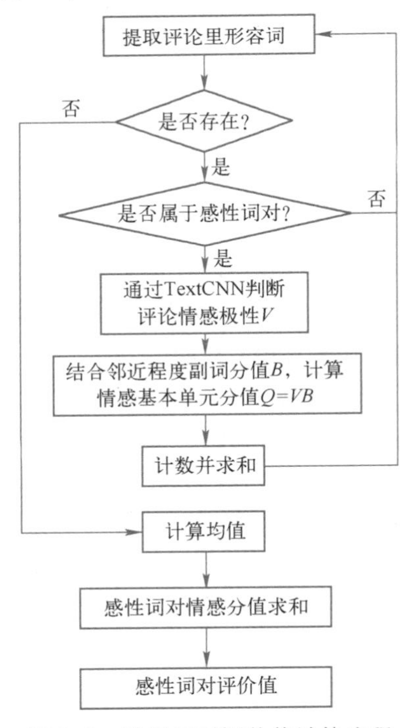

图 9-9 感性词对评价值计算流程

面向机械产品在线评论数据，利用 TextCNN 判断客户情感极性，并结合程度副词计算感性词对评价值的流程如图 9-9 所示，设情感基本单元的分值为 Q，它是情感极性 V 和感性词邻近程度副词分值 B 的乘积，其中情

感极性为积极和消极，分别赋值 1 和−1。汇总样本评论情感单元值表示样本整体感性评价值。感性词对评价值为感性词情感分值总和。按图 9-9 流程依次遍历产品评论，获取相应感性评价值。评价值的绝对值表示程度大小，正值表示积极感性评价，负值表示消极感性评价。

（2）构建机械产品属性参数与产品感性评价的映射模型

机械产品样本的收集和感性词评价值计算对于构建映射模型是非常重要的部分。本例利用 BP 神经网络构建产品属性与产品感性评价之间的关系模型，将产品属性参数作为输入，将产品感性词评价值作为输出，构建模型。每种产品的属性参数由 $E_n=\{PA_i\}(i=1,2,\cdots,n)$表示，每种产品属性参数 PA_i都有 t 个可选等级；产品感性评价值由 TextCNN 情感分析模型与程度副词相结合的方法求出，分别构建不同感性词的映射模型。

该模型利用在线评论数据收集感性词并结合 TextCNN 情感分析模型来计算感性评价值，根据用户关注历史经验选择产品参数，可用来预测不同参数属性产品的感性评价。设计新产品时，可将产品相关属性参数作为映射模型的输入，输出不同感性词的感性评价值，以此来为产品参数属性设计提供指导和建议，为新产品研发提供客观的参考建议。

3. 案例与实现

以汽车产品为研究对象，从汽车之家平台收集数据进行研究分析。在保证产品多样性和评论数据量的前提下选取 50 种车型，分别收集产品参数属性和产品评论数据。分析步骤如下：

1）获取数据。从平台获取汽车属性数据和用户评论数据。

2）筛选产品参数和感性词。根据产品特性及用户感性体验筛选产品关键属性参数并划分等级；结合 EPA（Evaluation Potency Activity，评价 效力 活性）方法和词频从评论数据集中选取最佳感性词对。

3）训练情感分类模型及计算感性词对评价值。根据用户评论及其情感倾向训练 TextCNN 情感分类模型，通过图 9-9 计算流程得到感性词对评价值。

4）构建产品参数与产品感性评价值的映射模型。根据不同汽车属性参数级别及其感性词对评价值，分别构建映射模型。

基于汽车参数数据集的特点，考虑用户对汽车产品的需求及感性体验，选取价格、最大功率、最大扭矩、整车长度、工信部综合油耗、轴距、整车质量、排量、安全性共 9 项最具代表性的参数作为产品重要属性参数进行研究，分别划分三个级别，见表 9-1。

表 9-1　汽车属性参数

编　　号	参　　数	级别 1	级别 2	级别 3
PA_1	价格（万元）	<150000	150000~250000	>250000
PA_2	最大功率/kW	<110	110~150	>150
PA_3	最大扭矩/N·m	<150	150~250	>250

（续）

编　号	参　数	级别 1	级别 2	级别 3
PA_4	整车长度/mm	<4700	4700～5000	>5000
PA_5	工信部综合油耗/(L/100 km)	<4. 5	4. 5～6. 8	>6. 8
PA_6	轴距/mm	<2800	2800～3000	>3000
PA_7	整车质量/kg	<1600	1600～1650	>1650
PA_8	排量/mL	<1. 5	1. 5～2. 5	>2. 5
PA_9	安全性（气囊）(个)	<5	5～6	>6

不同汽车产品对应不同的产品属性等级。由于客户需求的多样性，对于汽车产品属性的具体要求也不一样，例如，汽车产品 1 属性可表示为{1,3,3,1,3,1,1,2,2}；汽车产品 2 属性可表示为{1,2,3,2,1,1,1,1,1}。

之后，选取感性词对。根据评论文本数据，经过预处理，去除停用词、分词和词性标注操作，提取所有形容词并按词频降序排列，选取词频较高的形容词，表 9-2 所示为词频前 30 的形容词统计结果。整体上词频值较高，排名第一的“好”的词频高达 14448，处于第 30 位的“新”的词频也达到 649，所选取的形容词具有代表性，可用来表达大部分用户对汽车的描述。

表 9-2　词频前 30 的形容词统计结果

形容词	词频	形容词	词频	形容词	词频	形容词	词频	形容词	词频
好	14448	舒服	3018	明显	1965	长	1196	稳定	763
高	13589	漂亮	2946	快	1732	便宜	989	较大	752
不错	7761	很大	2700	少	1721	慢	977	难	727
小	6728	差	2729	容易	1657	不足	967	重	717
低	5440	方便	2625	强	1562	粗糙	887	扎实	716
硬	3184	舒适	2602	宽敞	1219	强劲	861	轻	649

基于感性词对提取步骤，根据 EPA 方法从评价、强度、活动三个维度分别选取两对感性词，用于后续评价值计算，分别为评价轴：好-差（KV_1）、舒适-粗糙（KV_2）。强度轴：大-小（KV_3）、轻-重（KV_4）。活动轴：容易-难（KV_5）、快-慢（KV_6）。

由于提取的口碑数据多数是长文本，而 TextCNN 在处理短文本情感分类性能更好，因此将原评论数据拆分为短文本，并标注情感极性，构建 TextCNN 的训练集、验证集和测试集。其中训练集评论样本 40000 条、验证集 10000 条、测试集 20000 条。TextCNN 的 MATLAB 实现界面如图 9-10 所示。

模型训练集积极评论和消极评论预测准确率分别为 96. 14%和 95. 92%，召回率分别为 95. 91%和 96. 15%，通过测试集评估模型性能，最佳损失值为 0. 11，准确率为 96. 03%，结

```
命令行窗口                                    编辑器 - CNN.m
CNN.m  ×  +
1     classdef CNN < matlab.mixin.Copyable
2         properties
3 -           embedding
4 -           convs
5 -           fc
6 -           dropout
7 -       end
8             methods
9             function obj = CNN(vocab_size, embedding_dim, num_filter, filter_sizes, output_dim, dropout, pad_idx)
10 -              obj.embedding = embeddingLayer(embedding_dim, vocab_size, 'PaddingIdx', pad_idx);
11 -                         convLayers = [];
12 -              for i = 1:length(filter_sizes)
13 -                  fs = filter_sizes(i);
14 -                  convLayer = convolution2dLayer([fs, embedding_dim], num_filter, 'Padding', 'same');
15 -                  convLayers = [convLayers, convLayer];
16 -              end
17 -              obj.convs = convLayers;
18 -                         obj.fc = fullyConnectedLayer(output_dim);
19 -              obj.dropout = dropoutLayer(dropout);
20 -           end
21                    function output = forward(obj, text)
22 -              embedded = obj.embedding(text);
23 -              embedded = obj.dropout(embedded);
24 -              embedded = permute(embedded, [1, 3, 2]); % Rearrange dimensions
25 -                         conved = [];
26 -              for i = 1:numel(obj.convs)
27 -                  conv = obj.convs(i);
28 -                  convedFeature = relu(conv(embedded));
29 -                  convedFeature = squeeze(convedFeature);
30 -                  conved = [conved, convedFeature];
31 -              end
32
33 -              pooled = [];
34 -              for i = 1:numel(conved)
35 -                  pooledFeature = max(conved{i}, [], 2);
36 -                  pooled = [pooled, pooledFeature];
37 -              end
38 -                         x_cat = cat(2, pooled{:});
39 -              cat = obj.dropout(x_cat);
40 -                         output = obj.fc(cat);
41 -           end
42 -       end
43    end
```

图 9-10　TextCNN 的 MATLAB 实现界面

果表明所设计模型在产品评论情感分析中表现出优良的情感分类性能，具有较高的准确率，对评论文本做出较为准确的情感分析，可以胜任对感性词赋予准确极性的任务。

基于图 9-9 的计算流程，利用感性词对结合 TextCNN 情感分类模型遍历评论文本，计算感性评价值。产品样本“大-小”感性词对评价值见表 9-3。

由于案例中参数较多，具有复杂非线性关系的特点，本例选取具有高度非线性映射能力和较好的容错性的 BP 神经网络构建产品属性和产品感性评价的关系模型。根据经验选择 3 层神经网络结构，共构建 6 个神经网络模型，分别预测 6 组感性词对的感性评价值。

表 9-3　产品样本“大-小”感性词对评价值

样本	产品参数									感性评价值大-小
	PA_1	PA_2	PA_3	PA_4	PA_5	PA_6	PA_7	PA_8	PA_9	
1	2	2	2	3	1	1	3	2	2	3.627
2	1	3	3	1	3	1	1	2	2	0.851
⋮	⋮	⋮	⋮	⋮	⋮	⋮	⋮	⋮	⋮	⋮
49	1	3	3	2	2	2	1	2	2	2.684
50	3	2	3	2	3	1	1	2	2	2.746

构建产品参数与感性评价的 BP 神经网络结构。该模型输入为 9 项产品参数，即输入神经元个数为 9，输出为一组感性评价值，即输出神经元个数为 1。隐含层神经元数量参考经验公式

$$p=\sqrt{n+1}+z,\quad p\in[5,14] \tag{9-26}$$

式中，p 表示隐含层；n 表示输入层；z 为经验值（$1\leqslant z\leqslant 10$）。经试验选取 $p=14$ 时，效果最优。

将感性词对评价值和已编码的属性参数数据作为输入，对确定结构的神经网络进行训练，并保存误差最小时的网络参数。为检验模型性能，随机选取 10 个样本预测分析，模型预测结果与真实值误差见表 9-4，误差均值用来衡量预测值平均偏离程度大小。

表 9-4　模型预测结果与真实值误差

感性词	1	2	3	4	5	6	7	8	9	10	平均值
KV_1	0.0115	−0.0052	−0.0064	−0.2534	−0.2566	0.0209	0.1597	0.0079	0.1150	0.0309	0.0867
KV_2	−0.0750	−0.0387	0.0106	−0.0719	0.1293	−0.0132	−0.0209	−0.0551	−0.1423	0.0244	0.0581
KV_3	−0.0192	0.0156	0.0153	−0.0169	−0.1131	−0.0061	−0.0009	−0.0518	−0.0053	−0.0092	0.0253
KV_4	−0.0569	−0.1354	−0.0919	0.2448	0.0132	−0.0055	0.0473	0.0150	−0.0388	0.0047	0.0654
KV_5	−0.0180	−0.0701	−0.1416	−0.1379	−0.1739	−0.1629	−0.1942	0.0063	−0.0432	−0.1041	0.1052
KV_6	−0.0080	−0.2145	−0.0755	−0.0623	−0.0639	0.2120	−0.1554	−0.1233	0.0743	−0.0289	0.1018

为了更好地观测出 10 个产品样本的感性词对评价值误差情况，建立产品感性词对评价值的预测值与实际值对比图，如图 9-11 所示。

由图 9-11 可知，神经网络预测模型的效果较好，预测值与实际值的误差较小，趋势一致性较高。综合图 9-11 和表 9-4 可知，感性词对“大-小”的预测结果最好，其误差均值为 0.0253；“好-差”“舒适-粗糙”“轻-重”的预测结果次之，其误差均值分别为 0.0867，0.0581，0.0654；“容易-困难”“快-慢”预测结果较差，误差均值为 0.1052，0.1018。其中预测效果最好的是“大-小”感性词对，与筛选的 9 项产品参数属性的关联性均强；“舒适-粗糙”“好-差”“轻-重”的预测结果次之，与安全性、最大扭矩、最大功率、价格等

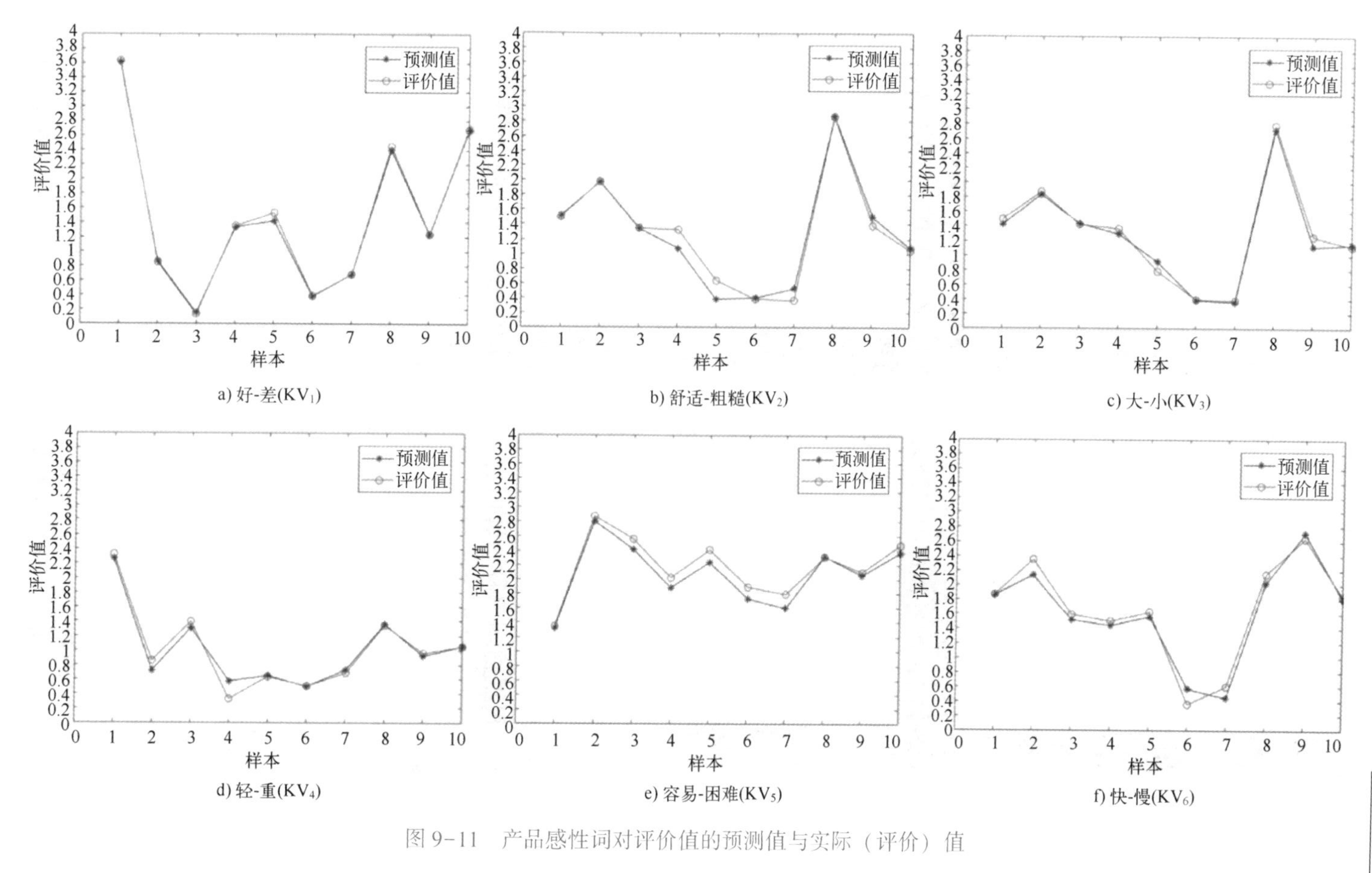

图 9-11　产品感性词对评价值的预测值与实际（评价）值

产品属性参数相关性强；“容易-困难”“快-慢”预测结果较差，与最大功率、最大扭矩、轴距等与驾驶体验相关的产品参数属性相关性强。综上，感性词的预测效果与相关性强的产品属性参数个数正相关。感性评价值是在一定范围内上下波动的，因此，结果总体上满足预测评价值的要求。

9.6.2 LSTM 用于预测：滑坡位移预测

随着机器学习的快速发展，一些具有代表性的回归方法已经在滑坡位移预测领域中展现了较好的效果。其中如人工神经网络、支持向量机和极限学习机等，它们在滑坡位移预测中的应用方式分为多维预测和时间序列预测两种。尽管上述两种智能算法已经取得了不错的效果，但是其使用仍然存在一些局限性。多维预测使用了降雨量、库水位数据等多变量，能紧密地和滑坡的变形机理相联系，但失去了位移在连续序列中的内在特征。时间序列预测能更好地解释位移的变化规律，而各物理因素的影响（如水文信息等）表现不显著。因此在滑坡位移时间序列预测中，滑坡位移分解和预测模型的结合非常关键，根据分解序列成分分析的结果，结合滑坡机理寻找理论与这一结果符合的方法可以取得较好的效果[7]。

基于这一现状，将集合经验模态分解（Ensemble Empirical Mode Decomposition，EEMD）与 Prophet 算法结合 LSTM 组成预测模型。这一模型的基本原理是：根据 EEMD 将实验样本滑坡的位移序列分解，重构为趋势项和包含周期因素、随机因素的波动项。使用 Prophet 结合季节影响对趋势项进行拟合；建立 LSTM 模型预测波动项；之后两项预测值加和，得到总位移预测值。

为同时利用位移在时间序列中的变化规律和降水、库水位等水文信息，将位移序列的趋势和季节性特征大致分为两部分，分别称为趋势项和波动项。其中，趋势项是一个单调曲线，包含趋势和小部分季节性因素影响；波动项是正负对称波动曲线，可以认为是季节性因素在位移中的体现。根据物理解释，选用包含季节因子的模型 Prophet 对趋势项进行回归，波动项则使用对时序数据比较敏感的 LSTM 拟合。结合水文历史数据对模型调参寻优，获取两分量的最优预测模型。进而分别使用相应模型对两分量进行预测，结果加和得到位移预测值。下面将对其中 LSTM 部分进行详细介绍。

1. 模型构建

LSTM 是为解决循环神经网络在长序列训练过程中的梯度消失和梯度爆炸问题而专门设计出来的，广泛应用于处理顺序数据。LSTM 的神经网络模块称之为细胞，包含遗忘门、输入门和输出门 3 个门单元。

滑坡位移过程中，位移值不仅仅是数据的叠加，前后期位移数据在自然因素上也存在潜在的关系，比如导致历史位移数据大幅变化的某场暴雨以及库水位变化也会部分作用在后期的位移上，由此 LSTM 的记忆特性在预测中有更好的发挥。预测方法流程图如图 9-12 所示。

首先采用 EEMD 分解位移序列得到残差（Residual，RES）和若干本征模态函数（Intrinsic Mode Functions，IMF）。结合滑坡诱因分析，IMF 分量包含受季节性降雨、周期性

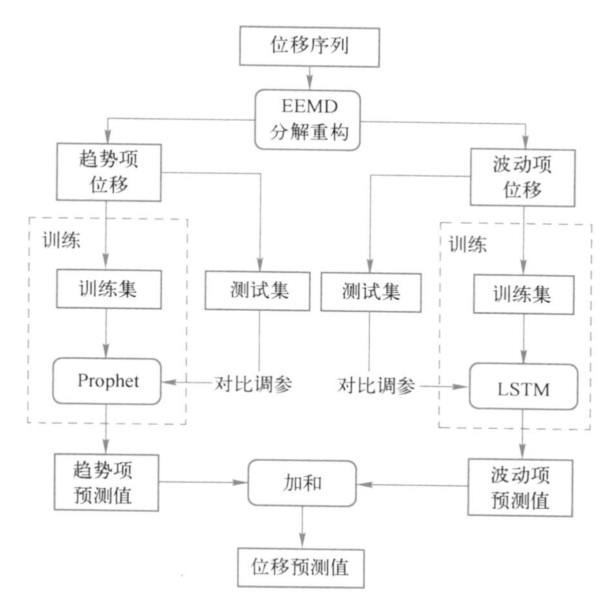

图 9-12 预测方法流程图

库水位等周期影响的位移，RES 序列是受地质条件等内部因素影响的位移。由于 EEMD 的分解原理，各 IMF 波形相似进而将其叠加，由此重构得到趋势项与波动项。两者分别使用 Prophet 和 LSTM 拟合，根据测试集评价指标调整参数，寻找最优模型；随后将趋势项和波动项预测结果加和得到总位移预测值。

2. 案例与实现

以某地 3 个监测点（ZG93、ZG118、XD01）的数据（来源：国家冰川冻土沙漠科学数据中心/国家特殊环境、特殊功能观测研究台站共享服务平台，http://www.ncdc.ac.cn）进行收集与分析。其中 ZG93、ZG118 和 XD01 监测点 2006 年 12 月至 2012 年 11 月的监测数据进行研究，其历史位移、历年雨量以及库水位数据如图 9-13 所示。

对 3 个监测点的位移数据分别进行 EEMD 分解。以监测点 ZG93 为例，图 9-14 展示了其分解结果。可以看到 ZG93 分解结果为一个高频波动分量 IMF1、一个低频波动分量 IMF2 以及单调增长分量 RES。将各监测点两个 IMF 分量叠加作为波动项，RES 作为趋势项。同理，将其余两个监测点位移分解重构，得到趋势项与波动项结果。

采用 Prophet 对趋势项进行预测。3 个监测点趋势项均近似线性单调递增，设置增长类型为线性趋势，即基于分段线性函数拟合。设置节假日影响因子、周季节因子和日季节因子为 0，即不受节假日、周季节性和日季节性影响，其他参数为默认值。此后对各监测点趋势项分别进行初步预测，根据成分分析图展示的趋势拟合程度和季节波动，调整灵活性因子和季节性因子。如观察监测点 ZG93 趋势项预测的成分分析图，如图 9-15 所示，预测位移与实测位移相比曲线尾部有轻微的欠拟合，增大灵活性因子为提高模型对历史数据的拟合程

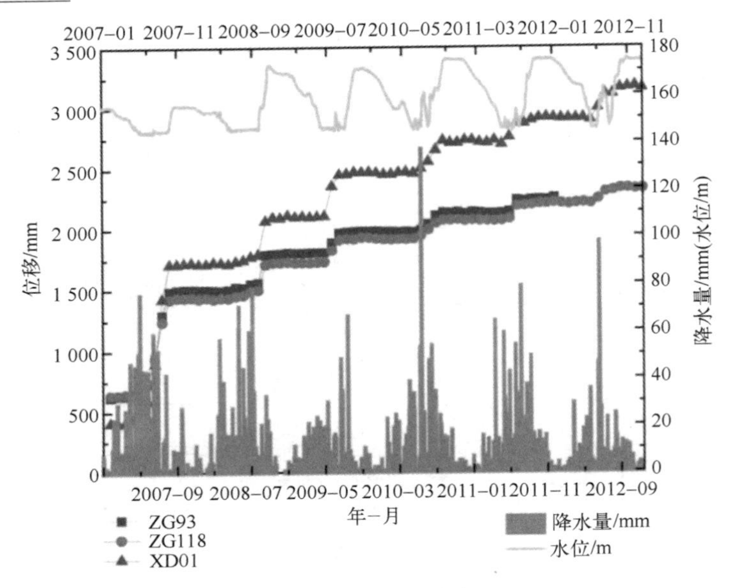

图 9-13　监测点数据

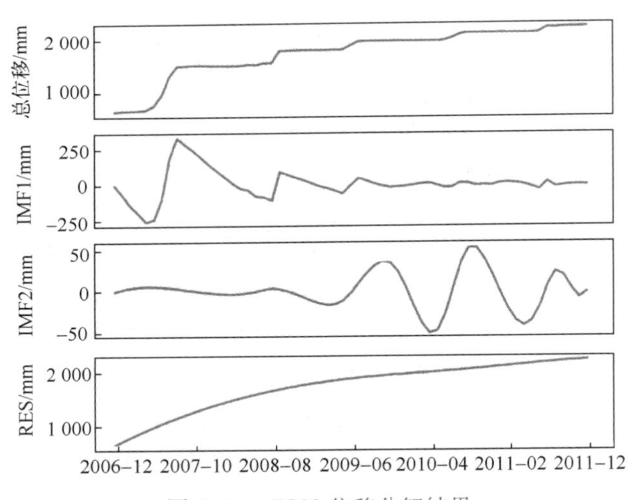

图 9-14　ZG93 位移分解结果

度；预测位移的季节波动频率太高，实际数据显示大幅波动主要发生在年中的雨季，因此减小季节性因子，降低季节性的影响。经过反复调参和分析，灵活性因子和季节性因子分别确定为 0.07 和 13。

同理，对监测点 ZG118 和 XD01 的趋势项 Prophet 预测模型进行调参，ZG118 的灵活性因子和季节性因子分别为 0.03、20，XD01 分别为 0.1、25。

采用 LSTM 对各监测点波动项预测。根据多种网络结构预测结果对比分析，设置输入步

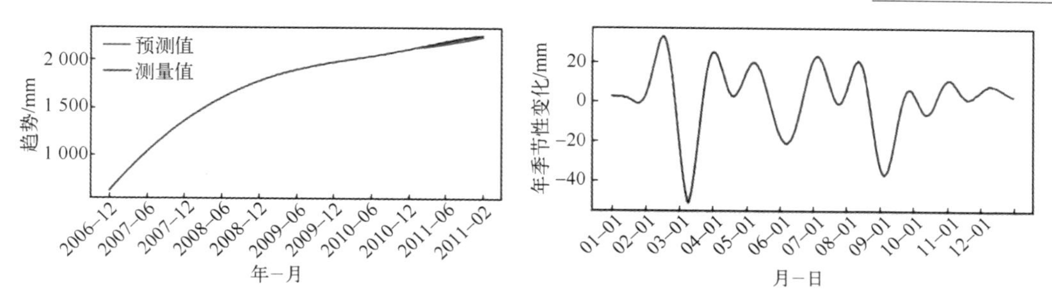

图 9-15　ZG93 趋势项预测成分分析图

长为 3，即通过连续 3 个月的波动项位移值预测之后 1 个月的值。以 MATLAB 软件进行预测，其实现界面如图 9-16 所示。数据集的时间跨度较长但数据量较少，加入权重衰减防止过拟合。此外加入学习率衰减提高收敛速度，以便寻找最优解。经过反复训练调参，得到拟合效果较好的模型。测试集预测结果如图 9-17 所示。

```
lstm.m*
1 -   clc
2 -   clear
3 -   load dataset.mat %加载数据
4 -   data=data(:,2)';  %不转置的话，无法训练lstm网络，显示维度不对。
5     %% 序列的前2000个用于训练，后191个用于验证神经网络，然后往后预测200个数据。
6 -   dataTrain = data(1:2000);    %定义训练集
7 -   dataTest = data(2001:2191);    %该数据是用来在最后与预测值进行对比的
8     %% 数据预处理
9 -   mu = mean(dataTrain);    %求均值
10 -  sig = std(dataTrain);      %求均差
11 -  dataTrainStandardized = (dataTrain - mu) / sig;
12    %% 输入的每个时间步，LSTM网络学习预测下一个时间步，这里交错一个时间步效果最好。
13 -  XTrain = dataTrainStandardized(1:end-1);
14 -  YTrain = dataTrainStandardized(2:end);
15    %% 一维特征LSTM网络训练
16 -  numFeatures = 1;   %特征为一维
17 -  numResponses = 1;  %输出也是一维
18 -  numHiddenUnits = 200;   %创建LSTM回归网络，指定LSTM层的隐含单元个数200。可调
19 -   layers = [ ...
20        sequenceInputLayer(numFeatures)     %输入层
21        lstmLayer(numHiddenUnits)  % lstm层，如果是构建多层的LSTM模型，可以修改。
22        fullyConnectedLayer(numResponses)     %为全连接层，是输出的维数。
23        regressionLayer];        %其计算回归问题的半均方误差模块 。即说明这不是在进行分类问题。
24     %指定训练选项，求解器设置为adam， 1000轮训练。
25    %梯度阈值设置为 1。指定初始学习率 0.01，在 125 轮训练后通过乘以因子 0.2 来降低学习率。
26 -  options = trainingOptions('adam', ...
27        'MaxEpochs',1000, ...
28        'GradientThreshold',1, ...
29        'InitialLearnRate',0.01, ...
30        'LearnRateSchedule','piecewise', ...%每当经过一定数量的时期时，学习率就会乘以一个系数。
31        'LearnRateDropPeriod',400, ...      %乘法之间的纪元数由“ LearnRateDropPeriod”控制。可调
32        'LearnRateDropFactor',0.15, ...      %乘法因子由“ LearnRateDropFactor”控制，可调
33        'Verbose',0,  ...  %如果将其设置为true，则有关训练进度的信息将被打印到命令窗口中。默认值为true。
34        'Plots','training-progress');    %构建曲线图 将'training-progress'替换为none
35 -  net = trainNetwork(XTrain,YTrain,layers,options);
36    %% 神经网络初始化
37 -  net = predictAndUpdateState(net,XTrain);  %将新的XTrain数据用在网络上进行初始化网络状态
38 -  [net,YPred] = predictAndUpdateState(net,YTrain(end));  %用训练的最后一步来进行预测第一个预测值，给定一个初始值。这是用预测值更新网络状态特有的。
39    %% 进行用于验证神经网络的数据预测（用预测值更新网络状态）
40 -  for i = 2:291  %从第二步开始，这里进行191次单步预测(191为用于验证的预测值，100为往后预测的值。一共291个)
41 -      [net,YPred(:,i)] = predictAndUpdateState(net,YPred(:,i-1),'ExecutionEnvironment','cpu');  %predictAndUpdateState函数是一次预测一个值并更新网络状态
42 -  end
43    %% 验证神经网络
44 -  YPred = sig*YPred + mu;      %使用先前计算的参数对预测去标准化。
45 -  rmse = sqrt(mean((YPred(1:191)-dataTest).^2)) ;     %计算均方根误差 (RMSE)。
46 -  subplot(2,1,1)
47 -  plot(dataTrain(1:end))   %先画出前面2000个数据，是训练数据。
48 -  hold on
```

图 9-16　LSTM 的 MATLAB 实现界面

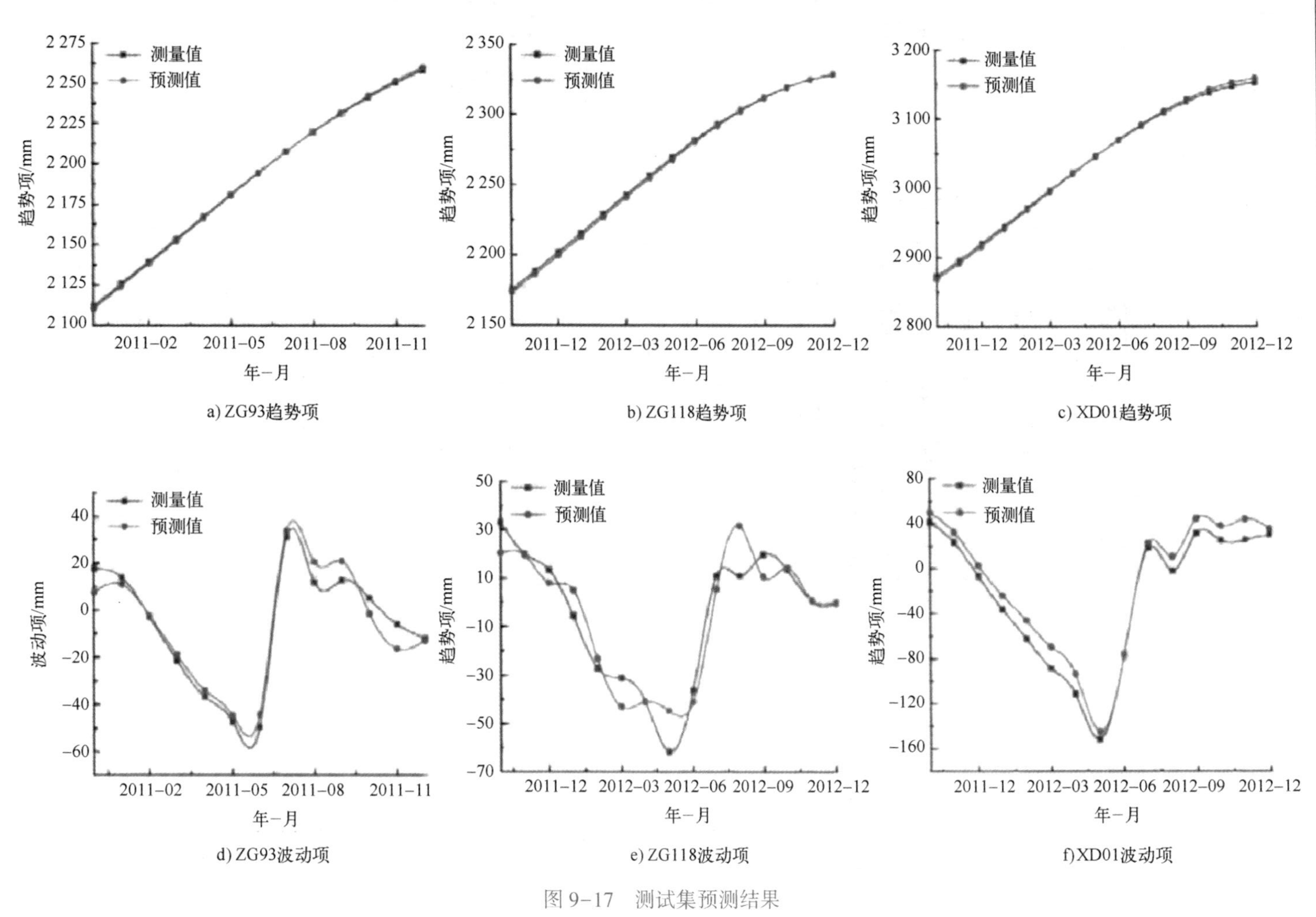

图 9-17 测试集预测结果

结果表明此模型的滑坡位移预测结果与实测位移曲线较一致，在长期的测试集中仍保持了较高的精度。

9.7　数字技术伦理规范

数字技术是推动数字经济、社会发展和国家建设的基础性支撑技术，以互联网、数字通信、人工智能、大数据、云计算、虚拟现实等为代表的数字技术已成为助推经济、贸易、安全、教育、医疗、社会治理、环境保护，应对气候变化等领域发展的重要动力。为进一步促进数字技术的稳健发展和向善发展，实现数字治理的精准高效，保障数字技术能够更好地赋能经济、社会及生态可持续发展，加快建设数字中国，推动数字命运共同体的构建，数字技术发展的相关各方应遵循如下原则。

1. 价值观

（1）和谐共生

生命、环境和生态系统是一个有机整体，生命、环境和生态系统之间彼此依存、相互影响，人类的福祉有赖于此，缺一不可。数字技术应贡献于保护和促进生命、环境与生态系统的健康发展，最终推动实现生命、环境和生态系统的和谐共生。

（2）以人为本

数字技术的发展应服务于人类的需求、利益和福祉，尊重人的尊严和权益，保护和促进人的健康发展，改善人类生活环境，增进人类社会的生产力和创造力。数字技术的应用不应损害人类的身心健康。

（3）数字向善

数字技术的发展应秉承科技向善的宗旨，以能够更好地增进人类福祉为目标，推动人类社会的团结和谐、安全稳定、繁荣富足、安居乐业和文明进步。数字技术的发展和数字世界的建立应最终促进而非阻碍人类在物理世界的发展。应以审慎、负责任的态度发展和推广数字技术，避免由于新兴数字技术的引入可能给现有社会生态和秩序带来的颠覆性破坏与冲击。

（4）自由平等

数字技术应贡献于尊重人的自由、保护并促进平等，无论种族、肤色、性别、语言、宗教、政治或其他见解、国籍或社会出身、财产或其他身份等。

（5）普惠共享

数字技术应惠及每个人、行业、地区的发展，协调各区域、各领域的数字化发展，缩小发展差距，促进共同富裕。应关注容易被忽视的、缺乏代表性的群体，提升弱势群体的适应性，倡导适老化、适儿化、适残化的数字服务，支持和帮助少数民族发展，推进数字赋能和行业转型，保障弱势群体、小微企业、传统行业的发展，保护和促进文化的传承与发展，加速落后地区的数字化建设，弥合不同群体、不同行业、不同区域间的数字鸿沟。避免数据与平台垄断，以包容开放的态度推动人类繁荣和全球共同发展。

2. 保护权益

（1）尊重人权

数字技术发展迅速，数字世界已成为人类社会的重要组成部分，数字技术的发展应尊重和维护物理世界的个人基本权益，以及个人基本权益在数字世界的合法延伸。数字技术的应用应尊重人的尊严和自主性，不应干扰、操控人的意志。个人合法访问、使用数字技术和合法创建、发布数字内容等权益应受到法律保护。

（2）保护隐私

数字技术的应用容易导致泄露和侵犯个人隐私。在数字技术应用的全生命周期中，应重视保护和促进个人隐私安全。个人信息的处理，包括对生物识别、宗教信仰、特定身份、医疗健康、金融账户、行踪轨迹等信息的处理，应遵循合法、正当、必要和诚信的原则。对个人信息的收集、存储、使用、加工、传输、提供、公开、删除等处理行为应通知本人并获得同意方可进行。基于生物特征数据等个人隐私信息自动生成数字内容需要确保知情同意，并具备相对完善的授权与撤销机制。另外，处理儿童信息时应确保监护人的知情与同意。

（3）公平和非歧视

数字技术的应用应避免产生和扩大歧视与偏见。人的权益都应得到公平和非歧视的对待。对弱势群体使用数字服务可能造成的身心负面影响应经过充分的事前评估，包括儿童、老人、残疾人、少数民族等。

（4）尊重知识产权

数字技术应尊重原创内容，基于数字技术的创作、内容生成等服务和产品应尊重与维护包括著作权、商标权、专利权等在内的知识产权。应合法合规发布、制作、传播数字技术和内容，避免制造、复制、传播虚假内容，避免剽窃、篡改、假冒等侵害个人或组织合法权益的行为。

3. 审慎负责

（1）安全可信

在数字技术应用的全生命周期中，应重视和增强数字技术应用的透明性、可解释性、可靠性、可控性，实现数字技术应用的可审核、可监督、可追溯、可信赖。高度关注数字技术应用的安全性，提高数字技术应用的鲁棒性和抗干扰性，提升数字技术应用的安全评估和管控能力。

（2）知情同意

使用数字技术自动生成的服务和内容需明确标识，禁止数字技术服务隐瞒非人类服务的事实，应以明确方式提示目前的数字技术服务仍是数据与信息处理工具，相关服务的使用需经用户确认，并提供给用户拒绝此类服务的替代方案。在为儿童、老人等没有鉴别能力的群体提供数字技术服务时，应确保儿童的父母、法定监护人或其他看护人的知情与同意。

（3）稳健发展

数字技术的规模化应用和推广应确保足够的技术成熟度，以提供高质量的服务为目标，体现足够的技术进步性，数字技术服务应秉承稳健发展的原则，尽可能避免因为不成熟技术的部署和推广引发的公众情绪、资源浪费与社会风险。

（4）责任和问责

数字技术引发的所有后果应最终由人类来负责，特别是对自动化技术、人工智能技术等数字技术应用所造成的一切负面影响的问责应由相关的组织或个人承担。所有参与数字技术设计、研发、部署和使用的相关组织或个人都应被明确告知所要承担的责任。数字技术的发展也应促进更好的责任审核和追溯的技术实现。

（5）监督和决策

在数字技术应用的全生命周期中，应保证人对数字技术应用的全程监督。特别要重视对新兴数字技术的监督、评估和审计。应确保人始终拥有对数字技术应用的可靠控制，在任何时候、任何情况下，数字技术应用都应置于有意义的人类控制之下。

（6）科学善用

数字技术的发展应促进经济繁荣、社会进步和可持续发展，避免伤害生命、环境和生态系统。要重视和推动对数字技术应用的论证和评估，充分了解并有效发挥数字技术带来的益处。同时应采取有效措施，避免数字技术的误用、滥用、恶用，包括避免和预防数字技术用于散播和扩大负面价值观与言论、避免和预防数字技术颠覆与冲击现有社会生活秩序或危害社会安全稳定、避免和预防数字技术被用于新形式的违法犯罪、恐怖活动等。

4. 协同治理

（1）守法合规

数字技术的研发与应用应遵守相关的法律法规、伦理道德、标准规范和各领域的相关规定。数字技术应用到特定领域时应遵守该领域的具体规定，以及各层级的具体法律和规定。避免数字技术成为宣传极端思想和实施违法行为的工具。此外，应加快制定新兴数字技术领域的规范和法律，避免新兴数字技术的野蛮发展，及时制止和改正违法违规、不合伦理的数字技术应用。

（2）多方共治

推动发展跨学科、跨领域、跨部门、跨机构、跨地域、全球性、综合性的数字治理生态，形成纳入政府机构和监管机构、政府间组织、产业界、投资者和金融机构、学术界和研究机构、专业协会和标准化组织、社会组织和利益相关者、媒体/用户和消费者等多利益攸关方的共同治理体系。促进多利益攸关方参与到数字技术的全生命周期治理中，形成多方共治的数字技术治理机制。

（3）开放包容

数字技术治理合作应秉持开放包容的态度，推动构建全球性、开放性、包容性的合作平台，共同应对数字技术带来的风险挑战。促进全球数字技术治理的共同发展，避免垄断和恶意竞争，共享数字技术发展的成果和治理经验。

（4）提升素养

应推动社会公众对数字技术的发展同步形成正确的认知和具备必要的数字素养，帮助公众应对和适应新兴数字技术带来的认知转变。通过增进公众对数字技术及其风险的了解，推动对公众权益的保护，同时避免对新兴数字技术可能的误解和炒作，进而促进数字技术的长远健康发展。应加强数字技术的教育和培训，提升全民数字素养与技能水平，帮助公众充分利用数字技术的优势，同时最小化数字技术可能带来的风险。

（5）着眼未来

应秉承发展与治理相适配的原则，尊重数字技术的发展规律，根据数字技术的发展水平科学制定相应的治理政策，确保数字技术的治理最终保障而非阻碍数字技术的创新发展。应不断优化完善数字技术的治理体系，强化风险意识，防患于未然。在鼓励和推动数字技术创新发展的同时，加强对新兴数字技术潜在社会影响的持续性研究，及早研判新兴数字技术应用推广中可能产生的负面影响和风险，积极应对新兴数字技术带来的治理挑战，确保未来数字技术朝着对社会和生态有益的方向发展。

5. 可持续发展

（1）促进就业

应密切关注数字技术对就业的影响，谨慎推行对现有就业产生巨大冲击的数字技术应用。政府、院校和企业等多方要合作加强对失业人群的教育和培训，提升失业人群再就业的能力。积极探索人类在数字技术赋能的新就业环境下参与工作的方式和方法，创造更能发挥人类优势和特点的新工作岗位。鼓励产业界在数字化升级的同时创造更多就业岗位。

（2）优质教育

数字技术发展应助力为公众提供更包容、更公平、更优质的教育，遵循开启智慧、发展个性、提升能力的教育原则，充分发挥数字技术对于教育的赋能作用。在推行数字教育的同时，应充分考虑教学规律和教育本质，审慎对待代替人来主导教学活动的数字技术应用，避免数字技术的不合理引入对人类身心健康产生的负面影响。

（3）保护生态

数字技术发展应促进生物多样性和生态环境的保护，为改善环境、助力应对气候变化等生态问题提供支撑，同时尽可能避免数字技术自身发展对自然环境和生态系统带来的破坏与负面影响。

（4）赋能发展

应以数字技术发展提升人类福祉，赋能国家与社会治理、经济发展、环境保护等诸多领域，提升发展效率，转型发展方式，促进惠及所有人、地区、行业的全面均衡发展。

（5）促进和平

数字技术的发展应助力实现全球、区域的和平，防止数字技术对全球和区域稳定产生的负面影响。数字技术应促进不同文化间的交流，助力形成和扩大共识，管控和减小分歧，增进全球、全社会的共同理解。

习题

1. 分析卷积神经网络中 1×1 的卷积核的作用。

2. 过拟合和欠拟合是神经网络训练中常见的问题，你能解释这两个概念吗？如何应对这些问题？

3. 对于一个输入为 100×100×256 的特征映射组，使用 3×3 的卷积核，输出为 100×100×256 的特征映射组的卷积层，求其时间和空间复杂度。如果引入一个 1×1 卷积核，先得到 100×100×64 的特征映射，再进行 3×3 的卷积，得到 100×100×256 的特征映射组，求其时间复杂度和空间复杂度。

4. 分析卷积神经网络和循环神经网络的异同点。

参考文献

[1] MCCULLOCH W, PITTS W. A logical calculus of the ideas immanent in nervous activity [J]. Bulletin of Mathematical Biophysics, 1943, 5 (4): 115-133.

[2] FRANK R. The perceptron: a prob-abilistic model for information storage and organization in the brain [J]. Psychological Review, 1958, 65 (6): 386-408.

[3] RUMELHART D E, HINTON G E, WILLIAMS R J. Learning representations by back-propagating errors [J]. Nature, 1986, 323: 533-536.

[4] HINTON G E, SALAKHUTDINOV R R. Reducing the dimensionality of data with neural networks [J]. Science, 2006, 313 (5786): 504-507.

[5] KIM Y. Convolutional Neural Networks for Sentence Classification [EB/OL]. [2024-05-15]. https://arxiv.org/abs/1408.5882v2.

[6] SCHÜTTE S T W, EKLUND J, AXELSSON J R C, et al. Concepts, methods and tools in Kansei engineering [J]. Theoretical Issues in Ergonomics Science, 2004, 5 (3): 214-231.

[7] 王震豪，聂闻，许汉华，等．基于 EEMD-Prophet-LSTM 的滑坡位移预测 [J]．中国科学院大学学报，2023，40 (4)：514-522.